决策咨询系列

国家科学思想库

中国科学家思想录

第十三辑

中国科学院

科学出版社
北京

图书在版编目(CIP)数据

中国科学家思想录·第十三辑 / 中国科学院编. —北京：科学出版社，2017.4

ISBN 978-7-03-052319-8

Ⅰ. ①中…　Ⅱ. ①中…　Ⅲ. ①自然科学—学术思想—研究—中国　Ⅳ. ①N12

中国版本图书馆 CIP 数据核字（2017）第052344号

丛书策划：胡升华　侯俊琳

责任编辑：侯俊琳　牛　玲　乔艳如 / 责任校对：何艳萍

责任印制：赵　博 / 封面设计：黄华斌　陈　敬

编辑部电话：010-64035853

E-mail: houjunlin@mail. sciencep.com

科学出版社 出版

北京东黄城根北街 16 号

邮政编码：100717

http://www.sciencep.com

北京凌奇印刷有限责任公司印刷

科学出版社发行　各地新华书店经销

*

2017 年 4 月第　一　版　开本：720 × 1000　1/16

2025 年 2 月第五次印刷　印张：14　1/2

字数：300 000

定价：82.00 元

（如有印装质量问题，我社负责调换）

丛书序

白春礼

中国科学院作为国家科学思想库，长期以来，组织广大院士开展战略研究和决策咨询，完成了一系列咨询报告和院士建议。这些报告和建议从科学家的视角，以科学严谨的方法，讨论了我国科学技术的发展方向、与国家经济社会发展相关联的重大科技问题和政策，以及若干社会公众广为关注的问题，为国家宏观决策提供了重要的科学依据和政策建议，受到党中央和国务院的高度重视。本套丛书按年度汇编1998年以来中国科学院学部完成的咨询报告和院士建议，旨在将这些思想成果服务于社会，科学地引导公众。

当今世界正在发生大变革、大调整，新科技革命的曙光已经显现，我国经济社会发展也正处在重要的转型期，转变经济发展方式、实现科学发展越来越需要我国科技加快从跟踪为主向创新跨越转变。在这样一个关键时期，出思想尤为重要。中国科学院作为国家科学思想库，必须依靠自己的智慧和科学的思考，在把握我国科学的发展方向、选择战略性新兴产业的关键核心技术、突破资源瓶颈和生态环境约束、破解社会转型时期复杂社会矛盾、建立与世界更加和谐的关系等方面发挥更大作用。

思想解放是人类社会大变革的前奏。近代以来，文艺复兴和思想启蒙运动极大地解放了思想，引发了科学革命和工业革命，开启了人类现代化进程。我国改革开放的伟大实践，源于关于真理标准的大讨论，这一讨论确立了我党解放思想、实事求是的思想路线，极大地激发了中国人民的聪明才智，创造了世界发展史上的又一奇迹。当前，我国正处在现代化建设的关键时期，进一步解放思想，多出科学思想，多出战略思想，多出深刻思想，比以往任何时期都更加紧迫，更加重要。

思想创新是创新驱动发展的源泉。一部人类文明史，本质上是人类不断思考世界、认识世界到改造世界的历史。一部人类科学史，本质上是人类不断思考自然、认识自然到驾驭自然的历史。反思我们走过的历程，尽管我国在经济建设方面取得了举世瞩目的成就，科技发展也取得了长足的进步，但从思想角度看，我们的经济发展更多地借鉴了人类发展的成功经验，我们的科技发展主要是跟踪世界科技发展前沿，真正中国原创的思想还比较少，“钱学森之问”仍在困扰和拷问着我们。当前我国确立了创新驱动发展的道路，这是一条世界各国都在探索的道路，并无成功经验可以借鉴，需要我们在实践中自主创新。当前我国科技正处在创新跨越的起点，而原创能力已成为制约发展的瓶颈，需要科技界大幅提升思想创新的能力。

思想繁荣是社会和谐的基础。和谐基于相互理解，理解源于思想交流，建设社会主义和谐社会需要思想繁荣。思想繁荣需要提倡学术自由，学术自由需要鼓励学术争鸣，学术争鸣需要批判思维，批判思维需要独立思考。当前我国正处于社会转型期，各种复杂矛盾交织，需要国家采取适当的政策和措施予以解决，但思想繁荣是治本之策。思想繁荣也是我国社会主义文化大发展、大繁荣应有之义。

正是基于上述思考，我们把“出思想”和“出成果”、“出人才”并列作为中国科学院新时期的战略使命。面对国家和人民的殷切期望，面对科技创新跨越的机遇与挑战，我们要进一步对国家科学思想库建设加以系统谋划、整体布局，切实加强咨询研究、战略研究和学术研究，努力取得更多的富有科学性、前瞻性、系统性和可操作性的思想成果，为国家宏观决策提供咨询建议和科学依据，为社会公众提供科学思想和精神食粮。

前　言

为国家宏观决策和科学引导公众提供咨询意见、科学依据和政策建议，是中国科学院学部作为国家在科学技术方面最高咨询机构的职责要求，也是中国科学院学部发挥国家科学思想库作用的主要体现。

长期以来，中国科学院学部和广大院士围绕我国经济社会可持续发展、科技发展前沿领域和体制机制、应对全球性重大挑战等重大问题，开展战略研究和决策咨询，形成了许多咨询报告和院士建议。这些咨询报告和院士建议为国家宏观决策提供了重要参考依据，许多已经被采纳并成为公共政策。将中国科学院学部咨询报告和院士建议公开出版发行，对于社会公众了解中国科学院学部咨询评议工作、理解国家相关政策无疑是有帮助的，对于传承、传播院士们的科学思想和为学精神也大有裨益。

本丛书汇编了1998年以来的中国科学院学部咨询报告和院士建议。自2009年5月开始启动出版以来，中国科学院院士工作局[①]和科学出版社密切合作，将每份文稿分别寄送相关院士征询意见、审读把关。丛书的出版得到了广大院士的热情鼓励和大力支持，并经过出版社诸位同志的辛勤编辑、设计和校对，现终于与广大读者见面了。

希望本丛书能让广大读者了解中国科学院学部为加强国家科学思想库建设所做出的不懈努力，了解广大院士为国家决策发挥参谋、咨询作用提供的诸多可资借鉴的宝贵资料，也期待广大读者对丛书和以后中国科学院学部的相关出版工作提出宝贵意见。

中国科学院院士工作局

二〇一二年十一月

① 现更名为中国科学院学部工作局。

目　录

从书序　/i
前　言　/iii

李启虎等　抓住信息时代机遇，促进人文计算发展　/ 1
李启虎等　发展水声学是抢占深海高技术制高点的关键　/ 20
孙鸿烈等　气候变化对青藏高原环境与生态安全屏障功能的影响及适应对策　/ 38
丁仲礼等　关于京津风沙源二期工程科学规划与治理的建议　/ 43
解思深等　先进储能材料的发展与展望　/ 49
何积丰等　我国赛博空间安全基础关键问题与对策建议　/ 75
傅伯杰等　关于京津冀协同发展中若干紧要问题的建议　/ 89
刘光鼎等　中国油气资源科技战略规划研究　/ 94
刘昌明等　抓紧解决我国水安全保障几个紧迫性问题的意见和建议　/ 110
方精云等　建立生态草业特区，探索草原牧区发展新模式　/ 116
路甬祥等　关于建立张家口可再生能源应用综合创新示范特区的建议　/ 123
沈文庆等　破解新时期科技成果转化难题　/ 129
王崇愚等　实施“材料基因组”战略研究，推进我国高端制造业材料发展　/ 136
陆大道等　关于京津冀大城市群各部分功能定位及协同发展的建议　/ 157
孙鸿烈等　我国中西部山区发展对策　/ 175
林尊琪等　突破激光源头高科技瓶颈，开辟我国激光产业发展新局面　/ 183
曾益新等　关于进一步深化我国医药卫生体制改革的建议　/ 186
林其谁等　维护中国老龄健康面临的挑战与对策　/ 190
周孝信等　我国中长期（2030~2050 年）能源电力供需及传输的预测和对策　/ 195
郭华东等　科技助力丝绸之路经济带建设　/ 199
戴金星等　关于加强我国页岩气勘探开发与管理的建议　/ 208
陆大道　建设经济带是经济发展布局的最佳选择　/ 213
沈文庆等　关于支持兰州新区发展的建议　/ 218
刘竹生等　创新预研管理模式，提升国防科技创新能力　/ 220

抓住信息时代机遇，促进人文计算发展

李启虎 等

一、引　言

人文指人类社会的各种文化现象，而信息是联系物理世界与人类认知的重要桥梁和纽带。因此，人文与信息有着天然的联系。信息技术的飞速发展为社会进步做出了巨大贡献，并已深入到社会生活的方方面面。它不仅拓展了人类认知的疆域，也改变了人类对于物理世界的认知模式，更进一步地影响、渗透到传统研究视野下的社会学科，并形成一个文理工交叉学科——人文计算（Humanities Computing 或 Computing in the Humanities），衍生出数字人文（digital humanities）的概念。人文计算是一个新型的将现代信息技术深入应用于传统人文研究的跨学科研究领域。目前，欧美发达国家和地区已经建立了数字人文研究中心，研究成果已广泛服务于社会。为了更进一步服务社会发展，信息技术需要与人文社会学科进行更深入的结合，为相关研究注入新的活力。特别是利用信息技术手段变革传统的既有研究模式，从而在广度和深度两个方面增强对人文社会学科研究内容的认知。这一发展趋势既是信息技术服务社会生活的需要，也是人文社会学科适应信息时代变化的必然，因此具有重要的研究意义。从另一个方面看，我国已经成为高速发展的新兴经济体，在经济建设方面已经取得了巨大的成就，推动和强化我国在人文计算这一方向的研究，对于增强我国的软实力同样具有现实意义。

本咨询项目主要研究内容包括全面了解人文计算方面的研究概况，分析其未来的发展趋势。在本咨询项目实施过程中，咨询项目组对国内外在人文计算领域研究的重点内容进行了深入调研，剖析了这些研究所处的状态，为我国抓住信息时代机遇，促进人文计算学的蓬勃发展提出了积极可行的意见与建议。

二、人文计算的概念及其国内外发展现状

2010 年 11 月，美国《纽约时报》刊出一篇报道，名为“打开人文宝藏的数字钥匙”的文章。文章起头说，20 世纪的人文社会学科历经了一波又一波“主

义”的洗礼——形式主义、弗洛伊德主义、结构主义、后殖民主义，凡此种种。作者问道：下一个关键概念会是什么？给出的答案是：数据。因为我们生活在这样的年代，研究者所能接触的数据量前所未有，信息技术为大量资料提供了处理工具。两者汇合，催生了“人文计算”的诞生。

这只是《纽约时报》一系列报道中的一篇文章：从 2010 年 3 月开始，《纽约时报》已经就人文计算这一主题，陆续发表多篇报道。内容涵盖文学、戏剧、历史等各种人文学的不同分支。这说明，人文计算所带来的冲击，跨越了传统学科的界线。

《纽约时报》的文章可以反映美国学界的发展趋势。当然人文计算的发展不仅仅局限于美国，实际上这是一个全球学界的发展趋势。

1. 人文计算的概念

人文计算是针对计算与人文学科之间的交叉领域进行研究、学习及创新的一门学科。人文计算的研究范围从在线文档处理到大规模文化数据的挖掘，研究内容涵盖经过数字化加工和直接数字化产生的数据资源及传统人文学科（如历史，哲学，语言学，文学，艺术，考古，音乐和文化研究）的方法论。它试图通过数据可视化、信息检索、数据挖掘、统计分析、文本挖掘及数字出版等计算方式为这些研究提供多种工具。

人文计算的一个重要内容是，将信息处理技术系统地融合到人文研究的活动中。如同当代经验社会科学研究对计算技术的利用一样，基础的信息技术已经大量应用到传统的艺术和人文学科中，包括文本分析技术、地理信息系统技术、通用协同工作技术、交互式游戏和多媒体技术等。

2. 人文计算不同于计算社会学

近年来，与人文计算研究内容相近的计算社会学蓬勃发展，在研究方面取得了丰富的研究成果，特别是在社会舆情、信息传播、社会网络、人工社会等方面都取得了长足进展，有些研究成果已经应用于实际的社会学研究和社会管理中。

2009 年 2 月，15 位来自社会科学、物理学、信息学等领域的学者联合在《科学》杂志发表名为“计算社会学”（*Computational Social Science*）的文章，分析了在广泛使用和多样应用网络背景下产生的、以发掘行为和组织规律为目的的研究问题，以及已有基础和学科发展的机遇与挑战。这篇文章提出了计算社会学的概念，认为人们各种社会行为都以数据的形式留下了记录，而这些数据中蕴含的关于个人和群体行为的规律，可能足以改变我们对个人生活、组织机构乃至整个社会的认知。与传统社会科学通过问卷调查形式获得的数据不同，计算社会学可以借助各种新技术获得长时间、连续、大量人群的各种行为和互动的更为全面客观的数据。这些数据为研究动态的人际交流、大型社会网络的演化等方面的问题提供了坚实的基础。

近期美国中央情报局前雇员斯诺登（Snowdon）所揭秘的美国“棱镜”（prism）项目，从技术角度讲，就是一个世界顶级科技强国以其国力服务于特殊目的的计算社会学实践案例。

另外，据2012年11月美国《时代》杂志报道，奥巴马（Obama）团队在2012年美国总统大选中利用计算社会学研究成果，通过对各州选民投票倾向样本数据的建模，每晚用云计算平台模拟大选，并于每天上午获得计算结果，了解在这些州胜出的可能性，从而针对性地分配资源，为奥巴马最终赢得大选发挥了重要作用。

虽然社会人文通常被归为一个大的学科领域，然而从目前计算社会学的研究内容上看，计算社会学有特定的研究内容和研究方向：在社会问题和计算技术间架起桥梁，从基础理论、实验手段及领域应用等各个层面突破社会科学与计算科学交叉借鉴的困难。因此，计算社会学和人文计算在研究内容上存在明显的区别：计算社会学侧重于社会学和社会管理的研究范畴；人文计算则侧重于信息技术与人文研究的结合方面。因此，本文仅限于对人文计算范畴内相关内容的研究。

3. 人文计算的发展及现状

人文计算在世界范围内呈现蓬勃发展之势。

表现之一，不少学术机构纷纷建立人文计算研究单位。其中，历史较长的有乔治梅森大学（George Mason University）于1994年成立的历史与新媒体中心（Center for History and New Media）。从这个机构的名称可以看出，当时“人文计算”的概念还没有产生，人们侧重于历史研究与新兴媒体的结合。同样，很多人文计算机构也都是由原先的类似单位演变而来。在亚洲，日本的立命馆大学开办了日本艺术与文化数字人文中心（Digital Humanities Center for Japanese Arts and Cultures）；我国的台湾大学建立了数位[①]典藏研究发展中心，即数字人文研究中心。

表现之二，这些研究单位招收人文计算专业的研究生，组建人文计算实验室成为普遍现象。以美国为例，斯坦福大学有斯坦福人文实验室（Stanford Humanities Lab）、加利福尼尔大学洛杉矶分校有数字人文中心；哈佛大学在2008年推出“数字人文先导计划”（Digital Humanities Initiative），2010年则再进一步成立“人文2.0”（Humanities 2.0）实验室。它们面向校内的人文院系，发展数字化的研究工具、建立讨论平台或提出跨领域的合作计划。

① 数位即数字化。

表现之三，定期举办的各类人文计算学术会议，特别是国际会议。国际上人文计算方面具有较大影响的是一年一度的数字人文年会。此年会的前身是文学与语言学计算学会（Association for Literary and Linguistic Computing，ALLC）和计算与人文学会（The Association for Computers and the Humanities）的年会。自 2006 年开始，此会议正式改名为“数字人文”，在欧洲和美洲轮流举行，到目前为止举办的地点分别为巴黎大学、伊利诺伊大学、芬兰大学、马利兰大学、伦敦大学与斯坦福大学。从主办方的分布，足以再次说明人文计算的发展，不是一时一地的孤立现象，而是国际学界共同关心的主题。

表现之四，有大量研究论文发表和相关研究期刊创办。例如，牛津大学出版社出版的《文学与语言学计算》（*Literary and Linguistic Computing*）是一个人文计算方面学术论文发表的重要期刊。此期刊由文学与语言学计算学会、计算与人文学会和加拿大的数字人文协会（The Society for Digital Humanities）共同主持。另外，还有一些期刊采取在线出版抛弃传统的纸质出版模式，成为人文计算论文发表的重要园地。例如，《数字人文季刊》（*Digital Humanities Quarterly*），围绕人文计算展开广泛讨论，除了数据挖掘等技术层面的讨论外，还有“如何将数字人文的计划完成”（Done: Finishing Projects in the Digital Humanities）这样的专题探索。

现阶段，人文计算在我国还只是在一些机构或大学的研究中零星出现。从学科的研究角度看还没有形成气候，也未受到足够的重视。然而，在社会生活中，对于人文计算的需求已经显现，并且有些人文计算研究成果已运用于社会实践和生活中。

自 2005 年起，我国国家语言文字工作委员会、教育部语言文字信息管理司出版发布了“中国语言生活绿皮书”丛书。这一丛书分为 A 系列和 B 系列，其中的 B 系列是关于我国语言状况的呈现和分析的，主要发布语言生活中的各种调查报告和实态数据。其中的语言数据的统计及处理技术，则属于人文计算研究的基本内容。统计数据按年度计算和发布。这些工作由教育部语言文学信息管理司具体组织和领导。截至 2012 年，语言数据已经连续发布 8 年，成为我国大陆地区乃至整个华语圈具有影响力的权威发布。同时在“中国语言生活绿皮书”丛书的框架下，A 系列出版发布了各类语言规范，其中很多规范涉及语言计算的内容。对数据进行规范，便于数据的共享和再利用。“中国语言生活绿皮书”丛书所涉及的内容已经超越了传统语言学的研究范围，也不仅仅是计算语言学所研究的内容。尽管没有直接使用人文计算这一概念，实际上这里的内容已经深刻涉及了人文计算领域。围绕“中国语言生活绿皮书”丛书的研究工作已经成为近年来我国持续时间最长、涉及面众多、影响广泛的人文计算工程实践。

三、人文计算的数据基础与计算模型

人文计算有其发展的渊源，这个专业概念的出现也具有其基础和特征：第一，人文计算需要数据资源作为基础，这也是计算的出发点；第二，人文计算重视计算手段的应用，发展计算模型尝试提供客观可量化的指标辅助人文研究，但是并不认为计算能解答所有人文研究的命题；第三，人文计算重视数据的开放与分享，且努力降低进入领域的门槛，扩大影响。

1. 人文计算的数据资源

大规模的数据资源是展开人文计算的基础。除了直接数字化产生的数据资源，人文计算需要有资源与人力将非数字化的资料数字化。

自 2004 年起，以欧盟为主体的“欧洲研究基础建设策略论坛”（The European Strategy Forum on Research），汇集了英国、法国、德国、荷兰和丹麦等众多国家的研究力量，合作推动“艺术与人文的数字研究基础建设”（Digital Research Infrastructure for the Arts and Humanities，简称 DARIAH）。他们认为就如天文学家需要天文台观测宇宙，艺术与人文学者也需要相应的研究基础建设。这是 DARIAH 成立的目标，也是各国文献资料数字化工作的目标。许多国家的大型图书馆扮演了文献资料数字化的领导角色。比如，美国国会图书馆（Library of Congress）的“美国记忆”（American Memory）项目就是一个例子。“美国记忆”集中在与美国历史和文化相关的资料。自 20 世纪 90 年代开始，美国国会图书馆便有计划地将馆内藏品逐步数字化，并转由 CD 储存。不过这一工作成本较高，存取也不方便。随着网络的发展，国会图书馆开始建设以“美国记忆”（American Memory）为名的数字图书馆。根据官方数字，至今已经有 900 万笔数据上线，供读者使用。日本的国会图书馆也于 1998 年提出“电子图书馆”构想，将馆内明治、大正和昭和前期的图书加以扫描，并提供数字化目录索引。到 2010 年为止，总共有 47 万册的日文图书完成数字化。由于著作权的问题，其中的 30 万册图书只能在馆内使用，其余 17 万册图书全部上网，可以在世界各地免费连线阅览。

美国与日本的国会图书馆，只是数字图书馆发展中的两个例子。“维基百科”收录的数字图书馆（博物馆）计划列表有上百个项目。我国台湾地区自 2002 年开始实施“数位典藏计划”（National Digital Archives Program，NDAP），已经建立了门类比较齐全的各类数字化人文数据资源，其中很大部分对外开放。与此同时，台湾的文化建设委员会启动了另外一项大型数字化计划，名为“文化数据库”。与“数位典藏计划”不同，这一计划的数字化内容为台湾地区的艺术作品、文献等，以民间文化为主。

在我国大陆，文献资料的数字化工作也积极展开，特别是古籍文献方面的数字化工作取得较大进展，其中有两项数字化工程已经形成了可以使用的数据资源:《四库全书》和“中国基本古籍库”。在中国传统的大型丛书中，《四库全书》是第一套被数字化的，文渊阁《四库全书》的电子版由香港迪志文化出版公司推出。自 2001 年开始，北京大学等校与商业公司联合，推动名为“中国基本古籍库”的古籍文献数字化计划，计划涵括上万本中国古籍，总字数超过 17 亿字。

此外，一些商业公司也积极进入文献资料的数字化领域，谷歌公司自 2002 年开始就推动“谷歌图书”（Google Books）计划。根据这一计划，谷歌要建立世界上最大、最全面的数字图书馆，将人类有史以来出版过的印刷书籍，全数扫描上网。2004 年，谷歌与英美几所大学——包括牛津大学、哈佛大学、斯坦福大学和密歇根大学等的图书馆签约，要将这些图书馆的馆藏书籍加以数字化。目前“谷歌图书”已经可以提供超过 700 万本图书的全文检索，部分能提供整本书的浏览，这个数量十分惊人。

从上面的说明可以看出：当今社会处在一个数据量前所未有的时代，这个时代的人文计算，与以前计算工具在人文学科中的简单应用大大不同，研究方法和模式也将出现显著差异。如今，数据资源已经不再是拥有大量研究经费者的专有资源，人们可以利用网络接触和使用到庞大的数据资源。而且，这些资源不仅仅限于文字，还包括了影像、音乐等多媒体形式。对于人文研究来说，这些都具有正面的积极意义。

为了增进人们对人文资源的认知，发掘其中的新知识，需要引入计算模型，通过信息处理的技术手段拓展研究的视野。因此，从发展的角度看，相对于数据的积累，分析计算具有更重要的意义。

2. 人文计算中的计算模型

目前，信息技术的处理手段已经引入人文计算研究，研究者利用这一手段从大量数据资源中挖掘出新的意义。这些方法可以应用在不同的材料上，在方法论层面上对其他的研究具有启发意义。这里对其中几种处理模式进行具体说明。

首先是“词语频度分析”，简单地说就是计算文本中各种词汇出现的次数。词语频度分析是一种常用的文献分析手段。以英语世界中的莎士比亚作品为例。是否所有冠名莎士比亚的作品都是出自他本人之手呢？有诸多的研究者尝试采用不同的方式进行解答，如分析莎士比亚的生平，寻找代笔的证据，或者分析作品本身的写作风格，比较各作品之间的差异。可以利用词语频度分析判定写作风格。虽然这类统计分析不见得能直接给出结果，但是可以给出一些量化的指标，为讨论分析提供客观的基础。这一研究方式已经被引入汉语文学作品中，例如，《红楼梦》前八十回和后四十回是否为同一作者所写，就有学者引入词语频度分析进行探讨。

从处理流程上看，汉语与英语的词语频度分析相似：统计文章中各种词语出现的频次，然后进行各种特征的筛选和权重计算，再利用统计模型进行计算。然而，在实际操作中，由于汉语和英语存在较大差异，特别是汉语是以表达语义的汉字为书写的基本单元，而英语则是以表示读音的词为基本单元，所以两种语言各自面对不同的技术问题。比如，对于英文需要进行词法分析，如单复数的差别、分词形式等。中文不需要进行这种分析，但由于汉语中大量存在非单字词，所以需要对汉字串的词语进行辨识处理，称作“分词”处理。然而，在汉语的演化过程中大量词语是由单字词演化而来的，怎样算是一个“词”本身就是一个令学界很纠结的问题。这个问题的存在也使汉语的词频分析处理不能完全按照英文处理的模式进行。分词问题的一个解决方式是忽略语义问题，直接从统计出发将任意相邻的字都视为统计单元，即所谓的 N 元语法（N-gram）。这方法的优点是可通过计算机自动处理全文，从而减少人力；另一个好处是避免人为主观的判断，以较为中立的方式进行特征统计和分析。其缺点是完全抹杀了语义内容，统计数据可能存在偏差。

另外，写作时使用的词汇不只是写作风格的反映，也是个人关注点和思维方式、思维倾向的表达，从这个角度看，可以利用写作风格的分析方法去捕捉作者的思考风格。已有研究者利用这种方法分析政治要人不同时期的讲话，从中发现一些有趣的现象和趋势，例如，分析英国前首相撒切尔夫人的讲话，在马岛争端前后涉及了大量的军事词语，而其他时间更多涉及经济和就业方面的内容。当然，这个分析方法的应用，对于应用结果的阐释，还需要人文研究者的深入参与。

利用类似的技术，谷歌公司开发了名为“Google Books N-gram Viewer”的互联网服务功能。它的背后是“谷歌图书”项目数字化整理的数百万本书籍。利用这个功能，输入关键词，可以看到这些关键词随时间变化的曲线，可以探索人物名声的起落，可以发现技术的兴衰及人们用词的变化。

其次，信息技术在人文计算中的重要应用是数据挖掘和文本挖掘。这类技术为研究者提供了发现大量数据内部隐含关系的可能，应用的范围很广，在商业销售领域，挖掘可以用来分析顾客的行为模式，为后续服务提供参考；网络商店的商品推荐机制，就是利用用户大量的购买记录，去分析推测用户可能的购买模式或偏好；还有金融保险业利用这一技术发现利润丰厚的客户类型。

数据挖掘已经形成相对独立的研究领域，发展建立了丰富的计算理论和模型。就人文计算研究而言可以直接套用现有的技术，然后到人文研究中寻找适当的应用；或者根据人文计算需要挖掘的内容，寻找合适的挖掘模型。

再次，信息技术也用来协助研究者在大数据中寻找出复杂的人际关系网络。

在这方面哈佛大学与北京大学等校合作的“中国历代人物传记数据库”（China Biographical DataBase Project，CBDB）就取得了较好的成果。与此同时，另一个计划即中国历史地理信息系统（Chinese Historical GIS）也在开展研究。

最后，适应人文计算需要和面对需要解决的问题，研究者不断尝试将各种在其他领域使用的信息处理模式引入人文计算中，并取得了很好的效果。例如，新西兰的研究者把生物信息计算的概率推理模型引入语言计算中，通过量化考察时间和空间上的演变过程，成功推断了印欧语系起源的地理位置。这一成果已经引起相关研究领域的重视。而一些相近学科的研究方法，如在社会计算研究中大量使用的复杂网络等方法，对人文计算中相似的研究问题提供了可资借鉴的研究方法。

上面介绍了人文计算中使用的一些计算方法和计算模型，这里需要指出的是人文计算并不是简单地希望借着计算机来解答人文研究中的问题，而是利用信息技术来找出一些能够计算处理的方式方法，而对于问题的研判，仍然需要依靠人文研究者。

另外，人文计算具有鲜明的交叉学科特点，而交叉学科往往是产生创新思想的沃土。例如，在语言计算方面，有四位著名学者对于语言和计算的关系进行了深入探讨，建立了新的理论体系。

1913 年，俄罗斯数学家马尔可夫以诗人普希金长诗中语言符号出现的概率为实例，研究随机过程的数学理论，提出了马尔可夫链的思想，并发展成为马尔可夫模型。1936 年，英国数学家图灵（A.M.Turing）发表了题为“论可计算数及其在判定问题中的应用”的开创性论文，文中图灵给“可计算性”下了一个严格的数学定义，并提出了著名的“图灵机”的数学模型。1950 年香农（C.E.Shannon）在《机器能思维吗》一文中提出，检验计算机智能高低的最好办法是让计算机来讲英语和理解英语，他天才地预见到计算机和自然语言将会结下不解之缘。1948 年，美国学者香农使用离散马尔可夫过程的概率模型来描述语言的自动机。香农的另一个贡献是创立了“信息论”，他将通过诸如通信信道或声学语音这样的媒介传输语言的行为比喻为“噪声信道”或者“解码”，他还借用热力学的术语“熵”来作为测量信道的信息能力或者语言的信息量的一种方法，并首次测定了英语的熵。1956 年，美国语言学家乔姆斯基从香农的工作中吸取了有限状态马尔可夫过程的思想，首先把有限状态自动机作为一种工具来刻画语言的语法，并且把有限状态语言定义为由有限状态语法生成的语言。这些早期的研究工作产生了“形式语言理论”这样的研究领域。

当然，人文计算不仅仅是语言计算，它还在不断拓展研究领域和研究的层次，不断发现新课题。人文计算为信息科学研究提供了广阔天地。

四、四项人文计算研究项目的调研和启示

针对近年来人文计算蓬勃发展的形势，咨询项目组对其中比较有代表性的四个研究项目进行了深入追踪调研，对这些项目的情况进行了总结，并从这些项目中得到启示。

1. 台湾“数位典藏计划”

自 2002 年起台湾开始实施“数位典藏计划”，最初有 9 个学术机构参与，分别为“中央研究院”、台北“故宫博物院”、台北“国史馆”、台湾大学、自然科学博物馆、历史博物馆、台北“国史馆”台湾文献馆、图书馆及“文化建设委员会”。同时，公开征选计划，其他研究及学术机构的学者都能申请研究计划。台湾岛内许多机构的重要藏品，因这一计划的推动而实现了数字化。“数位典藏计划”的参与单位均为台湾有关部门关及学术机构，数字化的内容也集中在珍贵的中华文化藏品与历史档案上。在数位典藏计划的推动下，台湾的数字化人文数据资源得到了极大的丰富。以“中央研究院”为例，截至目前已经形成了丰富的多元化数字典藏资源，已数字化的典藏文物和学术资料总计超过 100 万项，并建立了约 150 个网站和数据库提供相关的内容服务。从 2008 年起，数位典藏计划与“数位学习科技计划”结合，而成为“台湾数位典藏与数位学习科技计划”（Taiwan e-Learning and Digital Archives Program，TELDAP）。

数位典藏计划注重对各种人文藏品和历史档案（其中台湾的档案也占有较大比例）的数字化工作，然而对于这些数据资源的使用，即如何深化人文计算研究，使这些数据资源能够形成服务社会的成果却涉及甚少。这在一定程度上是由计划顶层设计上的偏差，以及对计算层面的内容重视不足所致。因此，有关学者对数位典藏计划提出批评意见，认为“数位典藏计划”成果花费了巨额税金，但不能被纳税人利用，而是沦为少数人牟利的工具（特指经过数字化的数据资源被一些机构拿来出售牟利）；同时数位典藏形成的成果没有办法发展出民众应用的项目。凡此种种，这可能也是 2008 年后促成计划变更的原因。

2. 中国历代人物传记数据库

中国历代人物传记数据库项目的目标是以宋代人物的传记为中心，在积累大量数据的同时进行群体传记学（prosopography）的研究。群体传记学是想找出某一个特定群体所共有的身份信息，如他们的教育程度、出身背景乃至宗教信仰等，通过这个视角对社会现象进行分析，例如，有清史学者利用群体传记学对清朝中叶以前的巡抚进行研究，具体包括巡抚的籍贯、教育背景等，通过统计分析发现一些有趣的现象，如这些巡抚大多在科举考试中不太成功，而担任巡抚的人

差不多都在官职生涯中期担任这个职位，是进一步升官的中途站。对于这些结论以往研究者常常提出一些模糊的结论，现在通过数据让这些论断具有了坚实的数据基础。随着数据量的不断增长，中国历代人物传记数据库项目从群体传记学进一步拓展到人际关系网络的分析。人际关系网络关注的不再是人物群体的共有特征而是由许多一对一关系对构成的复杂网络。人物间的关系是历史研究中一个长期关注的热点问题。以往的人工分析，往往只能局限在比较明显的、单纯的关系上，难以涉及一些潜在的、复杂的关系。通过利用计算机辅助分析，研究者有可能去观察人际网络中不同节点的关联，从而提出新的结论。一些参与中国历代人物传记数据库项目的研究者，已经开始利用这些数据来描绘宋代思想学派间的互动，并发现一些历史上的学者可能扮演了不同学派间沟通的桥梁。

从这个项目的研究发展可以看到，研究者在数据资源的基础上不断变化对历史资料审视的视角，利用计算模型扩展了这种审视的维度，为挖掘隐藏在数据背后的潜在知识提供了可能，丰富了人文计算的内容。

3. “谷歌图书”项目

哈佛大学的研究人员与谷歌合作利用“谷歌图书”的数据资源共同开发了一套数据库，其核心就是词汇的“N-Gram”组合信息。通过统计词汇和短语及其组合的使用频率随时间变化的情况，从而了解文化和语言的变迁过程，并希望通过这一研究方法为人文学科的研究带来新的活力，丰富人文计算的研究内容。

“谷歌图书”已经拥有来自1500万册图书的20万亿个词汇内容，这个图书量相当于自1450年古登堡《圣经》出版以来人类所出版图书量的12%。“谷歌图书”对其中近520万本可供用户免费下载和搜索的数字图书进行了摘选，选择了1800~2000年出版的各种书籍，建立起了庞大的数据库。该数据库内容包含5000亿个词汇，语种包括英语、法语、西班牙语、德语、汉语、俄语和希伯来语。通过这个数据库可以绘制出“men”与“women”历年使用频率走势曲线。与“men”相比，在女权主义20世纪70年代初获得立足之地前，“women”很少被提及，70年代后不断增加。这两条曲线的走向刚好相反，并在1986年左右相交。目前这个项目最多可以达到对5个词/字的组合提供检索结果的处理能力。

基于这一数据库，哈佛大学的研究者发展出“文化组学”的概念。所谓“文化组学”，英文为cultur-omics，是由“文化”(culture)和“基因组学”(genomics)合成的合并词，指利用数学方法分析来自网络的海量数据，进而分析人类文化的发展和演变的方法。“文化组学”从基因组学中得到启发，由研究人员设计出一套工具，利用上述数据库能够给出随时间推移文化如何改变的定量数据。基因组学研究可分析海量数据，研究基因如何发挥作用和改变。这个“文化组学”工具采用一种大规模的方法，研究随时间推移词汇使用的频率，用它来观察人类的思想与文化的变化趋势。通过对比分析，研究者发现人类基因组的信息量只相当于一首有 30 亿个字母的诗。利用这个工具，人们可以量化分析历史长河中个人对文化的影响。比如，对“西格蒙德·弗洛伊德”（奥地利精神分析学家）和“查尔斯·达尔文”（英国生物学家）出现频率的分析，揭示出文化智力持续演变的趋势：在 2005 年，弗洛伊德已经失去优势，达尔文最终超越了他。利用这个工具还可以发现被历史学家们忽视的模式：分析出现在 20 世纪上半叶德国书籍中的人名，结果发现在纳粹时代，大量的艺术家和学者被审查，如画家巴勃罗·毕加索；而且利用 N-Gram 对这些名人进行追踪的结果还显示，纳粹时代，当他们的名字在德国书籍中销声匿迹时，却仍然常常出现在英文书籍中。当鉴别出这种政治压制的信息后，研究者分析了同一时间段里德语书籍中被提及的所有人的“成名轨迹”，并将他们按“压制指数”排名，然后将包含这些人名的样本送给以色列的一位历史学家验证。结果发现，在由压制指数所鉴别的人中，超过 80% 的人确实被审查过，因为他们的名字被列入黑名单。这从一个侧面证明了这种数学方法的有效性。

进一步借助这个数据库，研究人员对名声的持续时间进行了研究并发现，名人在 20 世纪中叶书面材料中的名声消失速度比 19 世纪早期快 2 倍。具体到科学技术的发明创造方面，他们发现在 19 世纪初，技术进步平均需要 66 年才能被主流文化接受，而在 1880~1920 年，则只需 27 年即可。这一工具还可以用于观察语言现象的变迁：已经发现一些怪异的英语动词是如何从最初不在过去式词尾加“ed”（如 learnt）演变成为通用的形式（如 learned）的；还发现英语词汇过去 50 年增加了 70%，总数超过 100 万个；同时通过精准定位新兴词汇和过时词汇，可以大大加快词典的更新速度。这一研究模式已经于 2010 年 12 月在《科学》杂志上发表。

这里可以看到数据库和计算工具为研究者提供了一种验证的平台和量化的指标，或者说是一方面的证据。在这个基础上可以激活、验证人文研究者的观点和想法，促使他们对得到的数据结果进行解读。所以，利用信息技术手段的人文计算为人文研究提供了更加便捷的全面客观的研究环境。在这样的环境中，更益于人文研究者的才学和对各种现象敏锐的感知能力，以及对各种证据与人文事件丰富的联想力的发挥，并通过客观数据得到科学的结论。

4. 印欧语系起源的研究

在国际上，语言学研究中印欧语系的起源是一个存在争论的问题。印欧语系在世界范围内使用人数众多，广泛分布于欧洲、西亚和南亚地区。关于印欧语系的起源有两种理论：一种理论认为它起源于黑海北方的大草原（Pontic

Steppes），大约在6000年前被一个名为库尔干（Kurgan）的游牧民族带到了其他地方；另一种理论认为印欧语系起源于安纳托利亚（Anatolia，今土耳其境内），是在8000～9500年前伴随着农业的传播而散布到世界各地的。前一派的主要论据来自动植物词汇，他们假设一种语言中如果出现了只在特定地区才有的动植物名称，如“鲑鱼”和“山毛榉”之类，那么这种语言就很可能起源于该地。但是，反对派则认为，因为气候变化等原因，古代动植物的分布情况很可能和现在大不相同，因此这个方法很不可靠。

那么，有没有可能运用信息技术的处理手段使用计算工具来研究印欧语言的起源问题？实际上，这已经成为研究者的研究方向。新西兰的研究者根据特定特征在事物中的反映，利用概率信息进行推理，发现其中的关联线索，构拟出事物发展变化的过程。这种方法已经成功应用在生物遗传的研究中。研究者将词汇作为语言的遗传物质，借助这一模型就可以推测印欧语系的起源了。研究者对103种语言（印欧语，既有现代语言，也有古代语言）进行分析。初期根据各个语言的时间特征和语言的分化特性进行研究，得出结论说，印欧语系的各种语言分家的时间在7800～9800年前，符合第二种假说。

研究者进一步考虑各种语言在地理空间上的分布特性，同样借用生物信息学在流行病传播研究领域的计算方法，希望找出印欧语系的确切诞生地。研究者们在初期工作的基础上利用这种流行病传播的信息处理模型，把语言的变化和地理数据同时输入到计算机中，得出的结论明显支持安纳托利亚起源说。

这项研究给我们两点启示。首先，它得益于语言学研究的发展及其丰富的研究成果。从这项研究本身来看，它研究的数据基础是100多种印欧语言词汇的同源集合。判定词语的同源集合显然不是参加这项研究科研人员的研究重点，这些数据是通过各种比较语言学的研究文献收集而来的。另外，在印欧比较语言研究中，对于比较词汇的选择已经有一个事实的标准词表。研究围绕这一词表展开，便于不同研究者在一个研究链上形成合力。这项研究使用的数据已经开放，提供给有兴趣的研究者使用，一方面可以展开其他相关的研究，一方面可以验证研究者的结论。其次，在语言学研究成果的基础上，这一研究又是运用信息技术的相关研究成果对这些内容的深化处理和宏观综合，以计算和量化的方式来探索传统语言学长期存在争论的问题。这个问题由于涉及的时间漫长、波及的地域广阔，仅凭借现有的考古实物难以直接给出答案。这项研究引入的信息技术，探索可以采用的量化研究方法，为解决这类问题寻找有效途径。因此，一些学者认为这项研究取得了革命性的突破。

5. 相关启示

从上面的介绍可以看到，在人文计算研究中语言计算扮演着非常重要的角色。

语言是一种特殊的信息载体。有专家曾经对语言的信息表达有这样的论述：按物理学的观念，信息只不过是被以一定方式排列起来的信号序列。在社会交际活动中，这个定义还不够：信息还必须有一定的意义，或者说信息必须是“意义的载体”[①]。这一论述揭示出语言本身所具有的特殊性和多重特性：既具有客观性也具有主观性，既具有艺术性也具有科学性，既具有民族性也具有世界性，甚至还具有强烈的政治性和无阶级性。同时，语言也是一个民族文化的重要载体。正因为语言具有客观和主观属性，兼具人文和可计算的特点，所以成为人文计算的重要“抓手”或切入点。

汉语的使用者数量目前已经超过 10 亿，汉语除了普通话外还有众多方言，仅顶层划分就有七大方言体系，包括北方方言、吴方言、湘方言、赣方言、客家方言、闽方言和粤方言。众多的使用者是语言资源的活化载体，不断创新着语言的使用；而种类繁多的方言，又进一步丰富了语言资源的类别。此外，我国有上下五千年的悠久历史，流传下来数量众多的历史文献资料，这些资料很多是以文字形式存在的。同时，我国是一个多民族国家，在我国境内除了使用汉语外，还有众多的民族同胞使用本民族的语言。据有关专家统计，目前我国境内使用的民族语言超过 120 种。而且，针对这些民族语言已经有了初步的语言数据资源。这些丰富的语言资源为展开人文计算提供了基础保障。

中华文化源远流长，在中华文化形成和发展的过程中留下了大量的表征文明的有形或无形的产物。随着时间的推移、时代的变迁，这些宝贵的遗产将湮灭消失在历史长河中。许多无形的产物，由于是通过人们之间世代传承，无法如有形产物一样通过考古发现抢救发掘，所以一旦湮灭就很难再重现了。众所周知，汉语的字尽管较少变化，但是现代汉语的读音和古汉语有很大的不同。目前我们已经无法清晰地了解到这些不同是如何及何时发生的。现有的这些探讨只是零星出现在有关诗词、方言的研究中。虽在传统音韵学中对此有比较系统的理论分析，但有关研究已日渐式微。这为人文计算提出一个迫切需要承担的任务——运用信息技术发掘抢救这一中华文化的重要载体。这一研究将为中华文化的历史无形遗产在信息时代的传承和延续做出贡献，因此，以人文计算的视角展开语言计算具有紧迫性。

此外，据李宇明教授（教育部语言文学信息管理司前司长、国家语言文字工作委员会前副主任）介绍，“国家语言能力”是一个新提出的概念，指的是国家处理海内外各种事务所需要的语言能力，其中也包括国家发展所需要的语言能力。国家语言能力的外延应当非常广泛，目前还有待确切圈定，但可以从五个方面来描画其轮廓：①语种能力；②国家主要语言的国内外地位；③公民语言能

① 参见：陈原，《社会语言学》，第 41 页。陈原（1918—2004），著名语言学家、出版家。

力；④拥有现代语言技术的能力；⑤国家语言生活管理水平。推进语言计算的研究，无疑将丰富和扩展我国的语言技术能力，从而在整体上提升我国的国家语言能力，提升我国的软实力。

五、信息技术对人文研究的影响

信息时代首先是改变了信息产生、传递、获取和沟通的方式，改变了知识产生和传播的方式，从而深刻影响了信息时代的人文研究，这包括教学与学习，研究结果与过程的呈现，以及知识兴趣社区的形式等，而这些又由网络互相紧密联系在一起。人们可以轻易通过网络观看各类、来自世界各地的丰富多彩的开放课程与演讲视频；人们也可以在维基百科中，找到无数词条资料，而无须购买或者借阅大部头的百科全书，同时也无须担心百科全书内容无法反映最新的知识；人们还可以找到各式各样的专题网站，介绍人文（乃至科学）的各种知识。这一切只需要有网络，通过网络人们可以接触到一个无限宽广的世界。

然而，正如事物存在的正反两面一样，在上述繁荣现象的背后也有很多的隐忧。例如，人们担心网络缺少深入的知识，缺乏权威的知识，充斥着片段的甚至错误荒谬的信息。而且，这些错误的信息却可能有着极高的影响力和传播性。这种现象的出现反映出网络和信息技术还存在不完美的地方，有些甚至通过自身的发展都难以完善。但网络对于人类生活的影响，是不会停止的。因此，面对这些信息技术带来的变化，需要思考人文研究怎样才能更好适应学术环境的变化。研究者需要采取积极的行动，让网络成为良性知识的分享平台。

美国在“数字历史”（Digital History）项目中，就十分重视这一点。他们所谓的数字历史，更接近带有推广普及性质的公众历史学（public history）。而公众历史学在一些特殊时间段具有特殊重要的意义。例如，有研究者发现曾经设立的有关美国历史的网站，在9·11事件过后，流量骤然增加。对此，他们认为这个特别事件，让美国人的自我认同感受到质疑，面对眼前看似难以理解的问题，刺激他们去了解历史探索过去。也是在类似这样的时刻，公众历史最能发挥出作用。通过设立专题网站尝试让一般人能接触到第一手史料，或是专业史学研究者提出的论述，从而使这些象牙塔中的研究内容也能让普通的民众接触到，在普及历史知识的同时提高民众对历史研究的兴趣。而美国学者撰写的《数字化历史》最能说明这一点。该书内容几乎全都集中于文献资料的数字化，以及网站的建置。以信息技术对大量史料的分析和研究反而涉及不多。

上述公众历史方面的发展可以进一步引发两点思考。

第一是网络化和多媒体的发展，拉近了历史资料和受众之间的距离。公众历史的概念不是新近提出来的，一直以来都有学者试图将历史研究成果从象牙塔引向大众。过去有不少普及性的历史期刊或书籍出版，然而信息时代给了公众历史学学者一些新的途径和平台。网络平台可以提供比纸本书籍杂志更多、更丰富、更系统的内容和多媒体化更感性的素材。美国一些研究者已经开始探索利用多媒体方式记录历史资料。麻省理工学院领导的“目击文化”（Visualizing Cultures）计划，就汇集了一批东亚历史的研究者，利用各式各样的图片，呈现出近代中国和日本的发展历史。由于呈现形式精致、内容可靠可信，受到了关注与好评。随着网络通信技术的不断发展，以视觉、听觉甚至其他材料搭配传统文字叙述的表达方式，会越来越成为信息传播的方式。不只历史研究者，还有人文学者，都要面对信息技术发展形成的新环境。尽管这种新环境的影响可能优劣互见，但显然是无法逆转的趋势。利用多媒体的方式来表述研究成果，不单只是比较花哨，或者吸引观众的注意力，可能还有更深一层的影响，那就是对于研究方法和学科本体的认知。以历史研究为例，研究者已经注意到图像在各类题目中的重要性日益显现。它们不只是艺术研究的对象，或者是文本描述的附属品，而是本身就需要诠释的材料。图像所记录和传达的信息，与文字之间不见得一一对应。图像和文字之间，可以既是互相补充，又是互相强调。而视觉与听觉等各方面的材料，可能唤起读者或听众在理性外的感官经验。因此，如果历史研究强调的是对过去世界的理解和体会，那么图像与声音很可能比单调的文字更为有效。所以，即使是传统的人文研究也需要与信息技术密切地结合，而人文计算需要关注和涉猎的范围也将更加广阔。

第二是网络时代核心的观念：开放。网络时代是无法闭关自守的时代。目前，日本与美国国会图书馆的数字化工作成果都是完全开放，可以免费下载。除了部分因为著作权的因素外，几乎不多加以限制。这应该是所有单位实施公助数字化项目的前提，甚至许多大学也是以此为指导原则，如澳大利亚国立大学图书馆、日本京都大学图书馆、美国普林斯顿大学东亚图书馆。这些大学所数字化的古籍，都可以在网络上直接下载。哈佛大学的两个计划：中国历代人物传记数据库与中国历史地理信息系统，也已经全数公开在网络上，供用户下载使用。

更近一步就人文计算而言，除了需要数据基础之外，还需要利用计算模型进行计算处理，需要计算平台和计算资源。近年来兴起的云计算提供了按需付费使用计算资源和存储资源的模式。使用者可以像使用水、电等基础公共资源一样，使用云平台上的计算资源和存储资源，只需要按使用量支付一定的费用。这样如果研究者需要利用大规模数据进行比较复杂的计算处理，也无须自己投资从头开始建设相应的软硬件平台及这些平台运行的环境，从而大大降低进行计算的门槛。研究者可以以很低的代价进行复杂的计算研究，从而使研究者更多专注于人文研究的创新内容。因此，简言之，云计算为人文计算研究提供计算资源基础。

另外，当前大数据（Big Data）概念的提出也为人文计算的发展提供了良好的发展环境。所谓大数据的“大”，其实并没有一个统一的标准，对于不同的研究领域，“大”的度量并不一致。因此，大数据是指那些大小已经超出了传统意义上的尺度，一般软件工具难以捕捉、存储、管理和分析的数据。从这个意义上讲，数字化的人文资料已经超出了利用传统方式进行研究的研究者能够捕捉、存储、管理和分析的尺度，在人文研究方面具备大数据的特点。因此，从这点出发，人文计算研究的成果将丰富大数据研究的内容。而且，随着大数据研究的深入，特别是一些通用的大规模数据处理方法和模型进一步深化和发展，这也将为人文计算的研究深化提供更加丰富的模型和工具。

六、若干结论

综合以上分析，可以得到如下结论。

1. 大力推进和发展人文计算学研究是重要的科研布局，对提升我国科研实力具有重要的战略意义

当今社会信息技术高速发展，信息技术不断融入人文学科，促进了人文计算学的蓬勃发展。人文计算已经有重要的创新成果诞生并服务于社会生活的需要，发挥出良好的社会效益。

科学的发展表明交叉学科往往是产生创新思想的沃土。人文计算为信息科学研究提供了广阔天地。促进人文计算学的研究，将繁荣我国的科研发展，形成有中国研究特色的创新研究成果。这些创新成果将不断服务于信息时代社会生活的需要，也将成为我国科研实力提升的明证。

2. 互联网的蓬勃发展，云计算、大数据概念的产生为我国人文计算学的发展带来了良好的机遇

飞速发展的互联网已经深刻改变了人们获取信息的方式，服务于人文计算的各种数据资源可以在互联网上低成本地获取。这些数据为人文计算的研究提供了坚实的数据基础。

近年来兴起的云计算提供了按需付费使用计算资源和存储资源的模式。使用者可以像使用水电等基础公共资源一样，使用云平台上的计算资源和存储资源。同时，只需要按使用量支付一定的费用。这样研究者需要利用大规模数据进行比较复杂的计算处理，无须自己投资从头开始建设相应的软硬件平台及这些平台运行的环境，从而大大降低进行计算的门槛。云计算为人文计算研究提供计算资源基础。

大数据概念的提出也为人文计算的发展提供了良好的发展环境。人文计算研

究的成果将丰富大数据研究的内容。而且，随着大数据研究的深入，特别是一些通用的大规模数据处理方法和模型进一步深化和发展，这也将为人文计算的研究深化提供更加丰富的模型和工具。

3. 语言计算是我国开展人文计算的重要抓手

1）可计算。语言是一种特殊的信息载体，具有客观和主观属性，兼有人文和可计算的特点。

2）资源丰富。汉语使用者众多，有多种方言，在我国境内还有大量的民族语言使用者，这些造就了我国丰富的语言资源。

3）紧迫性。时代的变迁使得一些语言的形式和内容趋向逐渐消亡，以人文计算的视角展开语言计算具有紧迫性。这一研究将为中华文化的历史无形遗产在信息时代的传承和延续做出贡献。

4）国家语言能力的需要。从语言规划的角度看语言计算有助于提升我国的国家语言能力，进而提升我国的影响力，增强我国的软实力。

七、相关建议

从上述结论出发，针对人文计算研究方面发展的现状和我国的实际情况，以跻身世界先进行列为目标，建议从国家层面采取有力措施，抓住当前信息技术为人文计算发展带来的机遇，促进人文计算学科的发展。具体建议如下。

1）针对我国人文计算学科还处于起步阶段的现状，建议国家科研管理部门从国家层面对人文计算学科的发展进行整体规划，在战略层面进行科研布局，在所资助的科研项目中给人文计算学科留出一些空间，并通过科研项目提升我国人文计算学科的研究水平和基础建设。

人文计算是一个新兴的研究领域，在我国还处于刚刚起步的阶段。同时，这一学科又是一个跨越传统学科的交叉研究领域，跨越了传统文理工的研究范畴，涉及的研究内容纷繁复杂，需要多学科多部门协同攻关，才能有效推进其发展。而人文具有民族和国家的特质，因此需要国家的科研管理部门对这一学科有整体宏观的规划和布局，做好顶层设计，明确战略和切入点，进行统筹规划，有效协调各部门，避免一哄而上，低水平重复，应形成合力，促进我国人文计算的发展。

同时，我国人文计算学科的研究发展目前正处于起步阶段，需要大力支持和扶持，以便这一学科在科研项目的牵引下形成人文学科和信息技术学科的深入结合，在科研中培养和锻炼人才。

近年来，我国在国家层面大力支持文化产业的发展弘扬中华文化。人文计算学科是人文研究在信息时代的扩展。人文计算和我国文化产业的发展息息相关，一方面，文化产业的产品可能是人文计算成果，也可能是人文计算研究的数据资源；另一方面，文化产业也是人文计算研究服务的对象。同时，人文计算学科的发展也需要相应的科研项目资助和牵引。因此，也建议国家科研管理部门在资助的相关科研项目中给人文计算留出一些空间，扶持人文计算学科的发展。

2）着眼于人文计算发展的需求，建议国家教育部门重视人文计算交叉学科复合型人才的培养，通过改革现行的教育机制和科研项目协同平台建设，有计划地培养人才；建议相关的学会协会积极推进学科交流，更新人文社会学者和信息技术研究者的观念，使不同学术背景的人文计算研究者具有对话合作的知识基础。

交叉学科的研究需要复合型人才，这类人才对于所涉及的学科内容具有较好的学术背景。这样面对研究的问题，才能发挥出学术能力，产生原创型的创新成果。而交叉学科的性质又决定了这样的学术背景难以在传统的教育体系下完成，因此需要强化培养适应人文计算的复合型人才，使其兼有文理工的学术背景。现阶段我国在人文计算方面的人才培养还处于零星培养和自发学习的状态。面向人文计算学科未来的发展，建议国家教育部门在高等人才培养方面重视对于人文计算交叉学科复合型人才的培养。通过改革现行的教育体制机制，通过科研项目等协同平台建设，有计划地培养“复合型”“双栖型”人才。

从人文计算的发展看，人文社会学科研究者是否能够更新观念，建立计算思维，学习使用计算工具和数据，是一个关键问题；信息处理研究人员能否具有人文意识，具有与人文社会学科研究者对话合作的知识基础，也是制约人文计算发展的重要问题。因此，促进不同学术背景的研究人员进行交流，创造交流的机会，就有可能弥合这种研究者不同学术背景差异产生的隔阂，促进共识产生，找到创新思路，从而推进人文计算研究的发展。另外，学科的交流也有助于传播科研的成果，促进不同学科研究者对于人文计算学科的认知。而相关研究领域的专业学会和协会为这种交流提供了基础，建议相关的学术组织积极推进人文社会和信息技术学科的交流，有效地促进这些学科的深入融合。

3）顺应人文计算学科数据开放和数据共享的发展趋势，建议国家科研管理部门组织研究制定和发布相关标准规范，并指导标准规范实施，促进人文计算研究中的数据开放和数据共享。

数据是人文计算中的基础，从目前整个学科的发展来看，数据开放、数据共享已经逐步成为这一学科的趋势。而相应的标准规范是数据共享的基础，它将直接影响数据共享的效率，是人文计算研究中基础的保障条件。因此，建议国家的科研管理部门组织相关标准规范的研究制定和发布，为我国人文计算学科的顺利发展奠定基础。

同时，人文计算涉及领域较多，有些领域已经有了比较成形的标准规范系统，可以在此基础上进行适应性调整，以服务于人文计算的需要。避免标准规范研制中的低水平重复和标准矛盾的现象。

另外，还需要在国家层面上推动标准的实施。比如，科研管理部门对于由国家资助的相关领域的科研活动，除了将数据共享作为项目的考核指标外，还需要对数据采用的标准规范做出要求。

4）从人文计算发展的历史和人文计算服务我国社会生活的情况出发，建议国家科研管理部门以语言计算为展开我国人文计算研究的切入点，带动人文计算学科的全面发展。

语言计算是我国开展人文计算的重要抓手，而汉语的特质决定了它是我国展开人文计算研究的切入点。因此，建议国家科研管理部门以语言计算为展开我国人文计算研究的切入点，带动人文计算学科的全面发展。

这里需要特别说明的是语言计算不简单等同于计算语言学，在方法论层面它们存在交叉，但语言计算则是要立足于人文研究的视角，从语言表象中发掘线索，通过语言计算的手段解决人文研究关注的问题。另外，面对人文研究，语言计算所能提供的结果往往只是一个侧面、一个维度的结果，还需要结合其他方面的人文数据资源进行全面研究，从而产生更有说服力或者更为丰富的研究成果，也丰富和发展人文计算学科的研究。

（本文选自 2014 年咨询报告）

咨询组成员名单

李启虎	中国科学院院士	中国科学院声学研究所
李衍达	中国科学院院士	中国科学院
黄民强	中国科学院院士	中国人民解放军总参第五十八研究所
李宇明	教　授	北京语言大学
乔晓东	研究员	中国科学技术信息研究所
聂鸿音	研究员	中国社会科学院
宋继华	教　授	北京师范大学
李增海	高级工程师	互联网协会
尹　力	研究员	中国科学院声学研究所
李晓东	教　授	中国科学院大学
张　全	研究员	中国科学院声学研究所

发展水声学是抢占深海高技术制高点的关键

李启虎　等

一、深海高技术发展中水声学的重要性

按照美国著名水声学专家 R.J.Urick 的解释 [1]，“深海”有两种不同的定义：测深学意义上认为 100 英寻①（约 200 米）以上为深海，而水声传播意义上认为没有多次海底海面反射的水声信道为深海 [2]。

由于声波是唯一能在水中远距离传输的能量形式，所以水声学在深海高技术发展中发挥着特殊的作用，担负着重要的使命。从 20 世纪 60 年代起，发达国家争相斥巨资开展深海水声学研究，力求把握深海水声技术的制高点。

国防水声事业的奠基者——中国科学院院士汪德昭先生在 20 世纪 60 年代初根据我国的实际情况提出了发展水声事业的战略方针：由浅入深，由近及远。在这一方针指导下我国近海、浅海的水声学研究取得了辉煌的成绩，但深海的水声学研究还有待进一步深入。1978 年 11 月汪德昭先生带队远赴西沙进行深海考察，拉开了我国深海水声学研究的序幕。随着国家经济建设及近年来国际形势的迅猛发展变化，对深海水声高技术的需求越来越大、越来越急迫，发展深海水声技术已上升到国家战略的高度。

（一）开展水声技术研究是我国在新世纪面临的机遇和挑战

水深大于 300 米的海域约占世界海洋总面积的 88%，蕴藏着丰富的油气资源、矿产资源和生物基因资源。国际能源署估计，全球油气资源量的 1/3 位于海洋。全球近 10 年发现的大型油气田中，位于海洋的占 60% 以上。目前有 100 多个国家在进行海洋石油勘探开发，50 多个国家在开展深水石油勘探开发，作业水深已突破 3000 米，生产水深达 2500 米。近 10 年间，我国新增石油产量的 53% 来自海洋，2010 年这一比例超过 80%[3]。

① 英寻为海洋测量使用的深度单位，1 英寻 =1.8288 米。

我国和多个周边国家存在海洋领土争议。其中，在黄海，与韩国和朝鲜争议领土 18 万千米^2；在东海，与日本的争议领土主要是钓鱼岛列岛，虽仅有 20 千米^2 的陆地，却是名副其实的战略要冲，如果日本占领了钓鱼岛，就意味着中国东海海域将有 74 万千米^2 的海洋国土被日本窃据，钓鱼岛海域所蕴藏的 800 亿桶海底石油和油气将被日本据为己有，日本利用钓鱼岛设置雷达就可以监视方圆 400~600 千米的海域和空域，对中国安全构成严重威胁；我国南海总面积 205 万千米^2，目前争议面积达 143 万千米^2，有 43 个岛礁被周边 5 个小国非法侵占，我国实际控制的范围不足62万千米^2（我国实际控制西沙群岛的最大岛屿永兴岛；我国台湾地区实际控制南沙群岛的最大岛屿太平岛）。周边国家已开发的油田中有数十个在我国传统疆界之内。

进入 21 世纪以来，随着我国综合国力的不断提升，面对国际深海领域的激烈竞争，突破第二岛链、走向深海已成为我国面对全球化发展的必然选择。而发达国家必然想方设法遏制我国的发展，围绕我国周边的海权竞争将愈演愈烈，发展深海水声学是实现我国参与国际深海竞争的关键。作为一个海洋大国，我国必须在水声技术领域投入力量，开展工作，以便护卫海洋国土，并确保我国在 21 世纪深海开发中占有主动地位。

从军事的角度看，潜艇辐射噪声的降低使水面舰艇的反应时间从小时下降到分钟。美国国防部 1997 年发布的报告认为低频拖线阵声呐是唯一能把失去的时间赢回来的声呐。近年来，装备了 SURTASS LFA 的美国水声侦察船无暇号（TAGOS-23）在我国南海频繁进行侦察活动。《2000～2035 年美国海军技术》第七卷“水下战”指出：“台湾东面离中国大陆几百海里范围中 80% 以上深度超过 200 英寻，只有少数地区不超过 100 英寻，中国的潜艇将是美国海军兵力要对付的主要对象。”[4] 我国只有通过执行长期的水声学研究发展计划，特别是深海水声学研究，才有可能为提高反潜战对抗能力奠定牢固的基础。

（二）国外深海水声学发展的情况

深海高技术已成为各国重点发展的技术领域，其中某些技术的复杂性与难度甚至超过了航空航天技术，从 20 世纪 60 年代起，发达国家争相投入巨资开展相关研究，21 世纪前后，国际上深海领域的竞争日趋激烈，沿海各国竞相扩张自己的管辖海域，外大陆架圈地运动全面展开，各国在政策、研发和投入等方面采取有效措施，以确保在新一轮海洋竞争中占据先机。

深海高技术发展中水声学具有特殊的作用，担负着重要的使命。例如，最近“蛟龙”号 7000 米载人潜水器成功下潜 7062 米，创造了作业型载人潜水器下潜深度新的世界纪录。“蛟龙”号上共安装了 5 部不同使命的声呐，这些声呐如同蛟龙号的眼睛与耳朵，能够测量各方位障碍物的距离、探测前方的目标、绘制海底的三维地形图等，其综合声学感知与信息传递功能达到了国际领先水平。

在各海洋强国制定、调整的海洋发展战略计划和科技政策（如《新世纪日本海洋政策框架（2002）》《美国海洋行动计划（2004）》和《欧盟海洋发展战略指令（2007）》等）中，深海水声高技术都占有相当大的比重。随着陆上和浅海油气资源储备的日益减少，各国竞相采取激励措施，推动深水油气资源勘探开发，其中最重要的技术就是拖曳式声学阵列勘探技术。在这些海洋发展计划中，发达国家大力发展深海海洋环境监测系统，为海上作业提供环境安全保障能力，这也是积极抢占国际海底战略性资源的有效手段。

根据有关文献报道，美国为了加强深海高技术发展，实施了一系列相关的水声研究计划和试验，这些计划的开展与实施，提高了美国海军的海洋技术水平[3]。

1. 美国高增益发展计划

美国“高增益发展”（HGI）计划说明，海洋相干性有利于进行甚低频匹配场信号处理。探测距离为 1000 千米时，25 赫兹频率的深度分辨力优于 50 米，距离分辨力优于 2 千米。美国执行 HGI 计划以来，已用垂直基阵在深水区和浅水区进行了多次匹配场信号处理技术的试验。

2. 美国国防高级研究计划局 3X 实验

美国国防高级研究计划局（DARPA）3X 实验利用 3 个相连接的监视拖曳阵传感器系统（SURTASS）基阵形成一个很长的孔径。利用这个约 600 个波长的加长水平的孔径，可进行全相干信号处理。利用波前曲率匹配和波束形成技术，3X 实验成功进行了近场和远场目标探测。这个基阵可有目的地变形，以获得垂直延伸，并能采用匹配场信号处理技术对远距离目标进行测距和测深，再次说明采用全相干处理技术可提高探测性能。

3. 赫德岛水声－层析试验

对海洋气候进行声学监视的赫德岛水声-层析试验（ATOC）说明，在几千千米的距离上声波都具有相干性。在进行赫德岛可行性试验时，在 5000 千米的距离上，在 3 分钟的信号持续期间，成功地进行了匹配滤波。在长达 9000 千米的距离上，对目标运动的相移跟踪精度达到一个波长的几分之一以内。

4. 关键海上试验（CST）和低频主动（LFA）计划

CST-LFA 计划系统试验在过去 10 年中都是针对主动声呐而执行的。大功率垂直发射基阵和拖曳水平接收基阵已用于解算混响的空间结构和潜艇目标强度。

该试验说明高分辨率的海底地质水深图和声透射海洋学模型是很重要的。美国根据这些水深图和模型建立了按环境条件确定的混响相干性模型，并用距离选通法确定目标探测范围，还根据水面波浪和挟带气泡所产生的信号调制模型确定了多普勒相干性环境模型和利用窄带信号探测目标的权限探测范围。

5. 双线列阵 SURTASS 试验

双线列阵 SURTASS 试验采用了两个带传感器定位系统的并列拖曳基阵。这次试验只采用了简单的自适应波束形成技术，但同时利用定位系统进行了基阵阵形补偿。在高杂波环境中的试验表明，即使只采用简单的自适应波束形成技术，水声信号处理所获得的增益也是很大的。试验系统的探测距离超过同时使用的所有其他系统，消除了左右舷模糊性，使显示器的杂波大大减少，提高了操作员的控制效能。

目前国际深海高技术领域中水声学的发展趋势主要有以下方面。

1）海洋环境监测技术向着实时、立体化方向发展，声学监测能力大大提高。

2）油气资源开发逐步向深水区域推进，开发水深记录被快速刷新，水声通信能力突破了传统的通信速率与通信距离乘积的限制。

3）深海运载与作业技术装备朝着实用化、综合技术体系化方向发展，其搭载的声学感知系统趋于完善。

4）深海目标探测、地质 / 地貌反演、海难救助等技术从军事领域逐步扩展到民用领域，成为军民两用技术。

（三）我国深海水声学发展情况及主要问题

我国深海高技术研发起步较晚，基础较为薄弱。近年来，我国开展了一些深海高技术的研究工作，加大了对深海高技术发展的支持力度，组织实施了南海深水油气资源勘探开发关键技术和装备等一批重大项目与重点项目，同时加强了深海前沿技术的探索研究工作。经过十多年的持续努力，我国在深水油气和天然气水合物资源声学勘探、大洋矿产资源声学探查、深海声学探查和水下运载装备等方面取得了可喜进展，自主研发了一批深海高技术装备，并得到应用。尽管如此，但与海洋技术强国相比，差距仍然较大。

当前，我国深海水声高技术领域存在的主要问题表现如下。

1. 深海水声学研究起步晚，核心技术差距很大，应对深海竞争的技术能力严重不足

我国在 1978 年才开始第一次系统的深海科学考察，虽然近年来发展速度较快，但只在某些技术点上有较大突破。总的来看，核心技术（深海水声传播规律

研究、深水勘探技术、多波场分析技术及深海开发装备等）与美国等发达国家相比仍然有 10~20 年的差距。

2. 深海水声科学研究和技术开发脱节，未形成科学研究与技术开发互动的机制

虽然近年来我国开展了一系列深海水声科学研究，但是目前这些研究仍然停留在原理性和试验性阶段，主要依靠国家支持，应用性开发和面向应用的装备开发较少，民间资本和企业研发力量还未介入深海技术开发这一领域。

3. 缺少深海技术的公共试验平台

深海水声试验花费巨大，目前我国还没有公共的深海试验平台，无论哪个研究机构都难以负担建造深海试验平台这一庞大的工程；由于深海水声试验的特殊性，有时无法与其他研究共享试验平台，导致自主研发技术的应用和产业化进程缓慢。

4. 深海水声研究的科技资源分散，缺少有效的协调和共享机制

国内从事深海研究较多的是中国海洋大学，其他研究机构（如中国科学院声学研究所、中国船舶重工集团公司的研究所、哈尔滨工程大学、西北工业大学等）在深海水声研究方面都有所涉猎，但资源分散，没有形成合力，有效的协调和共享将大大加强我国在该领域的研究力量，提升科研水平。

5. 与国家安全密切相关的深海海域还缺乏深入系统的水声学调查

深海水声研究离不开系统的水声学调查，但与我国国家安全密切相关的西北太平洋、印度洋、北极地区的深海海域，我国还没有深入系统地调查过，应制定详细的规划，尽快实施对上述海域的水声学调查。

二、深海高技术领域中的水声学关键技术与研究建议

（一）深海监测高性能声学传感器、换能器及基阵技术

深海水声技术作为深海科学研究和装备发展的核心关键技术之一，必将大力发展，而深水水声换能器技术是其中十分重要的基础性关键技术。

深水水声换能器主要应用于水下目标探测、水下通信与定位、地层地貌探测、流速及内波观测、水声传播特性等研究。深水水声换能器包括发射换能器和接收水听器，一般是由换能材料、无源声学材料、结构材料及其他电气构件通过

一定的结构组合形成的，工作频率从几赫兹到数兆赫兹，工作水深从几百米到几千米，最大水深可达 10 千米以上。目前国内相关领域的技术水平明显落后于发达国家，必须加大投入，迎头赶上。

深水水声换能器设计的关键问题主要包括材料、结构与测试技术等。

1. 深水水声换能器的材料

深水水声换能器的材料主要包括压电陶瓷、压电复合材料、压电单晶、磁致伸缩材料等，此外还包含水声透声材料、吸声材料、折声材料、反声材料、去耦材料、黏合剂、防海生物材料及特殊用途的其他无源声学材料等。

第一，关于复合材料研究，建议材料和应用相结合，加强材料、结构、工艺、建模和检测方法等多方面的研究，突破国内声学材料长期以来一直以均匀材料设计为主的模式，拓展声学材料构件的品种、范围，在声学材料构件、复合耐压结构设计、加工成型工艺研究方面突破关键技术。

第二，关于环境适应性研究，重点开展常用声学橡胶或塑料的配方和耐老化的改性研究，在保证其物理、化学、电学及力学性能的前提下，提高材料声学参数随温度、压力、时间及频率变化的稳定性。

第三，关于耐静水压压电复合材料及其应用研究，建议加强材料、结构、工艺、建模等多方面研究，突破关键切割和成型工艺、复合耐压结构设计、换能器压力平衡设计等关键技术，在理论和工艺方面形成体系。

第四，关于低频深水发射换能器设计技术研究，建议加强建模研究，突破声学结构设计、耐压结构设计和制造工艺等关键技术，提高换能器电声学参数随温度、压力的稳定性。

2. 深水水声换能器的结构

换能器结构形式包括棒形、圆柱形、板壳形三种形式，这三种形式的多种组合可以开发多种新型结构形式换能器，如纵向换能器、圆柱换能器及弯曲换能器等。

3. 深水水声换能器的测量技术

第一，关于高静水压水声环境构造技术，建议开展 70 兆帕高压水池设计技术、消声材料技术、100 兆帕以上密闭高压小容器（耦合腔）设计技术、70 兆帕声管设计技术及 5 兆帕以上高压透声容器设计技术等相关技术研究，形成关键技术突破。

第二，关于耐高静水压标准测量换能器研究，需要尽快突破耐压结构设计和制造工艺等关键技术，重点提高低频发射换能器电声学参数随温度、压力的稳定性，研制耐高静水压标准测量换能器。并重点开展高压水池的低频测量技术及声管校准水听器技术等测量技术研究。

（二）海洋环境参数声学测量与水声参数探测新技术

利用海洋水文要素对声传播的影响，可以反推海洋的特性，这是海洋声学的重要课题。深海声学层析技术可以监视海洋中的中尺度涡等现象，对海水中的温度、盐度、压力和流速进行声学遥测。这种对深海环境声学效应进行的系统研究对于深海高技术的发展具有重要的基础作用。

水声物理需要解决的主要技术问题包括以下方面。

1）3D 声场正、反演：确定性背景波导环境下，声场的预报；基于声场测量数据的确定性背景介质的反演。

2）时空相干特性、时变性：空间相关半径、时间相关半径与距离、频率、垂直维、（深度平均）方位及其随机内波谱之间的关系；3D 时变背景环境对上述特性的影响等。

3）环境噪声场特性：噪声场垂直维指向性、各类噪声的时空相关特性及 3D 噪声场建模等。

国外对深海的环境参数测量进行得比较深入，国内的相关测量及大洋试验比较少，建议从国家层面进行针对性、系统性的安排。

（三）海洋声成像技术

水声成像主要利用声波在物体表面或者介质不连续处的反射和散射现象（回声）来获取被观测对象的二维或三维信息，所以目前成像声呐都是有源的，是一种主动声呐。水声成像声呐主要包括侧视扫描成像声呐（简称侧扫声呐）、多波束成像声呐、合成孔径声呐、多波束测深仪、测深侧扫声呐等，其发展情况又有所不同。

1）侧扫声呐。发达国家技术成熟，多家公司可生产多种型号单波束、多波束侧扫声呐，频率覆盖全，适合多种应用平台；国内技术相对成熟，有少数型号的产品，但没有高端产品。

2）多波束成像声呐。发达国家技术成熟，多家公司开发出多种型号商品，产品覆盖全，三维成像声呐已有成熟产品，且分辨率很高。国内有少量产品，包括用于探雷的型号，但商品化程度不高，分辨率不如国外产品。国内在 863 计划支持下开发了三维成像声呐样机，但尚未达到产品化程度。

3）合成孔径声呐。在声呐系统中采用合成孔径雷达所使用的技术一直是人们梦寐以求的目标。所以，主被动合成孔径声呐（SAS）的理论和实验研究受到相当高的重视，正在取得稳步的进展。国外已有比较普遍应用的商业化产品，并已有部分产品向中国出售，但总体上还是对中国采取技术封锁。在国家 863 计划支持下，中国科学院声学研究所联合国内相关单位从 1997 年开始系统地开展合成孔径声呐研究，到“十一五”结束，进行了多次湖上和海上试验，在小目标和掩埋物探测方面取得很大进展，研制了多型样机，成像性能达到国外同等水平[6]，甚至部分性能领先于国外产品，但在产品化和商业化方面尚有差距。目前已经有几套产品在海洋局、海军等单位应用。

4）多波束测深仪。发达国家技术成熟，多家公司开发出多种型号商品，产品覆盖全。国内技术尚不太成熟，开发过样机，但尚未形成产品，正在 863 计划支持下进行产品化开发，目前使用的全是国外产品。

5）测深侧扫声呐。国外有商品化产品，技术较为成熟。国内开发了一型产品，获得国家技术发明二等奖，几套产品已在中国大洋矿产资源研究开发协会（简称中国大洋协会）应用，技术水平与国外相当。

水声成像设备和技术的发展趋势是：突破换能器耐压和高压密封工艺的深海成像声呐、高分辨合成孔径成像声呐、高分辨三维成像声呐，采用 SAS 或高分辨多波束浅剖为主要手段的掩埋物探测，利用海洋环境噪声成像（无源探测成像）、MEMS 换能器技术、大规模阵列换能器与信号调理电路的一体化集成等。总的来讲，水声成像设备的发展趋势是功能更强、分辨率更高、作用距离更远。

国内在水声成像技术方面总体上与国外的差距主要在以下几个方面：①换能器的材料、工艺和性能；②声呐的设计、工艺、易用性与可靠性；③技术体系和产品体系、产品开发和应用软件等。

（四）移动目标声探测新技术

移动目标声探测主要以军事应用为背景，兼顾民用领域，部分技术也用于海洋监测，相关技术问题如下。

1）如何提高探测距离的发展速度超过潜艇安静性或隐身性的发展速度。自 1960 年以来，潜艇噪声已降低了 35 分贝，使得大洋的对潜探测距离减少到只有几千米，远远低于武器的作用范围，这就要求通过研究发展使被动探测系统的对潜探测距离大幅度提高。

2）如何进一步降低系统的虚警率。对于主动探测系统来说，在今后10年中，有希望使被动和主动探测系统的增益提高 10～15 分贝。每年可获得约一个分贝的增益，到 2035 年，总共再获得 20 分贝的增益是非常可能的。但在目标强度继续降低的情况下，在声呐技术、降低混响强度和提高目标识别能力方面所取得的进展，获得的20分贝增益能否进一步降低系统的虚警率还有待进一步研究。

3）如何提高未来声呐系统的性能。通过石油勘探工业所取得的成就，就能了解提高声呐系统性能的潜力。在石油勘探中，现在已能使用18个多线列拖曳阵，每个有8千米的孔径，传感器的总数已达到2104个。因此，采用能充分利用信号场水平特性和垂直特性、性能更好的基阵，来提高未来声呐系统的性能，将必然是水下探测的主要方向。

4）如何进一步利用海洋的时间相干性。内部波浪和海平面运动等会产生时间衰落，多径传播和边界相互作用，造成限制相干性的时间展宽。然而，只要对运动进行仔细补偿，就能使信号处理能力更接近于时间相干性的极限。相关实验说明，深水区的相干积分时间间隔可以大于0.5小时（50赫兹时），浅水区可以大于3分钟（500赫兹时）。

针对移动目标声探测中的主要军事性问题，近年来出现了一些新的探测体制，包括如下。

1. 水面战术监视拖曳阵系统

由于固定探测系统已不能对整个海底盆地进行有效监视，所以出现了可从移动平台布放的轻型传感器基阵，如水面战术监视拖曳阵系统。特别是最新的双线列阵现在已具有最大的海区覆盖范围，可供地区控制使用。

在这一系统中，潜艇和水面舰艇使用的拖曳阵、艏部球形阵和圆柱阵，以及共形阵可供战术反潜使用。由于这些系统是活动的，而且能在潜在冲突地区迅速部署使用，所以这些系统最可能成为未来反潜系统的主要设备。参考近海石油勘探工业的使用经验，当前技术完全能够实现长达几千米、由多船拖曳、有10个或更多线列和超过2000多个传感器的基阵。并行数字信号处理机的处理速度很快就足以满足这种系统的实时信号处理要求，这种大规模的传感器阵列完全具备技术上的可行性。

2. 水下声传感器网络

水下声传感器网络是一种由布放在水下的传感器和航行器组成的，相互之间通过声学链接进行组网，可以执行一系列水下工作声任务的传感器网络类型。随着技术的发展，水下的声学组网成为未来的发展趋势[7]。美国在1993年提出了自主海洋采样网（Autonomous Ocean Sampling Network，AOSN）、DADS（Deployable Autonomous Distributed System）及海网（Seaweb）水下声网络概念，以及以巡航导弹核潜艇（SSGN）为母船，以无人水下航行器（UUV）、水下机器人（ROV）为活动节点，以水下潜浮标为固定节点的网络化监测系统研制计划（PLUSNet），通过构建半自动控制的水下三维立体声学网络，来实现对水下环境的监测和采样，以及对安静型潜艇的探测，可望解决分辨率与探测距离的矛盾。

我国已经开始水下声传感器网络的研究，但是规模、范围都较小，急需进一步扩大研究范围、拓深研究深度。

（五）海洋观测技术

移动目标声探测系统最好具备兼顾海洋观测的能力。在过去的 100 多年中，海洋观测历经了两次重大跨跃：海面观测和空间观测。在新世纪伊始，一个新的海洋观测热点正在出现，这就是海底有缆观测网络，从某种意义上讲就是陆地上的信息高速公路和电力网向海洋的延伸。

海底有缆观测网络系统由海底观测节点（海底海洋观测仪器、水下警戒监视传感器等）和海岸基站组成，通过通信 / 电力电缆网络，将海岸基站和分布在海底的各观测节点连接起来，形成一个海底观测网络。海岸基站通过通信 / 电力电缆向海底观测节点提供电力并控制其工作，回收观测数据和图像等信息。

有缆观测网络可实现多尺度、多学科观测，通过互联网控制观测仪器工作，满足科学家与观测网络的交互，摆脱了受制于电池寿命、数据存储和传输、船时与船位、恶劣天气和数据延迟等因素的影响，并且能进行原位分析。有缆观测网络使海洋科学研究方法产生重大创新，将对海洋观测技术和观测仪器的发展、海洋科技管理机制和体制产生深刻的影响，也将增进人们对海洋的关注，提高共同保护海洋的意识。

国外最早期的有缆观测网是 20 世纪五六十年代冷战时期美国海军为了对付苏联的战略核潜艇发展的水下声呐警戒系统（SOSUS）。1990 年 10 月，美国海军批准国家海洋和大气管理局（NOAA）的研究人员使用北太平洋的 SOSUS 阵列数据，使其成为军民两用技术。

此后为第一阶段观测系统，主要包括利用退役通信光缆的海底地震观测系统，以及美国近岸、近海有缆的海洋观测系统，如由罗格斯大学 1996 年发展的海底电缆连接的长期生态系统观测站（LEO-15）、由伍兹霍尔海洋学研究所建立的玛莎葡萄园岛海岸观测站（MVCO）、在纽波特和格雷斯港设置的持久阵（endurance array）、在马萨诸塞州科德角南部中大西洋湾的陆架坡设置的先锋阵（pioneer array）等。

目前为第二阶段观测系统，主要为以海王星计划为代表的新型水下有缆观测网络计划，包括：加拿大海王星海底观测网络（NEPTUNE Canada）、加拿大维纳斯海底观测网络（VENUS）、美国蒙特里加速研究系统（MARS）、日本有缆实时海底观测网络（DONET）、日本新型实时海底监测网络计划（ARENA）、美国新千年观测站（NEMO）、欧洲海底观测网络（ESONET）、中国台湾妈祖计划

(MACHO)、美国海洋观测创新计划(OOI)。

鉴于国外广泛开展了海底有缆观测网络建设，建议我国也尽快系统地建设部署海底有缆观测网络。

(六)海洋水声通信技术

随着世界各国海洋开发步伐的加快和海洋权益保护的需求，对海洋传感器网络、水下监视预警网络的需求愈来愈迫切。在水下实现节点间的网络连接采用海底电缆、光缆等有缆形式会带来建设施工复杂、维护保障困难、成本高、灵活性差等一系列问题，而在海洋中，电磁波、激光等陆地上常用的无线传输媒质存在很强的衰减，只能传输极有限的距离。在人们熟知的各种能量辐射形式中，只有声波在水下的传输特性最好。因此，构建水下信息网的技术基础是水声通信。

民用领域水声通信的典型应用包括：水下探测、救护、打捞等作业的潜水员与水面指挥舰之间的通信；水面指挥舰与各类水下机器人(如AUV)、深潜器之间的多媒体通信；水声通信在海洋矿产资源开发、利用方面的应用，如海上石油钻井平台水下监控，水下井口数据水声遥测，水下输油管道的铺设、定位和监测等；海洋环境参数自动监控；组建水声网络等。

国内已有点对点水声通信声呐设备，技术上经历了从模拟到数字、从窄带到宽带的技术转变。在远程扩频通信方面，研究出了信道特性快速测量与信道匹配技术，以适应我国浅海信道特性剧烈变化的情况。在单载波相干通信方面，研制了自适应多普勒补偿的最佳判决反馈自适应均衡器与Turbo码级联工作的中程高速水声通信机工程样机。在多载波相干通信方面，研制出正交频分复用(OFDM)高速水声通信系统，进行了湖试和海试，时反技术也进行了水池试验。国内中高速水声通信可在传输速率5Kbps时达到通信距离10公里左右，15bps的长距离通信可达百公里量级，但传输稳定性、可靠性还有待提高。通信组网方面，我国进行了理论和应用研究，初步实现了由5个固定节点和1个移动节点构成的自主水声通信网络。但总体上，国内水声通信领域还没有成熟的产品，与国外在技术成熟度上有较大的差距。

图1显示了水声通信技术在军事领域的主要应用，通过该技术可实现陆上总部与潜艇之间的通信，达到灵活指挥快速反应的目的。

此外，深海水声定位技术是深海水声学高技术研究的重要方向之一。国外Konsberg和Sonardyne公司的综合定位系统是市场主流产品；法国Ixsea公司的综合定位系统已有产品，但未形成量产，作用距离可达8000米，精度可达1米。尽管国外已有一些相关技术和产品，但仍无法满足水声上级总体专业与用户进行高端研发与集成的需要。特别是由于成本、交易壁垒及售后服务等因素的存

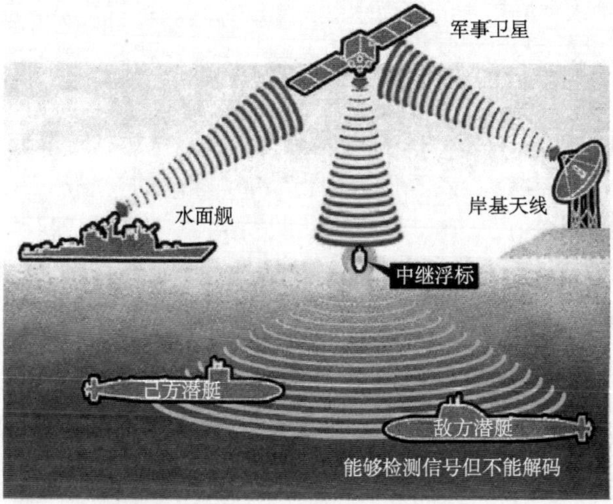

图 1　深海水下传呼机：一种和水下潜航潜艇通信的技术

在，发展该技术仍应坚定地立足国内。

国内在各类计划支持下已经开发成功的系统包括：深水超短基线定位系统、深水长基线定位系统、深水水声综合定位系统、水下高速目标轨迹跟踪系统、超短基线位姿引导与测量系统等，但总体性能指标与国外产品尚有较大差距。

（七）水下声学滑翔器技术

水下声学滑翔器是一种可以长时间在水下执行任务的水下机器人，其结构如图 2 所示。在相关领域，国内刚刚开始这类研究，但就其声载荷来讲，可以移植水下载人深潜器上的声学系统，国内最具显示度的成果是“蛟龙号”载人潜水器声学系统。

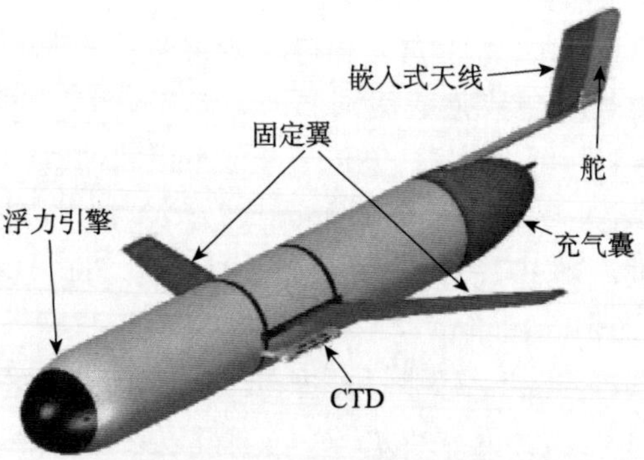

图 2　水下声学滑翔器

载人潜水器是人类最早发展的潜水器，早期为了满足好奇心而发展，以挑战下潜深度为目标。1960 年 1 月 23 日，美国人唐·华尔什和深潜器发明者的儿子加科斯·毕卡第乘坐“曲斯特”号，在世界最深渊——太平洋马里亚纳海沟下潜，深度为 10 916 米（海沟最深点为 11 034 米），夺得了下潜深度的冠军（“曲斯特”号潜水器是非作业型，作业型潜水器下潜深度记录由我国的“蛟龙号”保持），这一深度也被称作太平洋挑战者深度。这一时期载人潜水器取得了重要成就：

1）当下潜到 914 米时，就推翻了英国大生物学家弗布斯在 1840 年做出的断言：“在 560 米水深左右生物将消失。”

2）基本上完成了极限深度的挑战，认识到海洋上蕴藏着丰富的资源。

3）建立了潜水器的基本原理和概念。

4）认识到载人潜水器是援潜救生必不可少的装备。

随后发展的是自由自航式的第二代载人潜水器。以美国的“ALVIN”号最具有代表性，在 20 世纪七八十年代的海洋科学研究中取得了重大发现：1977 年在加拉帕戈斯裂谷发现冷泉生物；1986 年在大西洋发现了 TAG 热液源，从而推翻了只有在太平洋的岩石板块高速开裂区域中才能存在活动热液场的看法，并引发了大深度载人潜水器研制的一个高潮。

1992~1993 年，中船重工七〇二所在中国大洋协会的指导下曾向当时的国家科学技术委员会提出研制 6000 米级大深度载人潜水器的建议书。1999~2000 年，中国大洋协会面对国际“蓝色公土”的又一轮圈地运动，对载人潜水器有更加迫切的应用需求，同时七〇二所了解到俄罗斯愿意与我国合作来研制大深度载人潜水器，这样可以化解研制的风险，所以又重新进行立项论证。2002 年 6 月，科学技术部下达了“关于十五 863 计划重大专项 7000 米载人潜水器启动的批复”。

与国际上同类载人潜水器相比，“蛟龙号”载人潜水器具有如下技术特点。

1）“蛟龙号”在世界上同类型的载人潜水器中具有最大的设计下潜深度——7000 米，这意味着该潜水器可在占世界海洋面积 99% 的广大海域使用。

2）具有优良的总体航行和工作性能，具有针对作业目标稳定的悬停定位能力，具有充分的安全可靠性，可完成高精度作业任务。

3）具有先进的水声通信和海底微地形地貌探测能力，可以高速传输图像和语音，探测海底的小目标。

与国外同类型的载人潜水器相比，“蛟龙号”的主要差距体现在以下方面。

1）担负“蛟龙号”维护与应用任务的国家深海基地，以及支撑“蛟龙号”业务化运行的母船建造刚刚起步。

2）“蛟龙号”的下潜经验比较少，美国“ALVIN”号已有超过 5000 次的下潜经历，平均每年超过 100 次，而“蛟龙号”自海试以来试验性下潜尚不足 100 次。

3）我国的职业潜航员还比较少，专业的潜水器操作人员和技术保障队伍尚不健全。

如何在“蛟龙号”的基础上开发推广相关技术，尤其是其水声通信与水下探测技术，是深海水声高技术发展的下一步工作。“蛟龙号”上的声呐载荷由不同功能的多套声呐组成，如图 3 所示，对于水下滑翔机声载荷配置具有借鉴作用。其中，“蛟龙号”上的水声通信机由 4 种通信体制组成，适用于多种海上状态，作用距离几乎覆盖了所有地球海洋的深度。水声相干和非相干通信在 ±50 度宽广的范围内工作，扩频通信和语音通信工作范围更广。相干通信的信号处理方法性能优良，它由自适应多普勒补偿的多通道自优化判决反馈自适应均衡器与 Turbo 码级联工作构成，信噪比为 12 分贝时，7 秒或 14 秒传输一幅光图或声图，作用距离 8.5 千米。这种性能良好的水声相干通信方法成功应用于载人潜水器上，当然也可移植到其他水下载体上。

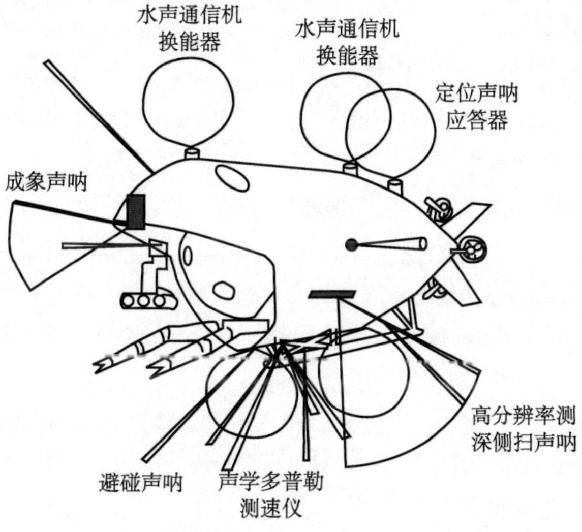

图 3 “蛟龙号”载人潜水器的声学系统

（八）深海物探和测井核心技术与装备

南海油气资源丰富，被喻为“第二波斯湾”，过去周边国家每年从南海开采 5000 万吨以上的石油，而我国至今仍未在南沙群岛海域竖起一座属于自己的井架，原因是这一海域水深在 500~2000 米，而我国目前还不完全具备在这样的水深海域进行油气勘探和生产的技术，因此迫切需要发展深海油气勘探和开发技术。

2008 年，中国海洋石油总公司委托外高桥船公司投资 60 亿元，建造深水半潜式钻井平台，工作水深 3000 米，钻深 1.2 万米，今年完工，已交付使用。然而，即使有了深水钻井平台，油气分布规律、油气储量、钻井位置、钻井深度等问题仍然未解决，因此必须研究开发物探和测井核心技术与装备。

目前，国内海洋油气探测装备基本上全部依赖进口。西方国家对我国实施技术封锁，高端仪器设备实施禁运。海洋能源行业急需自主研发物探与测井装备，声波测井及声学勘探是其中重要的分支。国内已经开发成功深水油气探测中的随钻声波测井与逆时声波成像系统，技术水平与国外同类产品相当，但是商业化与产业化水平还有待进一步提高。

三、对策与建议

第二次世界大战之后，随着科学技术的突飞猛进，以及人口膨胀、资源短缺、环境恶化等世界性问题的凸显，世界各国对海洋的认识逐步深化。海洋在资源、环境、空间和战略等方面具有得天独厚的优势。世界各国普遍认识到，海洋将成为人类生存与发展的新空间，成为沿海各国经济和社会可持续发展的重要保障，成为影响国家战略安全的重要因素。“21 世纪是海洋世纪”的论断已经成为全球政治家、战略家、军事家、经济学家和科学家的广泛共识。

党的十八大首次提出“建设海洋强国”战略目标和重大任务，这是我国在科学发展观指导下从国家发展全局的高度对海洋发展做出的新的战略选择和决策部署。海洋强国，把我国的海洋发展提高到强国的新高度，我国的海洋开发和经济发展将走向有大战略引领的新阶段。由此，深刻明确了中华民族要实现伟大复兴，必须义无反顾地走向海洋、经略海洋，坚定不移地走以海富国、以海强国的发展之路。

深海资源开发受到世界各国重视，我国深海事业起步较晚，但发展较快。经过多年的研究开发工作，我国在深海技术领域取得了大量的积累和长足的进步，相继自主研制出了 7000 米载人潜水器、6000 米无人无缆自治潜水器等运载装备、深海侧扫声呐和浅地层剖面仪等先进的声学设备。另外，旨在整合国内重大深海技术装备，为深海潜器、工作母船等提供保障与支撑的国家深海基地的建设工作也在稳步推进。但是，这些工作依然缺乏系统性，尤其是在深海声学战略部署方面无法满足日益紧迫的海洋资源开发需求和严峻的海洋安全形势需求。

为此，提出对于深海高技术水声学发展的若干建议，如下。

（一）尽快规划我国深海水声高技术发展路线图

在历史上，反潜战能力的提高都是通过执行长期的水声学研究发展计划，包括进行海上试验而取得的。引人注目的计划包括关键海上试验（CST）计划、水声监听系统（SOSUS）计划和水面战术监视系统（SURTASS）计划等。这些计划的实施为发展反潜战能力奠定了牢固的基础，同时也促进了相关国家海洋经济的发展。

由于水声学在海洋领域的特殊地位，海洋强国必须是水声强国，建设海洋强国是一项长期的历史任务，但必须把水声学研究作为重点来抓，必须结合国情和发展需要，统筹地区规划，高端谋划、超前研究、重点突破，明确目标任务，制定明确的深海水声学发展路线图，为建设海洋强国提供战略理论支撑。

（二）定期进行深海水声学研究试验，大力发展水声高技术

从目前我国深海高技术研究的实际出发，迫切需要安排一些定期举行的、针对性的大洋试验，并开展相关的支撑性探测设备的研制与采购，如不同深度的发射声源、大孔径多基元线列阵、深水用水听器、发射换能器等，并立即着手对印度洋和太平洋的多学科综合考察。

鉴于中国海域特点和海上科考资源有限的现状，深海水声技术的发展需要多方、多专业的理解与支持，平衡与协调各种资源，增加大洋科考的频次，特别是应用研究的试验频次。

技术研发中首先应大力支持和发展深水换能器技术。换能器是水声研究的基础设备，其发展的主要思路为：在各级各类研究计划中设置相关研究专项，主要在三方面加强研究。一是加强耐静水压无源声学材料的研究；二是加强耐静水压换能材料和应用研究；三是加强高静水压测量技术研究。

其次，应加快深海水声通信及定位设备的开发。深海水声通信与定位技术是深海水声学高技术研究的重要方向之一。尽管国外已有一些相关技术和产品，并逐渐占领国内市场，但从国家安全的角度考虑，必须坚持自主发展，以满足水声总体单位进行高端研发与集成的需要。

最后，应大力发展和推广新的水声成像技术，加快 MEMS 换能器技术，大规模阵列换能器与信号调理电路的一体化集成技术，以及温度稳定性好、低插入损耗透镜材料的研发，提高水声成像设备国产化率。下大力气研究掩埋物探测及识别等应用技术及无源水声成像等前沿技术的开拓。

（三）尽早规划建设我国有缆海底观测网络

根据国外有缆综合观测网络的发展情况，建议尽早规划建设我国海底综合观测网络，从国家层面进行统一的远景规划，研究我国多种功能的海底观测声学传

感器系统和相应的共用信息网络基础设施建设的需求，制定分步发展的路线图，避免网络纵横交叉重复建设。

由于综合观测网络任务的多样性，规划建设“海底有缆综合观测网络”时必须遵循“有所为，有所不为”的原创，突出重点、协调发展。其中，水下声警戒、地球物理观测和海洋观测是必须首先发展的重点。

我国业务化海洋观测能力原有基础较为薄弱，而海底有缆观测技术在国外经过近 20 年的发展，原理和技术已成熟，已可代替一些常规业务化观测手段。因此，我国的海底有缆观测技术可以兼具科研和业务化应用功能，全面提高我国海洋声警戒技术水平和海洋业务化观测能力。“海底有缆综合观测网络”的建设必须严格遵循规范化、标准化，应能方便、完全纳入国家整个观测体系，有利于实现岸基、船基、海基和天基观测平台的整合，以及与各种专业功能系统的综合。

（四）加快海洋油气探测技术的自主研发

面对海洋油气探测装备完全进口的现状，以及西方发达国家在该领域的技术封锁，必须提高深水物探设备国产化水平，优先发展具有自主知识产权的声波测井核心装备和拖曳式声学阵列地震勘探设备。立足国内技术力量，长期布局、持续支持，在国内相关研究机构中进行强强联合，稳定研究队伍，坚持自主研发，实现技术跨越。

参 考 文 献

[1] Urick R J. Sound Propagation in the Sea. Peninsula Publish, 1982.

[2] 李启虎 . 关注深海高技术领域的水声学研究 . 科技导报，2011，29（21）：卷首语 .

[3]《2000～2035 年美国海军技术》(第七卷). 华盛顿 : 美国国家科学院出版社，1997.

[4] 钱江 . 我国 2010 年新增石油产量 80% 来自海洋 . 人民日报 (海外版)，2011-01-05.

[5] 周利生，胡青 . 水声发射换能器技术研究综述 . 哈尔滨工程大学学报，2010，31（7）：932-937.

[6] 张春华，刘纪元 . 合成孔径声呐成像及其研究进展 . 物理，2006，35（5）：408-413.

[7] 李淑秋，李启虎，张春华 . 水下声学传感器网络的发展和应用 . 物理，2006，35（11）：945-952.

（本文选自 2014 年咨询报告）

咨询组成员名单

李启虎	中国科学院院士	中国科学院声学研究所
杨士莪	中国工程院院士	哈尔滨工程大学
田纪伟	教　授	中国海洋大学
田　静	研究员	中国科学院信息工程研究所
张春华	研究员	中国科学院声学研究所
黄海宁	研究员	中国科学院声学研究所
李淑秋	研究员	中国科学院声学研究所
尹　力	研究员	中国科学院声学研究所
刘纪元	研究员	中国科学院声学研究所
莫喜平	研究员	中国科学院声学研究所
李俊宝	研究员	中国科学院声学研究所

气候变化对青藏高原环境与生态安全屏障功能的影响及适应对策

孙鸿烈　等

青藏高原对我国具有重要的环境与生态安全屏障作用。巨大的面积和高耸的海拔调控着高原及其周边区域的大气环流和气候格局，众多的冰川、大面积冻土、不同类型湖泊和十多条大江大河发挥着重要的水源补给和水源涵养作用，广阔的草地和林地吸收了大量温室气体，成为重要的碳汇所在。

一、青藏高原生态安全屏障功能的发展态势

1. 青藏高原地表热源变化影响着我国东部地区的降水空间格局

随着全球气候变暖，过去30年间（1982～2011年），青藏高原海拔4000～5000米高度范围内年平均气温上升了1.8℃，远高于全国平均值，并伴随风速和地表感热加热减弱及其他气象要素的显著变化。1961～2008年，高原绝大部分地区极端低温事件频次显著下降，而极端高温事件频次显著上升。降水量在高原的大部分地区无显著变化。

高原极端天气气候事件及相应的地表和大气热源变化对高原周边区域天气气候产生着重要影响。最近几十年，高原夏季感热的减弱导致长江中下游及其以南地区降水增加、华北地区降水减少，高原冬春季积雪及夏季高原低涡东移发展可导致下游地区的天气气候异常和旱涝灾害，如1998年长江洪涝及2003年夏季江淮流域的多次暴雨过程和洪涝灾害。

2. 青藏高原冰川冻土退化影响着水源涵养和水源补给条件

30多年来，青藏高原及其相邻地区的冰川面积由5.3万千米^{2}退缩为4.5万千米^2，退缩了15%。多年冻土面积由150万千米^{2}缩减为126万千米^2，减少了16%，青藏公路沿线多年冻土区地温升高，融化日数增加，活动层厚度增大。高原积雪面积总体呈减少趋势。

一方面，冰川冻土变化给青藏高原及其周边地区的水循环过程和水资源时空分布带来深刻影响。其结果之一是增加了高原地表水的面积。高原内陆封闭湖泊面积由 2.5 万千米^2 增加到 3.2 万千米^2，增加了 28%；而由于冻土区冻结水的释放，草甸化湿地的面积有所增加。二者共同作用的结果可能影响了青藏高原区域降水变化。其结果之二是增加了冰川融水的径流补给。最近 30 年，高原年平均冰川融水径流量由 615 亿米^3 增加到 795 亿米^3，增加了 29%，不仅直接补给了高原地区的地表水，也对周边地区以冰川融水补给为主的河流产生重要影响。例如，冰川融水补给占 42% 的塔里木河，河源区近 30 年的年平均径流量由 185 亿米^3 增加到 218 亿米^3，增加了 17.8%。另一方面，冰川加速融化导致冰湖数量和规模增大，冰湖溃决灾害频率增加；多年冻土退化对工程建筑影响加剧。例如，过去 10 年来，由于冻胀和融沉作用，青藏公路的破坏率在 30% 以上。

3. 青藏高原气候变暖提高了植物群落的生物生产力，有利于发挥碳汇作用

过去 30 年间（1982～2011 年），气候变化总体有利于高原植被生长。实地调查发现，在高原东部森林区的色季拉山林线，近 30 年的森林群落密度显著增加。根据遥感影像分析，整个青藏高原代表植被覆盖度的植被生长季归一化植被指数（GSNDVI）呈上升态势。在此基础上，利用 CASA 模型计算得出青藏高原植被的净初级生产力（NPP）总体也呈上升态势，植被的碳储藏量共增加了 0.5 亿吨，增加幅度为 16.7%。碳收支模型模拟结果显示，青藏高原植被每年净吸收碳 0.23 亿吨，约占全国碳汇的 10% 左右，显示青藏高原是我国重要的净碳汇所在。

在青藏高原植被覆盖与初级生产力整体上升的背景下，也存在较大的区域不平衡。青藏高原东部变暖变湿使得草甸和部分草原区植被生产力显著增加，而高原西部变暖的同时相对变干，植被生产力降低。2004 年开展植被恢复措施以来，不同气候条件下的退化植被得到不同程度的恢复，恢复程度为：退化高寒草甸草原 > 退化高寒草原草甸 > 退化草原 > 农田（人工草地）。

二、保持和发挥青藏高原生态安全屏障功能的建议

为准确判断青藏高原地表过程变化对区域和周边气候格局、水源补给与水源涵养，以及生态系统固碳能力的影响，合理布局与优化高原生态工程建设，建议采取以下方面的对策。

1. 我国东部地区有关部门进一步查清青藏高原地表过程变化与中国东部气象灾害的相关性，据此制订应对预案

高原地表过程和大气热源变化对高原周边区域天气气候产生着重要影响。目前对青藏高原地表水热条件、冰雪分布、植被生长等地表覆被的整体分析主要是通过卫星遥感手段进行。然而，卫星遥感反演结果应用的空间范围和下垫面条件还非常有限，难以查清青藏高原地表过程与中国东部气象灾害的相关性。因此，迫切需要开展大量的地面长期观测，实地验证卫星遥感反演的结果，促进其准确度和精度的提高，同时形成合理的空间网络结构，准确对比青藏高原地表过程变化与我国东部地区气象灾害事件，及时提出应对预案。

建议充分整合我国各部门、各系统在高原地区进行气候、环境、生态等领域监测的野外站资源，适当新建关键台站，通过国家科技基础条件平台的稳定支持，开展有关大气过程、水文过程、生态过程的联网监测，获得青藏高原生态系统与地表过程变化的长期连续资料，为我国东部地区天气气候灾害的预测、预警和减灾对策提供科学依据。

2. 开展冰川冻土变化对大型工程灾害性影响的调查，采取有效措施开展针对性防治

例如，采用监测、导流、避让等方法，减少冰湖溃决灾害损失，采用增大上覆土石层的厚度和路基降温等工程措施，降低气温增高对冻土的影响，保障冻土区工程的安全。气候变暖引起的冰川退缩不仅对青藏高原及其周边地区的水资源和水循环产生影响，也造成不同性质的灾害。在高山峡谷地区，冰川加速融化导致冰湖数量和规模增大，冰湖溃决灾害频率增加；在高原宽谷地区，冰川融化使短期内大量冰融水进入湖泊，湖泊上涨淹没周边肥沃的冬春草场。冻土退化使活动层加厚，在多年冻土区产生大幅度冻胀和融沉，不仅对现有的青藏公路产生破坏，也对具有较好防范措施的青藏铁路产生影响。

建议进一步开展较全面的冰川退缩程度与冰融水补给湖泊变化的监测，划分冰湖溃决性等级，采用监测、导流、避让等方法，减少冰湖溃决引起的灾害损失；对快速上涨的高原面上的湖泊，不在湖边建设定居点；根据冻土退化程度和气候变化趋势，有针对性地开展青藏公路破坏程度的修复。

3. 充分利用气候变暖引起草地生产力提高的条件，推进冬春季节人工草场建设，强化国家生态补偿政策，使高原畜牧业建立在有充足饲草供应基础上

生态保护工程建设的目标是通过改变地表覆被，来提高其对生态安全屏障功能的有利影响，减少不利后果。退牧还草、围封减畜、人工补育等在增加高原植

被生产力、稳定和降低地表升温幅度、增加水源涵养能力方面起到了重要作用。但这些措施是否落实的关键与冬春季节草场的保护和良性循环密切相关，直接关系到高原畜牧业的发展态势和牧民的生产生活水平。

建议在气候变暖引起草地生产力提高的条件下，加强对饲草生产、储存、运输等方面的技术研发，有效缓解牧区冬春草场的放牧压力，并通过进一步完善相应的生态补偿政策，使高原畜牧业得到健康良性发展。

4. 设立科研专项，开展过程和机制的深入研究

加强高原地表系统过程的长期监测，为青藏高原生态保护工程建设的可持续性提供科学保障。青藏高原的气候调节、水源涵养与补给、碳汇作用等生态安全屏障功能受其地表热源变化、冰冻圈过程、植被生产力等的强烈影响。目前对这些过程的认识仍然是停留在现象之间的联系，不仅缺乏机制上的了解，更难以判断彼此联系的程度。同时，对青藏高原生态安全屏障的其他功能也有待进一步深化。

建议科学技术部设立科研专项，研究青藏高原地表覆被与其生态安全屏障功能及其空间分异的关系；研究气候变化引起的高原地表过程变化对其生态屏障功能的影响；研究过去、现在和未来气候条件下，青藏高原生态屏障功能变化的时空格局。

（本文选自 2014 年咨询报告）

咨询组成员名单

孙鸿烈	中国科学院院士	中国科学院地理科学与资源研究所
郑　度	中国科学院院士	中国科学院地理科学与资源研究所
姚檀栋	中国科学院院士	中国科学院青藏高原研究所
吴国雄	中国科学院院士	中国科学院大气物理研究所
李文华	中国工程院院士	中国科学院地理科学与资源研究所
冯宗炜	中国工程院院士	中国科学院生态环境研究中心
秦大河	中国科学院院士	中国气象局
崔　鹏	中国科学院院士	中国科学院成都山地灾害与环境研究所
朱立平	研究员	中国科学院青藏高原研究所
段安民	研究员	中国科学院大气物理研究所
刘屹岷	研究员	中国科学院大气物理研究所

阳 坤	研究员	中国科学院青藏高原研究所
马耀明	研究员	中国科学院青藏高原研究所
沈永平	研究员	中国科学院寒区旱区环境与工程研究所
赵 林	研究员	中国科学院寒区旱区环境与工程研究所
王宁练	研究员	中国科学院寒区旱区环境与工程研究所
鲁安新	研究员	中国科学院遥感与数字地球研究所
徐柏青	研究员	中国科学院青藏高原研究所
张镱锂	研究员	中国科学院地理科学与资源研究所
姚治君	研究员	中国科学院地理科学与资源研究所
赵新全	研究员	中国科学院成都生物研究所
张宪洲	研究员	中国科学院地理科学与资源研究所
石培礼	研究员	中国科学院地理科学与资源研究所
王小丹	研究员	中国科学院成都山地灾害与环境研究所
杨永平	研究员	中国科学院昆明植物研究所
梁尔源	研究员	中国科学院青藏高原研究所
张雪芹	副研究员	中国科学院地理科学与资源研究所
王兆锋	副研究员	中国科学院地理科学与资源研究所
吕新苗	副研究员	中国科学院青藏高原研究所

关于京津风沙源二期工程科学规划与治理的建议

丁仲礼 等

分析我国北方（特别是京津地区）的主要沙尘来源，评估当前京津风沙源治理现状，总结一期工程取得生态成效的经验和原因，对于落实好国务院常务会议审议通过的《京津风沙源治理二期工程规划（2013—2022 年）》至关重要。为此，中国科学院在已有研究成果和连续观测分析数据的基础上，组织院士专家进一步研讨并形成了本咨询研究报告。

一、我国北方（特别是京津地区）的主要沙尘来源

我国北方春季的沙尘天气本质上是一种干旱半干旱区特有的自然现象。我国西北及华北大部分地区属中纬度干旱和半干旱区，分布有沙地、草原和旱作耕地，植被稀少。特别是春季地面回暖解冻，地表裸露，多细沙尘土，狂风起时，沙尘弥漫，在本地及狂风经过地带形成沙尘天气。

总体而言，影响我国北方沙尘天气的风沙路径主要有三条：源自中亚干旱区和我国新疆的西线；源自蒙古高原西部、甘肃省西部、黄土高原北部的西北线；源自蒙古国中南部、内蒙古中东部和河北北部的北线。其中，西线主要影响我国西部地区，西北线和北线则对华北地区构成直接威胁。具体到 2000 年前后严重影响京津地区的沙尘天气，其沙尘主要来源为北线。

由于近 200 年来，特别是 20 世纪中期至末期的 50 年内，人类大规模开垦草原和过度放牧等不合理的生产活动，造成北方草原区大面积植被破坏，加剧了草原沙化、水土流失和土壤物理性质恶化。同时，以浑善达克沙地为代表的，原有较好植被覆盖的固定沙地稀树疏林草地植被急剧退化，出现了大面积沙丘活化，为沙尘活动提供了丰富的沙尘来源。加之 20 世纪的后 30 年，我国北方地区的气候有明显的干旱化趋势，为沙尘暴大面积发生提供了气象条件。草原荒漠化和春季干燥强风天气的叠加，导致 2000 年前后连续多年北方沙尘天气强度和频度加剧。

20 世纪末期以来，全球气候变暖导致亚洲大陆中纬度地区冬季风明显减弱，

加之京津风沙源区生态治理工程、三北防护林工程及草原退牧还草工程的实施，我国北方地区植被有所恢复，近10年我国北方沙尘天气的强度和频度出现了明显的下降趋势。

二、京津风沙源区生态治理现状与取得生态成效的原因

2000年春天，我国华北地区连续多次出现沙尘天气，给华北地区（特别是首都及周边地区）造成直接危害，引起党中央、国务院及社会各界的广泛关注。为了科学应对这一自然灾害，中国科学院组织院士专家开展专项研究，并于2000年5月初向国务院报送了《关于我国华北沙尘天气的成因与治理对策》报告，引起国务院领导的高度重视，为2000年启动的京津风沙源治理一期工程提供了科学依据。

据国家发展和改革委员会公布的数据，在京津风沙源治理一期工程实施的10年期间，累计完成退耕还林和造林9000余万亩①，草地治理1.3亿亩，小流域综合治理1.18万千米^2，工程区森林覆盖率提高到15%。中国林业科学研究院荒漠化研究所的分析结果表明，工程实施10年以来，工程区植被明显恢复，生态环境好转，流动沙丘得到初步治理，风沙天气和沙尘暴天气减少。

2000年，中国科学院在咨询报告中指出，“对京津地区构成重大威胁的沙尘灾害源于可以治理的退化草地和耕地，而不是难以治理的天然沙漠和戈壁”“减缓和治理沙尘至关重要的措施是实施以保护和发展林草植被为核心的治沙工程，保护好现有沙区植被，严禁乱砍滥伐、乱采滥挖和乱垦滥牧；做好生态规划，指导科学还林还草，建立起遏制沙漠推进的生态屏障”。

京津风沙源治理一期工程主要分为四个治理区，即北部草原沙化治理区、浑善达克沙地治理区、农牧交错地带沙化土地治理区和燕山丘陵山地水源保护区。一期工程中在各工程区内贯彻了上述方针，取得了较为明显的生态成效。中国科学院地理科学与资源研究所，采用遥感监测、土壤风蚀模型模拟，以及同位素示踪和数据对比等验证方法，取得了2000～2010年工程区生态系统变化的大量数据②。监测结果显示，京津风沙源区2000年和2010年植被覆盖度分别为51.99%和54.30%，10年内平均提高了2.31个百分点。其中，林区平均植被覆盖度由84.22%提高到88.51%（其中原有林地平均植被覆盖度由85.33%提高到89.55%，新增林地平均植被覆盖度由70.26%提高到74.09%，分别比工程开始前提高了4.22和3.84个百分点）；草原区平均植被覆盖度由44.70%提高到46.10%；林区和草原区分别比工程开始前提高了4.29和1.41个百分点。在

① 1亩≈666.7平方米。
② 本文中的数据除注明出处者外，均来自该监测分析结果。

位于治理区中部的浑善达克沙地，流动与半流动沙丘中分别有 34% 和 44% 被植被与工程措施所稳定。但是，位于工程区西部的荒漠草原区（位于二连浩特市、苏尼特左旗、苏尼特右旗、四子王旗）平均植被覆盖度仅为 26%，且工程期内没有提高。就全区而言，植被覆盖度提高的天然植被约占总面积的 63%，治理区植被状况趋好。

在各生态系统类型中，草地生态系统包括典型草原与荒漠草原，是京津风沙源区生态系统的主体，其面积占全区各类生态系统总面积的 63.29%；其次是林地和耕地，分别占 16.33% 和 13.99%。在 2000~2010 年的 10 年间，在沙尘天气发生的春季 3~5 月，京津风沙源区的土壤风蚀量，据估算由 5.37 亿吨减少至 2.47 亿吨，减少幅度为 54%，土壤风蚀总量中可以远距离输运，对京津和华北地区构成直接影响的粉尘物质也随之减少。

上述观测分析数据说明，京津风沙源治理一期工程初步遏制了风沙危害加剧的趋势。在防风固沙服务功能总量的贡献中，由草地和沙地生态系统贡献 71%，耕地 8.8%，林地 6.6%，其他生态系统 0.8%。这说明，就各类生态系统的防风固沙服务功能而言，占主体位置的草地和沙地生态系统植被的恢复，对京津风沙源区生态系统防风固沙服务功能的提高发挥了最为重要的作用。

除工程区植被有所恢复外，由于气候整体变暖，京津风沙治理一期工程实施的 10 年期间，京津风沙源区的风场强度有所减弱。其中，沙尘天气易发生的 3~5 月，风场强度减弱 44.39%，这也是导致京津风沙源区风蚀量下降的一个重要原因。据模型分析，植被转好和风场减弱两大因素对于京津风沙源区沙尘量减少的贡献率分别为 31% 和 61%，是沙尘天气减弱的主要影响因素。

三、政 策 建 议

中国科学院的连续监测与分析结果表明，京津风沙源治理一期工程采取了行之有效的生态保护与建设措施，加之区域气候变化的影响，风沙危害加剧的趋势得到了初步遏制。但是，该区域仍有大面积退化和沙化草地有待持续治理，浑善达克等沙地生态系统仍十分脆弱，初步形成的有效治理模式有待坚持和推广，工程区生态保护与社会经济发展的矛盾较为突出。

我们认为，退化草原和沙地生态系统是京津风沙源治理工程的主体，其保护与恢复具有长期性和地带性的基本特征，必须坚持“保护优先，自然恢复为主”的原则，必须建立生态保护与恢复的长效机制。为此，提出以下建议。

1. 重视草地生态系统在防风固沙屏障中的主体作用，加大草地退化的治理力度

10 年来的连续监测分析表明，对区域防风固沙发挥主体作用的是占工程区总面积 63% 以上的草地生态系统。事实上，牧民为京津风沙源区生态治理做出了牺牲，通过减少牲口数量、季节休牧或全年禁牧促使了草地恢复，而国家对牧民的损失进行了生态补偿。中国科学院专家与地方政府和群众密切配合，在草地保护与恢复方面积累了丰富的经验，取得了一定的成效。其实践经验表明，退化草地生态系统的治理应以自然封育和轮牧、休牧为主要手段（在当地的经验总结中简称为“三牧”），实行以草定畜和科学养畜。

但是，在京津风沙治理一期工程规划中，资金安排上对植树造林工程投入较为集中，而针对草地恢复治理的资金较少。以内蒙古锡林郭勒盟为例，其森林覆盖率不足 1%，但是规划中却出现与当地生态条件不相符的造林工程内容。该项资金又不能挪用作为“三牧”经费使用，致使成果巩固的关键阶段出现“三牧”资金断档，部分有所恢复的草地出现新的退化，工程区西部的荒漠草原则几乎未出现好转。

签于此，特建议在京津风沙治理二期工程中做出合理安排，切实将经费投入的侧重点从工程区南部的植树造林转移到占全区主体的草地和沙地保护与恢复上来。

建议以京津风沙主要源区生态系统防风固沙服务功能的整体提升与稳定为核心，制定长期科学规划，综合考虑草、沙、田、林四类生态系统的空间分布与服务功能定位，下决心大幅度削减治理工程二期的造林经费（目前约占总经费 2/3 以上），将规划中成林条件差的造林工程（每亩需要投入 800 元以上）修改为自然封育工程，坚决杜绝在不宜林地带造林。建议增加草地与沙地生态系统治理的投入（经估算，以保护和自然恢复为核心的草地 / 沙地综合治理方案，亩均需要投入 20 元，相当于造林补贴经费的 1/15）。同时，适当提高针对牧户的草原生态保护补助奖励标准，并使其范围涵盖“三牧”与生态畜牧业的全领域与全过程。

2. 建设浑善达克沙地“生态特区”，探讨全新的保护与治理模式

浑善达克沙地位于北京正北方向不足 200 千米，是距北京最近、最大的沙地。20 世纪最后 30 年中，这里的牲畜头（只）数急剧增加，导致沙地中对遏制沙丘活化起关键作用的天然植被严重退化，防风固沙功能衰退，加剧了沙尘天气的影响。

根据中国科学院植物研究所在浑善达克沙地的研究实践，采用该所专家设计的借助自然力恢复的综合治理措施，除小片草场用于高效生产牧草外，大面积的

退化沙地草地被封育后得到自然恢复，并建立了国内最大的草原养鸡示范基地。方案实施 10 年的成果表明，由于该区位于年降水量 250~400 毫米的半干旱区，自然界靠其固有的恢复能力是能够实现生态恢复的，不需要造林，也不需要飞播种草。用最小投入恢复的草原、灌木和天然乔木都是本地物种，野生动物种群也可自然恢复。同时，试验区牧民生活水平得到了提高，取得了良好的生态效益和经济效益。该治理模式有利于退化生态系统的恢复，同时可以有效地解决社区发展与自然保护的尖锐矛盾。

基于这一科研成果，建议采用全新的“生态特区”治理模式，这类模式的成功，可为我国其他三大沙地（科尔沁、毛乌素、呼伦贝尔）共 15.6 万千米^2 的生态治理提供直接借鉴的样板，使京津风沙源的生态建设与生态保护走出一条可持续健康发展之路。

为此，建议由科技专家指导，由政府组织制定长期的生态治理与经济社会发展综合规划，在沙地生态保护与治理的同时，对生态小城镇和高效畜牧业基地建设给予资金和政策支持，引导企业和牧民形成畜牧业产业化的经济共同体，以龙头企业带动草地畜牧业经营方式的转变，从而根本解决浑善达克沙地保护与利用的关系问题，为全国其他类似退化生态系统的治理探寻一条全新的出路。根据中国科学院植物研究所的初步核算，建设生态草业特区，包括发展精细草业、提高天然草地生产力、建设生态小城镇、集约化开发高效养殖业和种植业等主要内容，投资概算为每万平方千米 38 亿元。

另外，建议借鉴国际上建设国家公园的成功经验，筹建浑善达克沙地国家公园。浑善达克生态恢复后符合建设天然野生动植物国家公园的条件，划定国家公园区域使野生动物植物能够在保护的前提下自然恢复，不需要人工引进，可以借鉴美国国家公园的管理模式，以及云南省建设国家森林公园的初步成功经验，划定浑善达克沙地中沙地景观最为独特的 1/5 面积（约 1 万千米^2），制定生态旅游与生态科普规划，引进生态旅游投资，进行必要的车道、步行廊道、观景台、野生动植物围封保护区等基础设施建设，当地牧民除以土地（草地）使用权入股外，还可以有部分吸纳为国家公园员工。这样既保护了中国重要的生态系统，减少了沙尘源，又可以增加经济收入，做到生态系统利用与保护两大目标的统一。同时，通过国家公园建设投资的引入，可以在保护生态、促进生态旅游产业发展的同时，开辟社会多渠道投入的生态保护与治理资金来源。

（本文选自 2014 年咨询报告）

咨询组成员名单

丁仲礼	中国科学院院士	中国科学院
刘纪远	研究员	中国科学院地理科学与资源研究所
蒋高明	研究员	中国科学院植物研究所
邵全琴	研究员	中国科学院地理科学与资源研究所
欧阳志云	研究员	中国科学院生态环境研究中心
胡云峰	副研究员	中国科学院地理科学与资源研究所

先进储能材料的发展与展望

解思深　等

伴随着经济全球化的进程，能源和环境问题已成为人类共同面临的亟待解决的全球性问题。能源是人类生存和发展不可或缺的物质基础。国家的能源结构、能源政策、能源储备不仅与日常生活息息相关，也维系着国家的安全和命运。面对不可再生能源即将枯竭的预警及传统能源大量消耗造成人类赖以生存的环境日趋恶化的严峻挑战，新能源的开发与可再生能源的合理利用迫在眉睫。

当前，可再生能源普遍存在能量密度低、分散性大、不稳定、不连续等特点，如何实现能量的存储以提高能源品质，满足多种使用的需要，是各种可再生能源被有效利用亟待解决的问题。因此，作为能源使用的基石——储能材料与器件及其相关基础与应用研究备受各国政府、军事部门和工业界瞩目，一直是国际上一系列重大科技发展计划的重点之一。基于新材料和新技术的高能量密度、高功率密度、无污染、可循环使用的储能新体系不断涌现，并迅速发展成新一代便携式电子产品的支持电源及电动车和混合动力车的动力电源等。从我国的能源系统来看，面对近年来电能短缺的严峻形势，电能的储存也变得十分重要（即把低谷电储存起来，待到用电高峰时使用）。储能产业的发展将对国民经济产生重大影响。

一、储能系统与技术

目前已探索和开发了多种形式的储能技术，在各种储能技术中，近年来技术进步最快的是电化学储能，其中钠硫、液流及锂离子电池和超级电容器等在安全性、能量转换效率和经济性等方面取得了较大进展。

电化学储能是目前应用最为广泛、最可靠的储能技术。主要储能器件有铅酸电池、镍镉电池、镍氢电池、钠硫电池、液流电池、燃料电池、锂离子电池、超级电容器等。近年来突飞猛进的蓄电池制造技术向人们推出了各具特色的新型电池，如比能量 80 瓦时 / 千克、比功率 100 瓦 / 千克的钠硫电池，可通过“再生”方式置换阳极电极的锌 - 空气电池，能量转换效率高达 80% 的燃料电池，以及重量轻、能量密度大的锂离子电池等。其中，锂离子电池和超级电容器具备不受卡诺热机效率限制和对环境无污染或低污染的优势，已成为下一代主导的绿色能源技术。一些常用储能电池的主要性能参数见表 1。

表 1　六种储能电池的性能比较

电池种类	功率上限	比能量/（瓦时/千克）	比功率/（瓦/千克）	循环寿命/次	效率/%
铅酸蓄电池	数十兆瓦	35~50	75~300	500~1 500	0~80
镍镉蓄电池	几十兆瓦	75	150~500	2 500	0~70
锂二次电池	十兆瓦	150~350	200~2 000	1 000~10 000	0~95
钠硫电池	十几兆瓦	150~240	90~230	2 500	0~90
全钒液流电池	数百千瓦	80~130	50~140	13 000	0~80
超级电容器	—	0.2~20	100~10 000	>100 000	>95

如表 1 所示，铅酸电池在高温下寿命缩短，与镍镉电池类似，具有较低的比能量和比功率，但价格便宜，制造成本低，可靠性好，技术成熟，已广泛应用于电力系统，目前储能容量已达 20 兆瓦。铅酸电池在电力系统正常运行时为断路器提供合闸电源，在发电厂、变电所供电中断时发挥独立电源的作用，为继保装置、拖动电机、通信、事故照明提供动力。然而，其循环寿命较短，且在制造过程中存在一定的环境污染。镍镉等电池效率高、循环寿命长，但随着充放电次数的增加容量将会减少，荷电保持能力仍有待提高，且因存在重金属污染已被欧盟组织限用。钠硫电池方面，日本在此项技术上处于国际领先地位。2004 年，日本在本国 Hitachi 自动化工厂安装了当时世界上最大的钠硫电池系统，容量是 9.6 兆瓦 /57.6 兆瓦时。液流钒电池的基础材料是钒，该电池具有能量效率高、蓄电容量大、能够 100% 深度放电、寿命长等优点，已进入商业化阶段。在所有储能电池中，锂二次电池是能量密度最高、功率密度最高、应用最为广泛、最有发展前景的高性能储能二次电池。与其他储能电池相比，储能锂二次电池具有工作电压高、能量密度高、功率密度高、能量转换率高、无记忆效应、无环境污染等优点，是真正的绿色高效储能电池。

超级电容器，也称电化学电容器，是 20 世纪 70~80 年代发展起来的一种新型、高效、实用的储能装置，兼具普通物理电容器功率密度高和二次电池能量密度高的优点。与其他电化学储能系统相比，超级电容器具有环寿命长、功率密度高、温度范围宽、安全性和效率高等优点，可独立使用，或者与其他储能装置如锂离子电池配套使用，有着广泛的应用前景（便携式电子设备、电动汽车和大型储能电站），是近年来国内外广泛关注的新型绿色电化学储能装置。

储能材料在储能体系中发挥着非常关键的作用。本文从储能器件中的关键科学问题与挑战出发，重点论述两种最重要和典型的电化学储能器件：锂离子电池和超级电容器的电极材料，介绍高能量锂电池的发展现状和趋势，并提出我国的对策建议。

二、关键科学问题与挑战

锂离子电池的核心和关键技术是储锂材料和将储锂材料应用于电池的电极，而储锂材料中最基本的则是锂离子在材料中的脱嵌问题。目前，我们仍需结合先进的结构表征与电化学表征技术，阐明储锂材料的嵌脱锂反应机制，深入理解材料的结构变化，如晶型转变、相转变、内部缺陷形成等问题及其对性能的影响。

对于锂离子电池与超级电容器等储能器件而言，影响其锂离子在材料中的脱嵌性能的，均与材料的表界面性质密切相关。而目前，人们对器件中材料表界面附近所发生的物理和化学过程缺乏精准的研究和调控能力。例如，在锂离子电池中，在电极－电解液界面形成的固体电解质界面膜（SEI），具有离子导电、电子绝缘的特点。SEI 在大多数纳米正极、负极材料上都存在，其结构、形貌、化学组分、与电极的结合力及在充放电过程中这些参量的动态变化对锂离子电池的性能有显著影响，但人们对其还十分了解。因此，建立和发展在类似这种储能和能量转换过程中起关键作用的界面体系的原位表征方法，研究电极充放电过程中的物理和化学过程，从分子水平和纳米尺度上阐明纳米表界面结构与能源器件性能之间的关系，是高性能能源器件发展的迫切需求。

锂离子电池材料纳米化将显著提高材料的电化学容量。从热力学角度看，提高电池的能量密度有赖于高容量与高电压电极材料及与之兼容的电解质材料的开发。但在许多情况下，尽管许多电池材料体系具有较高的理论能量密度，但由于动力学原因而没有电化学活性。因此，我们将纳米技术应用于电池材料，利用其纳米尺寸效应，将增大电极材料比表面积（即增大表面积与体积的比值），缩短扩散途径，提升动力学性能，延长电极的循环使用寿命，改善电极材料与电解质溶液的浸润性，可显著提高材料的电化学容量，从而允许该材料能够在低电导或高功率条件下使用。同时，电极材料纳米化还将使电极／电解液接触面积增大，从而改善电极的界面特性并提高充／放电速率。总之，将锂离子电池电极材料纳米化，可使活性物质的电化学性能相比传统块体材料明显提高。

但是，纳米材料在应用中遇到的最大困难是表界面稳定性问题：在储锂过程中，纳米材料易于团聚，表面易于发生副反应。这一方面导致纳米电极材料的循环性、充放电效率大大降低；另一方面由于表面形成的不良电子、离子导电相发生团聚，纳米材料的动力学优势往往不能显现出来。要想解决这一问题，需通过热力学计算选择具有高容量、低电压的材料体系，然后设计合成具有特定微观结构的纳米材料（微纳材料）并组装器件，优化器件的综合性能，研究和确定技术方案。

在微纳材料性能研究方面，特别应注重具有微纳结构电极材料的组元、微结构、表面／界面性质等对其电化学性能的影响规律，以及纳米材料中电极反应机理，离子输运、电子传导及能量传输的新规律及其演化。在原子及分子水平层面，利用理论计算与分子模拟，优化纳米电极材料的设计，预测材料的稳定性是开发新型微纳材料的重点之一。在确立材料体系后，研究纳米结构与微纳复合结构对材料动力学、稳定性的影响，研究表面修饰对提高材料稳定性的作用及对界面动力学的影响。优化电极的设计方法，以及匹配新储能纳米电极材料的多功能电解质材料。

在电容器（EC）领域，存储科学取得了巨大进步，近几年主要是通过研究相关的物理和化学在 EC 中的储能行为，如电极结构、界面关系、电解质的性质和电荷存储 / 放电过程等得以实现。从原子和分子水平的层面研究 EC 成分之间的相互作用将是下一代高性能电容器储能系统发展的重要方向。通过设计具有良好性能的电解质体系，电容器件将在不影响导电性和稳定性的前提下满足各种苛刻的需要。随着纳米科学的进一步发展和材料计算的最新进展，分析工具已经为 EC 提供前所未有的突破潜力。从理论上，研究各种因素如孔径大小、表面积和表面化学影响 EC 性能，可以用来设计和优化材料与电极的模型架构，由此可能会研究得到显著改善目前在能源和电力应用上的纳米结构材料的性能。新的电解质系统，要能胜任在高电压下工作的角色，同时具有较高的室温电导率，这也是下一代 EC 所必须具备的特点。

EC 和锂离子电池之间的一个潜在联系是，将一个电池型电极与所对应的混合或不对称的电容式电极相结合。这种方法需要通过对器件基本层面上的理解，合理地分配能量密度而不影响其功率密度。因此，新的模拟计算方法有助于活性物质和电解液的电化学过程的建模，这些模型将有助于新材料的发现和新的系统设计的性能评价。

三、锂离子电池中的关键材料

（一）锂离子电池简介

锂离子电池的工作原理是基于 M. Armand 于 1980 年提出的“摇椅式”二次锂电池的设想，即正负极材料采用可以储存和交换锂离子的化合物，充放电过程中锂离子在正负极之间来回穿梭，从一边“摇”到另一边，往复循环，相当于锂浓差电池。由于锂离子电池具有较高的能量密度，最初主要用于高能量密度的小型二次电池。近年来针对不同应用需求，研制出了具有不同性能指标的锂离子电池。目前有三个主要发展方向：高能量密度电源，主要应用在无线信息通信办公产品和数字娱乐产品；高功率动力电源，主要应用在交通运输工具、无绳电动工具及其他大功率器件上；长寿命储能电池，主要应用在后备电源、电网调峰用电源及与太阳能电池、燃料电池、风力发电配套的分散式独立电源体系中的电池，储能电池对于循环寿命、储存特性、自放电率、价格等有较高的要求。

锂离子电池的发展中，材料体系是关键。从目前的研究现状来看，尚无一种材料体系可全部满足不同储能系统应用的需求。如何在拥有高能量密度的同时，兼备高的功率密度与高的稳定性是锂离子电池材料发展的核心问题。

（二）锂离子电池正极材料现状及新材料体系的发展现状

从 1980 年发现钴酸锂（$LiCoO_2$）作为可循环锂离子电池正极材料以来，锂离子电池正极材料的研究已经有了长足的进步。与最初的钴酸锂相比，具有更好的安全性能 [如磷酸铁锂（$LiFePO_4$）]、更高比容量（如三元富锂材料）、更长寿命（如磷酸铁锂）的正极材料被一一发现，但是现阶段所发现的各种正极材料都存在着缺点和不足，需要进一步的研究和发展。

作为锂离子电池正极材料需要满足五个方面的要求：①能量密度；②比容量；③循环性能；④安全性；⑤成本。材料的能量密度由材料的可逆容量及工作电压决定，而可逆容量和工作电压又取决于活性材料的固有化学特性，如氧化还原对及最大锂离子密度。比容量和循环性能则由电子传导率、离子传导率及颗粒形貌决定。

可满足以上五个方面要求的材料分为三种：层状结构 $LiMO_2$（M=Co，Ni，Mn）；尖晶石结构锰酸锂（LiM_2O_4）；橄榄石结构 $LiMPO_4$（M=Fe，Mn，Co，Ni）。近年来，一些新的结构的材料也受到了越来越多的关注，如硅酸盐，硼酸盐及橄榄石结构的派生物——Tavorite 化合物。而由于材料本身均有一定的缺陷，所以需要对其进行改性。

1. *层状结构材料*

具有层状结构的材料是锂电池的理想正极材料。

层状 $LiCoO_2$ 材料是占主体地位的锂离子电池的正极材料，它具有电压高、放电平稳、适合大电流放电、比能量高、循环性能好、制备工艺简单等优点。理论容量为 274 毫安时 / 克，为了保证其良好的循环性能和稳定性能，实际容量约为 140 毫安时 / 克。以 $LiCoO_2$ 作为大型电池的正极材料存在很多的问题。

1）随着循环次数的增多，电池容量衰减较大；

2）抗过充性能差；

3）热稳定性能差。

层状 $LiNiO_2$ 材料具有实际容量高（190~210 毫安时 / 克）、具有理想的层状结构、对环境友好、价格稍低等优点，曾被认为是最有前途的锂离子正极材料。然而，$LiNiO_2$ 未能取代 $LiCoO_2$ 得到大量应用，主要存在以下缺点。

1）$LiNiO_2$ 的层状结构没有 $LiCoO_2$ 的稳定，循环稳定性相对较差；

2）$LiNiO_2$ 耐过充性能差；

3）热稳定性和安全性差。

掺杂的层状 $LiMn_{1-x}M_xO_2$ 材料：初始容量可达 210 毫安时 / 克左右，显示出良好的循环性能。

富锂层状锂锰氧化物（主要是 Li_2MnO_3）具有高的比容量（约250 毫安时 / 克），较好的安全性能等，现在是高容量锂离子电池正极材料领域的一个研究热点。

2. 尖晶石结构材料

尖晶石 $LiMn_2O_4$ 具有热稳定性高、耐过充性好、资源丰富、价格低廉、环境友好等优点，被认为是锂离子电池最有前途的正极材料。但是，其高温循环性能差，从而阻碍了尖晶石 $LiMn_2O_4$ 的发展。因此，对尖晶石结构锰酸锂的改性研究是目前研究的热门课题。

尖晶石 $LiMn_2O_4$ 当前的改进方法有以下几种。

1）金属离子掺杂；

2）非金属离子掺杂；

3）包覆，目前主要的包覆材料有金属单质、氧化物、复合氧化物、氟化物、导电化合物等。

3. 橄榄石结构材料

$LiFePO_4$ 具有高的安全性和循环稳定性等优点。目前，固相法、碳热还原法、微波法、溶剂热法、溶胶 – 凝胶法和共沉淀法等多种方法已被应用于合成 $LiFePO_4$。但是，$LiFePO_4$ 倍率性能和低温性能较差，限制了材料的实际应用。一般可通过碳包覆、掺杂或材料纳米化来加以改善。

$LiMnPO_4$ 理论比容量为 170 毫安时 / 克，是一种高能量密度的正极材料，且循环稳定性较好。主要的制备方法包括高温固相法、溶胶 – 凝胶法、水热合成法和溅射干燥法等。但是，材料较低的电子电导率和锂离子固相扩散系数严重限制了 $LiMnPO_4$ 的电化学性能。通过碳包覆、体相金属离子掺杂和制备纳米材料等可以改善 $LiMnPO_4$ 的充放电性能。

4. 硅酸盐结构材料

Li_2FeSiO_4 主要通过碳包覆、掺杂或材料纳米化等方法，来改善材料的性能。80 纳米的 Li_2FeSiO_4/C 的纳米化材料的最大放电比容量高，具有优异的循环稳定性，但其倍率充放电性能仍不够理想。

碳包覆 Li_2MnSiO_4，理论比容量高达 323 毫安时 / 克。提高 Li_2MnSiO_4 材料的电子电导率和循环稳定性是研究和开发这种材料需重点解决的问题。

储能电池要求锂离子电池正极材料具有高的能量密度。图 1 显示了锂离子电池正极材料的理论能量密度及当前研究中各材料所具有的能量密度。

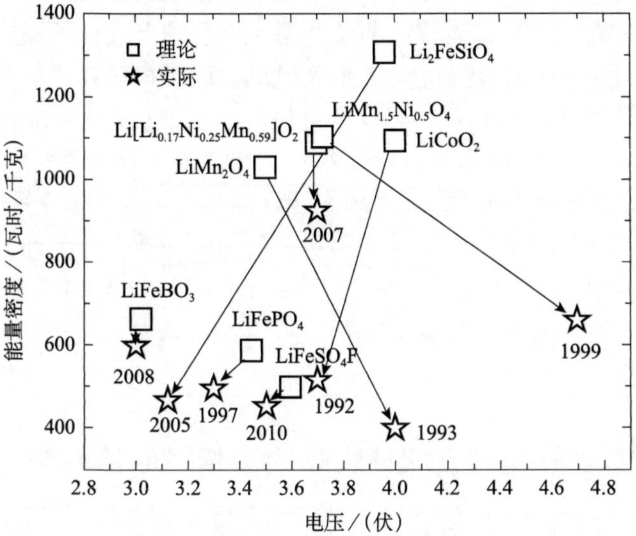

图 1　锂离子电池正极材料的理论能量密度及当前研究中各材料所具有的能量密度

可以看出，橄榄石结构及其派生物具有较低的理论能量密度，对于高能量密度的锂离子电池正极材料的研究倾向于层状结构和尖晶石结构材料的研究。

在比容量方面，传统的锂离子电池正极材料大部分理论容量都在 200 毫安时 / 克以下。虽然镍酸锂和钴酸锂理论容量可达 274 毫安时 / 克，但是由于钴酸锂结构不稳定，所以其实际比容量仅为理论比容量的一半；而镍酸锂在极端环境下结构不稳定，存在安全隐患。以三元富锂材料为代表的 Li_2MnO_3-$LiMO_2$（M=Mn，Ni，Co）层状结构材料，其实际容量可达 200 毫安时 / 克以上，高于理论容量，是目前发展高比容量锂离子电池的一个主要方向。

在使用寿命和安全性能方面，目前 Li_2MnO_3-$LiMO_2$（M=Mn，Ni，Co）层状结构材料，循环性能还有待改善。尖晶石结构锰酸锂，结构不稳定，容量衰减较快，需要对其进行改性。以钴酸锂为代表的层状结构 $LiMO_2$（M=Co，Ni，Mn），在极端条件下安全性能较差。橄榄石结构 $LiMPO_4$ 及其派生物 Tavorite 结构化合物，具有结构稳定性好、耐过充、安全性好等特点，通过包覆和掺杂等手段解决其电导率偏低的问题，有望使其在作为移动电子设备锂离子电池正极材料方面具有更大的竞争力。

动力电池要求锂离子电池正极材料具有功率密度高的特点。橄榄石结构 $LiMPO_4$ 在高功率密度锂离子电池方面缺乏竞争力。尖晶石型锰酸锂具有原料成本低、合成工艺简单、放电电压平台高等优点。经掺杂和改性后，锰酸锂的倍率性能和高温循环性能显著改善，将成为有希望应用于动力型锂离子电池的正极材料之一。

综上所述，在现有的锂离子电池正极材料中，橄榄石结构 $LiMPO_4$ 及其派生物 Tavorite 结构化合物具有较好的结构稳定性及安全性，但是由于其电导率低、理论比容量低（170 毫安时 / 克）等缺点，这类材料并不适合作为大型动力设备的锂离子电池正极材料，可以考虑将其应用到功率密度较低，但是对安全性能、循环寿命要求较高的便携式移动电子设备上，如手机、笔记本电脑等。Li_2MnO_3-$LiMO_2$（M=Mn，Ni，Co）层状结构材料具有比容量高、能量密度高、工作电位高等特点，使得此类材料在作为储能锂离子电池、高比容量锂离子电池正极材料方面具有明显的优势。尖晶石结构锰酸锂具有原料成本低、合成工艺简单、放电电压平台高等优点，可以作为动力电池正极材料的一个发展方向。

（三）锂离子电池负极材料现状及新材料体系的发展现状

改善和提高锂离子电池性能的关键是选取充放电性能良好的正负极材料。负极材料的研究主要集中在碳素材料和锡基负极材料上，一些新型材料的研究也取得了一定的进展。

1. 炭材料

当前商品化的锂离子电池产品中，目前取得广泛应用的炭材料负极主要有石墨、石油焦、炭纤维、热解炭、中间相炭微球、炭黑、玻璃炭等。

石墨是目前商品锂离子电池主要的负极材料，石墨具有良好的充放电电压平台，理论比容量为 372 毫安时 / 克，但是石墨中的杂质和结构缺陷会降低它的容量。并且，石墨对电解液敏感，在电解液中会形成钝化膜，引起初始容量的不可逆损失。因此，有机溶剂与碳负极不匹配可能使锂离子电池发生燃烧，安全性差，循环性差。

硬炭材料由相互交错的单石墨层构成，嵌锂时，锂离子嵌入到单石墨层的两边，因而硬炭材料具有较高的比容量。硬炭材料较石墨具有更好的耐过充性能，不可逆容量大。循环性能较差，是目前限制硬炭材料实际应用的主要原因。

碳纳米管和石墨烯作为两种新型材料也在锂电池负极材料中得到应用研究。特别是石墨烯比石墨的可逆储锂容量高、具有较高的理论比容量，为 744 毫安时 / 克。

但将石墨烯单独用作锂离子电池的负极材料，尚需解决不可逆容量大和电压滞后等问题。

2. 锡基负极材料

金属锂可以同多种金属形成 Li_xM 合金（M=Sn，Mg，Al，Sb，Ge，Si 等）。与炭材料相比，以这些金属材料为负极的锂离子电池具有更高的体积与质量比容量。金属锡的嵌锂比容量（理论值为 994 毫安时 / 克）较高，但其在与锂形成金属间相的过程中伴随着巨大的体积变化。因此，提高循环稳定性是锡基材料研发的重点。

1）金属锡及锡的氧化物。锡的氧化物 SnO_2 的理论比容量为 782 毫安时/克，比纯锡低 210 毫安时 / 克。制备纳米 SnO 或 SnO_2 是提高循环稳定性的方法之一。

2）锡合金。锡合金（SnM）可有效提高材料的循环稳定性。SnM 由 Sn 和非嵌锂活性金属（如 Cu、Ni、Fe 和 Co 等）或具有一定嵌锂能力的活性金属（如 Zn、Sb、Al 等）组成。

3）锡 – 碳复合材料。锡基材料中，锡合金和碳制成的复合材料目前最接近实用化。循环稳定性差仍是锡基材料实用化最大的障碍。纳米化、合金化和非晶化，是提高锡基材料性能的重要方法。

3. 硅基材料

硅是目前已知的比容量最高的锂离子电池负极材料，理论比容量达 4200 毫安时 / 克。硅的价格便宜、环境友好，但与金属锡类似，其在嵌、脱锂的过程中存在严重的体积效应，体积变化高达 25%。

1）硅 – 碳复合材料。硅 – 碳复合材料中有由碳和硅形成的分散或包覆结构，在容量密度上体现出显著优势，但其循环性能却并未显著提高。针对这个问题，多种形貌的硅 – 碳复合材料，如纳米线、纳米管、介孔硅被广泛研究。

2）硅氧化物。硅氧化物（SiO）表现出超过 1200 毫安时 / 克的可逆容量，远远高于碳的 372 毫安时 / 克，其仍有较高的首次不可逆容量，造成了较大的容量损失。

3）硅合金。硅合金（SiM）是硅基负极材料的研究热点之一，由硅与非嵌锂活性金属（如 Co、Ni、Fe、Mn 和 Zr 等）或与具有一定嵌锂活性的金属（如 Mg、Ca、Al 和 Sn 等）组成。

4）新型结构的纳米硅材料。晶体 Si 纳米线、非晶 Si 纳米材料、“晶体 Si 核 / 非晶 Si 壳”的纳米线复合材料，“碳纳米纤维（CNF）核 / 非晶 Si 壳”的纳米线和“微米 – 纳米”结构的 Si 纳米管等新材料，仍有较高的可逆比容量，材料的循环稳定性和倍率性能有所改善。

综上所述，研制具有规整结构和形貌的纳米硅基材料，同时采用碳包覆等方法提高材料与电解液的相容性是提高硅基材料比容量和循环稳定性的重要途径。由于硅的化学制备比较困难，不适于大规模生产，所以硅基负极材料的大规模应用暂时还不能实现。

4. 钛基化合物

1）TiO_2。TiO_2 共有八种结构，其中金红石、锐钛矿和 TiO_2-B 三种结构作为锂离子电池负极材料受到广泛研究。

2）尖晶石钛酸锂 $Li_4Ti_5O_{12}$。尖晶石钛酸锂（$Li_4Ti_5O_{12}$）的理论比容量为 175 毫安时 / 克，其实际比容量也可以达到 150～160 毫安时 / 克，用 $Li_4Ti_5O_{12}$ 制备的 HEV 动力锂离子电池，体积可小于用碳负极设计的电池，电池成本降低。与炭材料相比，$Li_4Ti_5O_{12}$ 的电化学稳定性和安全性很好。纳米 $Li_4Ti_5O_{12}$ 负极材料，可承受大于 30 库仑的充放电电流，即可在 2 分钟内完成充放电。因此，$Li_4Ti_5O_{12}$ 已成为用于设计 HEV 动力电池的热门对象。目前 $Li_4Ti_5O_{12}$ 已经部分商业化，但还存在着理论比容量太低的问题。

针对不同的应用，目前的发展趋势是通过天然石墨复合及功能电解质的发展，进一步提高石墨类负极材料的循环性，显著降低其成本。发展软炭材料和硬炭材料，满足动力电池与储能电池的应用需求。同时，发展高容量硅基负极材料及金属锂负极材料，满足高能量密度电池的需求。

（四）锂离子电池纳米电极材料

1. 纳米结构集流体材料

在高性能储能锂二次电池中，如何高效地收集和传递高容量储锂材料的电荷是最基础、最关键、最重要的科学问题，因此担负电荷收集和传递功能的集流体材料是高性能储能锂二次电池的关键材料。

具有纳米结构的三维多孔集流体材料，可降低极片内阻，减小了电极极化，减少了内应力对电极结构的破坏，改善了电极的循环寿命与充放电效率，显著提高了电极的循环性能和库仑效率，如铜纳米柱阵列、纳米炭纤维等。

2. 纳米负极材料

纳米尺寸的硅（80 纳米）与炭黑混合后，材料的循环性得到显著改善，该材料现在已经成为高容量储锂材料的研究热点，成为最有希望的下一代高容量负极材料之一。

制备具有纳米尺寸、微观有序的硅材料，是近年来硅基材料的研究热点。

过渡金属氧化物 CoO、Co_3O_4、NiO、FeO、Cu_2O 及 CuO 纳米材料的可逆容量可以达到 400~1000 毫安时 / 克，并且循环性较好。

碳纳米管和石墨烯作为两种新型材料也在锂电池负极材料中得到应用研究。特别是石墨烯的理论比可逆储锂容量为石墨的 2 倍，即 744 毫安时 / 克。尽管具有较高的理论比容量，但将石墨烯单独用作锂离子电池的负极材料，尚有不可逆容量大和电压滞后等问题。石墨烯具有优异的机械性能和导电性能，可能更适合用于制备锡基和硅基复合材料，相关工作已成为石墨烯应用研究的一个热点。

3. 纳米正极材料

锂二次电池的纳米电极材料，包括一些复杂的多级复合纳米结构材料体系所显示出的尺寸效应、表（界）面效应、超塑性及新的能量存储机制，能够极大程度地改善锂二次电池的性能，因此纳米科技带来的技术革新也被应用于锂二次电池正极材料的研究中。

层状多元金属氧化物纳米电极材料的研究是解决高性能电池的最有利途径之一，已成为目前锂电池电极材料研究的热点。调节纳米电极材料的微观结构是实现其性能提高的主要手段，目前研究表明，介孔结构与核壳结构的正极材料具有优异的电化学性能，如合成的有序介孔 $LiCoO_2$ 电极材料。

核壳结构是由于其内部和外部分别富集不同成分，从而可以调制出有别于核或壳本身性能的新型功能材料。具有核壳结构的 $LiMn_2O_4$ 材料极大地改善了正极材料的电化学性能，该材料的首次放电容量得到提高并且具有良好的循环稳定性能，电极的容量与稳定性均得到了显著的提高。

构造核壳结构也是尖晶石 $LiMn_{2-x}M_xO_4$ 型和聚阴离子型（$LiMPO_4$）正极材料改性的有效手段，通过结构与组分的调节可以改善这两类电极材料的电化学性能。最常用的改性手段是形成核壳结构和纳米化，如所制备的 $LiFePO_4$/C 或 $LiFePO_4$/PAS（聚并苯）等核壳结构的正极材料具有较高的电导率和锂离子迁移率，电池的电化学性能得到改善。

具有超快速充放电能力的 $LiFePO_4$/C 纳微复合结构锂二次电池正极材料，可提升锂二次电池的能量密度和功率密度。

上述研究表明，纳米材料在锂二次电池中显示出许多新奇的尺寸效应、表（界）面效应、超塑性及新的能量存储机制；降低材料尺寸到纳米尺度可能是发展高容量储锂材料和高性能锂二次电池的有效途径。

（五）新型锂离子电池电极材料的发展动态

1. 锂离子电池用石墨烯及其复合材料

石墨烯是由单层碳原子紧密堆积成二维蜂窝状晶体结构的一种炭质新材料，结构非常稳定，具有优异的导电性能、力学性能、热传导特性、高比表面积等特点，因此石墨烯为高性能锂离子电池电极材料的开发提供了新的机遇，特别是在锂离子电池中充当负极材料，有较好的应用前景。

目前研究的锂离子电池非碳基负极材料主要有以锡基、硅基及过渡金属类为主的电极材料，这类材料具有高理论容量，在反复充放电后，材料易发生破裂，从集流体上脱落，从而导致材料的循环性能变差。

石墨烯掺杂改性后的复合材料能改善这两种材料单独使用时的缺点，充分发挥石墨烯与被改性材料之间的协同效应。与石墨烯复合的负极材料主要有：锡基材料、铁基氧化物、钴基氧化物及其他过渡金属氧化物。电极材料的循环性能因石墨烯的掺杂而大大改善。

相对来说，石墨烯基复合正极材料的研究较少，目前局限于 $LiNi_{1/3}Co_{1/3}Mn_{1/3}O_2$、$Li(Li_{0.2}Mn_{0.54}Ni_{0.13}Co_{0.13})O_2$、$Li_3V_2(PO_4)_3$、$LiFePO_4$ 等几种材料。利用石墨烯柔韧的网状导电结构改善电极材料的导电性能，可以提高材料的倍率性能。

2. 锂离子电池富锂正极材料

传统的正极材料 $LiCoO_2$ 容量低、成本高，而 $LiNiO_2$ 合成条件苛刻，可逆性差，价格相对低廉的 $LiFePO_4$ 离子电导率较差，而且实际放电比容量仅有 160 毫安时 / 克。这些锂离子电池正极材料很难满足高容量、高能量密度电子产品的需求。近年来富锂正极材料 $xLi_2MnO_3\cdot(1-x)LiMO_2$（M=Co，Fe，$Ni_{1/2}Mn_{1/2}$…）因具有高比容量（200～300 毫安时 / 克）、优秀的循环能力及新的电化学充放电机制等优点而受到广泛关注，是目前正极商业化主流产品 $LiCoO_2$ 很好的替代品。

富锂正极材料主要是由 Li_2MnO_3 与层状材料 $LiMO_2$（M=Co，Fe，$Ni_{1/2}Mn_{1/2}$…）形成的固溶体。这些富锂正极材料的实际容量远远大于理论容量，且都具有优异的电化学性能，但是较大的首次不可逆容量损失和较差的倍率性能及部分材料在循环过程中出现相变等不利因素抑制其商业化的发展。为了提高富锂正极材料的电化学性能，解决锂离子电池的安全性问题，主要通过体相掺杂、表面修饰、颗粒的纳米化等对其进行改性。

目前，富锂正极材料主要有以下三种：

1）$xLi_2MnO_3\cdot(1-x)LiNi_{0.5}Mn_{0.5}O_2$：层状结构良好的固溶体材料；

2）$x Li_2MnO_3 \cdot (1-x) LiCoO_2$：在循环过程中存在着相变，导致在后续循环过程中 Li_2MnO_3 向尖晶石相转变；

3）$x Li_2MnO_3 \cdot (1-x) LiFeO_2$：由于铁基化合物除了价格低廉、储量丰富外，最大优点是无毒，所以在正极材料研究过程中用含铁化合物来代替资源紧张的钴渐渐为人们所关注。这种特别的固溶体正极材料的充放电机理仍需进一步研究。

总之，石墨烯作为锂离子电池电极材料已开展了大量研究，但为了能够满足在实际运用中对电池的需求，应该加强以下几个方面的研究：①注重石墨烯大规模制备工艺的低成本化；②降低副反应导致的首周不可逆容量损失；③提高石墨烯及其复合电极材料的高倍率性能和循环寿命。在实际锂离子电池中，较大的比表面积不可避免地带来显著的副反应，导致其在全电池中测试时循环性差、效率低、能量密度低，这是石墨烯存在的本质问题，很难解决。目前更看好其作为正极材料的导电添加剂。富锂材料具有容量高的特点，但在充放电过程中 $LiMnO_2$、$LiMn_2O_4$ 相的逐渐出现导致电位衰减、循环性变差。同时，高电压充放电对电解质的稳定性提出了新的要求，未来需要大量的工作解决这些问题。

四、锂离子电池－电容混合型器件中的关键材料

（一）锂离子电池－电容混合型器件的储能原理

电化学双电层电容器靠电极材料与电解质界面处形成电化学双电层和/或电极材料表层几个纳米厚度内发生快速氧化还原反应储存电荷，具有功率密度高、循环寿命长等优点，缺点是能量密度较低。锂离子电池的能量密度高，大倍率性能不理想，循环寿命也远低于双电层电容器。基于此，将锂离子电池和超级电容器的优势结合起来的锂离子电池-电容混合型器件能极大地提高器件的储能性能，成为下一代储能器件的代表。

锂离子电池－电容混合型器件是最近迅速发展起来的一种新型储能系统，结合了锂离子嵌入和双电层/赝电容两种储能机制，即其中一个电极采用超级电容器的电容性电极，另一个电极采用锂离子电池的嵌锂化合物电极或者嵌锂化合物与炭材料的复合材料电极。这种新型的储能装置能够充分发挥两种储能机制的协同效应，能量密度介于锂离子电池与超级电容器之间，同时具有超级电容器的大电流快速充放电特性、极长的循环寿命和锂离子电池的高容量、高电压等特点。这一体系在电化学界也被称为混合型超级电容器、高功率锂电、混合型电池－电容器（hybrid battery-supercapacitor）或者混合型电化学储能装置（hybrid electrochemical energy storage devices）。

（二）电极材料

对用于锂离子电池－超电混合型器件材料的基本要求：① 材料的结构较稳定，不与电解液发生不可逆副反应，充放电循环性能好；② 锂离子迁移系数较大，大倍率性能好；③ 电子导电能力好，电阻率低；④ 价格低廉。

目前，用于该体系的锂离子电池正极材料有 $LiMn_2O_4$、$LiFePO_4$、MnO_2 等。$LiCoO_2$ 的价格较贵，目前在锂离子电池中逐渐被 $LiMn_2O_4$ 和 $LiFePO_4$ 等较廉价的材料取代，因此人们研究较多的是 $LiMn_2O_4$ 和含 Co 较少的二元、三元材料，$LiFePO_4$ 的电子导电性差、电阻大，用于混合型超级电容器有一定难度，制备 $LiFePO_4$/ 炭复合材料已经被报道。能够用于负极的锂离子嵌入化合物研究较少，$Li_4Ti_5O_{12}$ 和 TiO_2 可以作为锂离子电池 - 超电混合型器件的负极材料。

利用多孔炭负载纳米嵌入式化合物，制备集成双电层与准电容储能为一体的复合电极材料，双电层和准电容电极材料可产生协同和相互增效的效应，既能克服多孔炭能量密度低的缺点，又能解决嵌入式化合物利用率低、功率特性差的难题，从而获得高功率密度和能量密度的电极材料。

（三）水体系的锂离子电池－电容混合型器件

利用锂复合氧化物与活性炭材料物理方法混合后作为水系超级电容器正极，活性炭为负极组装超级电容器，可以得到能量密度较高的锂离子电池－电容混合型器件。

以 $LiMn_2O_4$ 为正极，以活性炭为负极，以 Li_2SO_4 溶液为电解液，组装成水系混合超级电容器，最高充电电压可达到 1.8 伏，比能量为 35 瓦时 / 千克，达到双电层电容器的 4 倍以上。

K.H. Reiman 等研究了 TiO_2 多孔纳米粒子在水溶液中的嵌锂行为，锂离子能可逆地嵌入 TiO_2 多孔纳米粒，形成 Li_xTiO_2，x 可达 0.27。以 TiO_2 为负极、$Ni(OH)_2$ 为正极、LiOH 水溶液为电解液的超级电容器，电压高达 1.6 伏，按正负极的总质量算出的比能量达 90 瓦时 / 千克。

目前工业化的锂离子电池负极材料主要是石墨。但石墨要想用于超级电容器，必须经过改性处理。

二氧化钛负极材料表现出比石墨负极材料更好的安全性和循环寿命，特别是二氧化钛纳米管的中孔结构，使其能够获得更快速的锂离子扩散性能，并实现高于纳米颗粒和纳米线的功率特性，性能优于其他基于二氧化钛负极和多孔炭正极的锂离子电池－电容混合型器件。

综上，到目前为止，还没有一种储能器件在能量密度、功率密度、使用寿命和制造成本几方面同时满足动力电池的使用要求的，对其中任何一方面的性能改善必然导致其他方面的性能下降。锂离子二次电池 - 锂离子超级电容器复合储能系统可充分利用两种储能器件的优势，可极大改善动力源的能量密度和功率特性，提高储能系统的使用寿命及其他综合性能。锂离子储能器件包括锂离子电池和锂离子电池 - 电容混合型器件，分别具有高能量密度储能和高功率密度储能的优势。电池 - 电容复合储能系统取二者之长，不仅具有极高容量，而且可极大地改善功率特性，提高储能系统的使用寿命。因此，锂离子二次电池 - 锂离子超级电容器复合储能系统比单独使用一种器件更胜一筹，可望从根本上解决电动汽车动力系统问题，极大地促进新型清洁能源的应用和发展。为了加速锂离子电池 - 电容混合型器件的应用进程，应从以下几方面开展工作。

1）制备纳米结构的嵌锂化合物及其碳基复合纳米材料，提高电极材料与电解液的接触面积，降低材料的离子迁移电阻，提高材料的电子导电能力，改善材料的循环稳定性。

2）优化锂离子-超电混合器件的结构，选择匹配的材料和电解液。

五、新型高能锂电池

（一）锂硫电池

1. 锂硫电池简介

锂硫电池通常采用硫单质或其他含硫复合材料为正极，金属锂为负极。正极硫的理论比能量高达 2680 瓦时 / 千克（或 2967 瓦时 / 升），是现阶段唯一可以满足电动汽车单次充电续航里程 300 公里以上，且价格与化石能源相比有一定优势的电池。锂硫电池的比能量在 2010 年就已达到 350 瓦时 / 千克，远高于锂离子电池现阶段 150 瓦时 / 千克左右的能量密度。硫黄在自然界蕴藏丰富（目前的产量达到 1000 万吨 / 年），目前国际价格为 3600 元 / 吨左右，仅为锂离子常见电池正极材料钴酸锂的 1.3%（钴酸锂的价格约为 44 000 美元 / 吨），碱性锂电池正极材料二氧化锰的 1/4（约 2250 美元 / 吨）。同时，锂硫电池的制作、使用和回收过程中没有毒性物质生成，环境友好。因此，锂硫二次电池同时具有了比能量高、价格低廉、环保等特点，近年来逐渐成为国内外研发的热点。

2. 锂硫电池的国内外研究现状

锂硫电池正极材料的研究始于 20 世纪 60 年代，发展较早，却受限于硫自身特性，研究一度处于停滞阶段。到七八十年代，有机硫化物、无机硫化物开始作为电池的正极材料，同时产生钠硫电池，使得锂硫电池得到发展。

目前国际上锂硫电池研究的代表性厂商有美国的SionPower、Polyplus、Moltech，英国的Oxis，以及韩国三星等。Polyplus的2.1安时锂硫电池的能量密度已达420瓦时/千克或520瓦时/升。美国SionPower公司是目前锂硫电池发展的典型，以金属锂和硫为负极和正极有三明治结构设计的电池有其实际的比能量可达到350瓦时/千克，几乎是目前商业化锂离子电池比能量的2倍，预计在不久的将来可实现600瓦时/千克和600瓦时/升的重量和体积比能量。至2010年7月23日SionPower公司的锂硫电池创造了为夜间驱动的Zephyr无人驾驶飞行器连续336小时的飞行纪录，如图2所示。其能量密度和循环性能的近期目标分别是超过500瓦时/千克和500次循环。同时，该公司宣称到2016年，要让其锂硫电池达到600瓦时/千克和1000次循环。日本新能源汽车动力电池技术也把锂硫电池作为重点研究之一，日本新能源产业技术综合开发机构（NEDO）自2009年起，每年投入300亿日元（约合24亿元人民币）的研发预算，目标是在2020年能量密度达到500瓦时/千克。在中国，中国电子科技集团公司第十八研究所、中国人民解放军防化研究院、清华大学、上海交通大学、中国人民解放军国防科技大学、武汉大学、北京理工大学等正在进行锂硫电池的研究。

图2　采用Sion Power锂硫电池驱动的Zephyr无人机

3. 锂硫电池存在的问题

尽管与许多类型的动力电池相比，锂硫电池有着明显的优点，但是同样也存在一些不足之处。目前锂硫电池最大的劣势在于其循环利用次数比较低，故尚未能商业化生产，其主要原因是：

1）硫单质电导率低（室温下仅为 5×10^{-19} 西／厘米），从而导致电池库伦效率和活性材料利用率低；

2）充放电过程中（图 3）产生的中间产物多硫化锂（Li_2S_x，$2<x<8$）溶于常见电解液，造成活性物质损失；

3）硫在嵌锂过程中体积变化高达 78%，可能造成极片应力开裂，循环稳定性差；

4）负极采用金属锂，充放电过程中有可能生成枝晶，刺穿隔膜，造成电池短路，带来安全隐患。

4. 锂硫电池复合正极材料

电池的能量密度由电池的理论能量密度及非活性材料所占的比重决定。由于目前锂离子电池负极材料的容量远高于正极材料，所以电池的能量密度主要受限于正极材料。

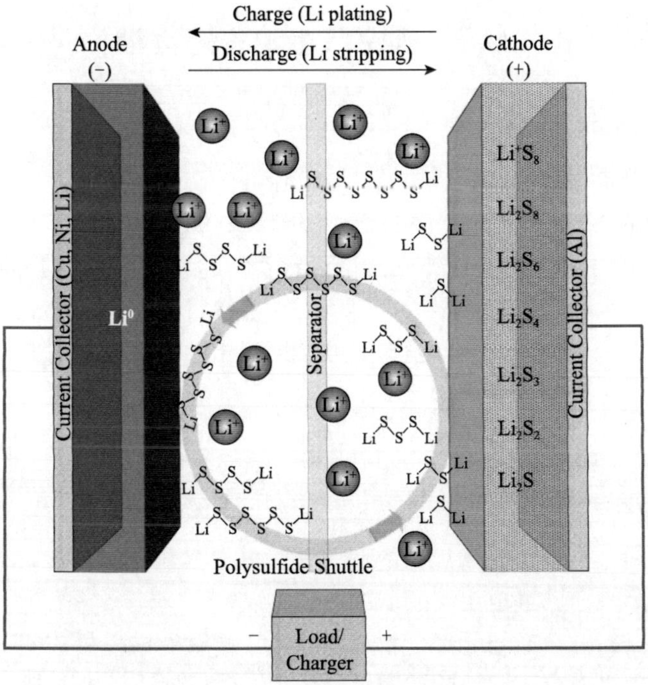

图 3　锂硫电池充放电过程示意图

为了改善硫正极的导电性，研究人员将聚丙烯腈（PAN）、聚吡咯（PPy）、聚苯胺（PANI）等导电聚合物与单质硫在一定温度下共热制得硫/聚合物复合材料。在硫/聚合物复合材料中，导电聚合物具有正极导电添加剂、分散剂、吸附剂及维持正极结构稳定的作用，使硫正极的硫利用率和循环性能得到一定程度的改善。还有其他改善锂硫电池正极材料的办法，包括：通过添加导电性良好的石墨或具有高长径比的碳纳米管、碳纳米纤维等材料可增强硫正极的导电性和循环过程中硫正极材料微结构的稳定性；以石墨烯为模板原位 PAN 得到性能更为优异的正极材料；基于三维电极结构研究来提升锂硫电池能量和功率性质。

综上所述，纳米尺度或纳米结构、高比表面积、良好导电性的电化学惰性材料与硫制得的纳米复合材料具有较高的硫利用率和稳定的循环性能。这些材料不仅导电性好，而且具有化学或物理吸附作用，能够控制正极材料形貌。而实现锂硫电池在大倍率放电条件下的高容量和长寿命的关键在于开发廉价的纳米结构三维载体，并实现其与硫有效的复合，制备出含硫量高、离子电子导通能力好的三维电极。目前这类材料还处于材料合成和性能评估的初级阶段，电化学性能尚有很大的提升空间。可以通过优化组分配比、修饰表面化学状态及结构设计（从微观到宏观）并结合新型的电解液体系来改善现有锂硫电池的电化学性能。

（二）锂空气电池关键材料

1. 锂空气电池简介

锂空气电池是一种金属空气电池，其理论能量密度高达 11 140 瓦时/千克，是锂离子电池的 10 倍，可以提供与汽油同等的能量。主要有两种锂空气电池体系：有机体系和有机－水混合体系。由于锂空气电池的正极使用空气中的氧做活性物质，理论上正极容量无限大，可实现大容量，因此这种电池可以更小、更轻，从而在智能电网储能、电动汽车等领域展现出重要的应用前景，将会成为未来电池能源的一个重要发展方向。

2. 多孔空气电极

多孔炭材料作为空气电极，其微观结构将严重影响电池的性能，研究新型的多孔炭电极材料，从改善空气电极的动力学，提高容量、能量及功率密度，并且改善体系的稳定性，已经成为该领域的研究热点。

将贵金属进行复合或与锰氧化物进行复合，能够对电极反应的不同过程进行有效催化，不仅可以提高电池的比容量，还可以较好地改善电池循环性能。

目前应用于空气电极的炭材料种类很多，主要有 Super P（比利时 M.M.M. 炭材料公司）、Norit 炭黑（SX，Norit 公司生产）、Ketjin black（EC600JD，Akzo Nobel

公司)、Darco G-60 活性炭(美国 Notir 公司)等。近日,美国西北太平洋国家实验室(PNNL)的研究团队利用新途径,构建出了可用于锂空气电池的多孔分层石墨烯。据报道,美国科学家研制出一种新式碳纤维锂空气电池,其能量密度是现在广泛应用于手机、汽车中可充电锂离子电池的数倍。

经过研究发现,锂空气电池正极内部的形貌、孔径、孔体积、比表面积、电极的厚度及导电性等因素对电池的放电容量有很大的影响。而上述这些因素除了与电极制作工艺有关外,还与炭材料的种类有着最直接的关系,因此炭材料的选择与优化成为提高有机电解液锂空气电池电化学性能的关键。

介孔炭材料能够很好地满足上述要求。商品炭黑(如 Norit、Acetylene 和 Super P)等,可用作锂氧气电池的炭材料。将碳负载氧化锰(MnO_x/C)用作锂空气电池正极,可得到比商品电解二氧化锰(EMD)电极要高的放电容量。炭材料比表面积的不同会导致催化剂的分散、接触面积和催化活性的不同。介孔炭泡沫材料作正极,能获得高于商品炭黑(Super P)40% 的放电容量。氮掺杂的碳(C-N)具有更高的比表面积、孔隙率和电催化活性,也可显著地提高锂氧气电池性能。在介孔炭材料的基础上,研究出碳纳米管多孔空气正极。单壁碳纳米管 / 碳纳米纤维(SWNT/CNF)复合材料作锂空气电池的空气电极,可大大地提高放电容量和循环性能。N-CNTs(氮 – 碳纳米管)用作锂空气电池的正极,能增大放电电容和提高充放电过程的可逆性。

石墨烯在锂空气电池的应用上,不仅可构成电池的正极材料,更表现出可观的催化活性。

3. 炭载催化剂

炭材料由于具有多孔性、价格低廉、导电性高和易加工等特点,而被选作空气电极的主体并兼有催化剂载体的功能,但它又不仅仅是催化剂的载体,本身也具有一定的催化活性。

锂空气电池最引人注目的特点是具有很高的比能量,是传统锂离子电池的 34 倍,这有助于提高电动汽车的续航里程,但锂空气电池受到诸多问题的困扰,如充放电效率低、循环寿命短、反应速度慢,且金属锂电极在使用过程中容易产生枝晶,导致短路。通过对新催化剂的研究,在改善电池效率的同时,还有助于延长电池的寿命。

锂空气电池常用的催化剂有金属(如 Pt、Au 和 Pd 等)及金属的氧化物(如 MnO_2、Fe_2O_3 和 CO_3O_4 等)。

Co_3O_4、碱式氧化锰(MnOOH)、锰氧化物催化剂等,作为锂空气电池的阴极催化剂,放电比容量提高了 38%,达到 2200m 毫安时 / 克(碳)。

4. 电解液

电解液是决定锂空气电池能量储存的另一重要参数，锂空气电池电解液中溶解氧的量将决定电池的实际运转，但现有的电解液体系依然无法满足各方面的性能要求，寻找新的电解液体系迫在眉睫。

综上所述，锂空气电池在正极电化学过程中易形成固体物质，会隔离电解液与空气的接触，从而导致性能变差等问题。因此，如何设计正极材料的炭材料和氧化物催化剂复合结构成为锂空气电池的关键。此外，开发出具有优异的物理和电化学性能的电解液，并与电极材料实现良好的配合，对于提升锂空气电池的循环性能有着至关重要的意义。如果能成功解决安全、腐蚀问题及其相关材料设计和制备问题，锂空气电池将有可能成为未来电动汽车动力电池发展的方向。

六、高性能超级电容器材料

（一）超级电容器简介

超级电容器，也称为电化学电容器，是 20 世纪 70~80 年代发展起来的一种新型、高效、实用的储能装置。它具有普通物理电容器功率密度高和二次电池能量密度，以及循环寿命长、环境适应性强、无记忆效应、免维护、对环境无污染和高可靠性等优点，有着广泛的应用前景（携式电子设备、电动汽车和大型储能电站），是近年来国内外广泛关注的新型绿色储能装置。

从原理上讲，超级电容器的电能储存机理有两种，一种是电化学双电层电容，另一种是法拉第准电容。目前应用于超级电容器的电极材料主要有三种：炭材料、金属氧化物及水合物材料和导电聚合物材料。

根据采用的电极材料和储能原理的不同，超级电容器可以分为三类：①采用高比表面积炭材料的电化学双电层电容器；②采用过渡金属氧化物（氮化物）或掺杂的导电聚合物作电极材料的法拉第准电容器；③采用双电层电容型炭材料和赝电容型材料分别作电容器的两极，或者采用综合两种储能原理的复合电极材料所制备的电容器，同时具有双电层电容和法拉第准电容，因此被称为混合电容器。

超级电容器的性能主要取决于电极的电化学活性和动力学特征。为了提高超级电容器功率和能量密度，关键是要提高电极和电极 / 电解质界面的离子和电子输运的动力学特性，因此适当的孔结构和良好的导电性非常重要。另一方面，电极材料的复合化、纳米化和三维结构化，也是提高超级电容器的能量密度和功率密度的重要途径。

（二）炭材料研究进展

炭材料是被广泛用于超级电容器的一种电极材料，典型比电容在水溶液中为50~200法/克，在有机溶液中为30~100法/克，在离子液体中为20~70法/克。典型的超级电容器用炭材料包括活性炭、碳纳米管、石墨烯、纳米炭纤维、炭气凝胶、有序介孔炭及层次孔炭材料等。

1. 活性炭

目前商业化的活性炭多是微孔炭，介孔所占的比例很小，导致较低的表面利用率和较低的比电容，比电容只能达到200法/克和100法/克（分别在水电解液和有机电解液中）。另外，活性炭的导电性不好，加上电解质离子迁移阻力大，导致了较低的功率密度。基于活性炭电极的超级电容器具有较低的能量密度（4~5瓦时/千克）和较低的功率密度（1~2瓦时/千克）。因此，需要开发新型多孔炭材料来克服活性炭的缺点，提高超级电容器的性能。

2. 孔结构可控炭材料

超级电容器炭电极材料的研究重点之一是孔结构的调节，所涉及的材料种类包括活性炭、炭气凝胶、碳纳米管、模板中孔炭和表面化学改性的具有不同孔结构的炭材料。

具有中孔结构的多孔炭材料展示出作为超级电容器电极材料的独特优势。

模板合成技术可以精确控制炭材料的中孔结构，模板中孔炭由于具有高中孔率和比表面积，所以能够获得良好的电容性能。

3. 碳纳米管

碳纳米管被认为是很有潜力的超级电容器电极材料。纳米管电极或碳纳米管阵列电极具有很小的等效串联电阻，比容量可以达到15~200法/克，通过后处理引入缺陷和含氧官能团可进一步提高性能。

4. 石墨烯

最近，石墨烯在超级电容器方面的应用研究已经成为本领域的研究热点之一。作为超级电容器的电极材料将具有高比容量、良好稳定性和动力学性能，可通过优化表面和孔结构及制备工艺来进一步提高这些电极材料的综合性能。

5. 石墨烯/碳纳米管复合材料

一维的碳纳米管和二维的石墨烯复合，能够形成独特的三维结构材料，具有介孔结构和高比表面积，以及优良的导电性和机械稳定性，可以克服石墨烯和碳纳米管各自的团聚效应，因而展示了良好的电化学性能。

6. 炭材料的表面改性

炭基电极材料存在的主要问题是能量密度低，其主要原因是电双层储存电荷较少，通过炭材料表面改性产生赝电容，提高其能量密度。

（三）准电容材料研究进展

最常用的赝电容电极材料是金属氧化物和导电聚合物，其容量来自电极/电解质界面的电化学吸附或氧化还原反应。氮化物如氮化钨、氮化钛等，也具有良好的赝电容性质。

1. 金属氧化物和氮化物

金属氧化物易于实现大规模制备，具有比炭材料更大的理论容量。目前，用于超级电容器电极材料的金属氧化物可分为两类：贵金属氧化物和一般金属氧化物。

过渡金属氧化物如 MnO_2、NiO、Co_3O_4 及氢氧化物如 $Ni(OH)_2$、$Co(OH)_2$ 等具有较高的比电容，可以用来替代昂贵的 RuO_2，受到了广泛的关注和研究。

过渡金属氮化物的化学稳定性和良好的导电性，使得它们成为超级电容器的电极材料的优良的候选材料。

2. 导电聚合物

导电聚合物是一种新型的电极材料，已经研究的用于超级电容器的导电聚合物主要包括聚苯胺（PANI）、聚吡咯（PPy）和聚噻吩（PTH）及其衍生物如聚乙撑二氧噻吩（PEDOT）等。导电聚合物以其具有快速充放电、高储能密度、绿色环保等特点，是超级电容器电极材料的研究热点之一。导电聚合物存在的主要问题是导电性差。另外，导电聚合物在水系电介质中结构稳定性较差，导致循环寿命较差，难以获得实际应用。

3. 准电容材料的纳米化

因为准电容材料在距离电极表面几个纳米厚度内存储电荷，通过减小电极材料的颗粒尺寸可以提高活性材料的利用率，是提高准电容材料电容性能的一个通用方法。

（四）基于炭和准电容材料的纳米复合材料

制备基于炭和准电容材料的纳米复合材料，通过电极材料的复合化、纳米化和三维结构化，研制新型的兼具高比能量和高比功率的纳米复合电极材料，也是提高超级电容器的能量密度和功率密度的重要途径。碳纳米管基复合材料和石墨烯基复合材料，是目前研究的热点之一。

碳纳米管是负载准电容材料的理想载体，有较好的电容。石墨烯与金属氧化物复合材料，如石墨烯-MnO_2-碳纳米管、石墨烯-NiO-碳纳米管、石墨烯-Co_3O_4-碳纳米管、石墨烯-Fe_2O_3-碳纳米管和石墨烯-聚苯胺-碳纳米管等三元复合材料，都具有较好的电容性能。

（五）纳米结构集流体在超级电容器中的应用

纳米结构的集流体可以为金属氧化物基的复合膜/阵列电极提供良好的结构支撑。纳米结构集流体可以分成三类：1D纳米线/纳米管阵列（如铜线、碳纳米管、$SO_2/NiSi_x$纳米线、TiN纳米管）；2D纳米墙/纳米片矩阵（如镍纳米墙）；3D连续/准连续纳米网络结构（如镍网、纳米多孔金属、导电聚合物骨架）。纳米多孔金属/合金等，这些多孔金集流体也用来负载导电聚合物PPy作全固态软包装超级电容器电极和负载Sn纳米颗粒作为锂离子电池负极。

综上，开发新型电极材料，并研究离子在电极材料中输运规律，是研制成高功率和高能量密度的储能器件发展的主要方向。主要研究方向包括：①通过材料的复合化、纳米化和三维结构化，研制兼具高比能量和高比功率的电极材料；②新型、纳米电极材料储能及能量转换的相关理论基础；③材料微观结构和界面对能量存储和电子、离子交换过程的影响规律；④材料的孔结构、结构等优化设计理论和制备科学发展；⑤新型结构、高功率高能量密度超级电容器器件设计原理及规律；⑥各种储能器件相互配合使用储能系统的理论设计。现阶段本领域的研究重点和关键在于超级电容器相关的基础理论和新型电极材料探索，并开展新型结构和器件的设计及与其他储能器件组合使用，以及具有实用价值的储能系统的理论设计等。

七、前景和对策

未来储能技术的发展要以储能器件为导向，有针对性地开展先进储能材料研究。从当今需求来看，这一领域发展前景广阔，具有巨大的创新空间和应用价值。由于对能源、经济和社会可持续发展的日益关注，高效、灵活的储能技术和先进储能材料的研发极受重视。随着电动汽车及3G和4G电子设备的发展，以锂离子电池、超级电容器为代表的高性能储能器件正向着更高功率和能量密度的方向发展。针对该领域中的关键科学和技术问题开展研究，将为我国能源领域的发展提供关键材料、技术和知识，使我国在国际竞争中处于有利位置。同时，也将为未来新型储能器件及其复合系统的研发提供重要依据和材料基础，促进其实用化，为新型动力电池的发展、可再生能源的合理配置及电力的调节提供有效的新方法。基于先进储能材料，研究和发展同时具备高能量和高功率密度、环境友好、安全可靠、长寿命的储能器件及其复合系统，为满足我国在电动车、混合动力汽车、大中型电动工具、航空航天、各种先进的通信工具、电子设备、多功能集成的传媒载体、机器人和国防（数字化步兵、电动鱼雷、机动激光武器、前沿指挥所和平流层飞艇等）等领域的动力电源重大需求奠定技术基础，并为其大规模、高效合理的应用开辟新的途径。这对我国的产业升级和资源合理配置体系的建立具有重要的现实意义，对我国的能源安全、环境保护和生活水平的提高具有不可估量的意义。

另外，可再生能源在我国未来的能源结构中将占有极其重要的位置。风能、太阳能等可再生能源发电具有不稳定和不连续的特点，并网容量和电网容量相比较小时对系统冲击不大，利用电网控制与配电技术能够保证电网安全稳定运行。当风电、光电容量所占比例超过10%后，对局部电网将产生明显冲击，严重时会引发大规模恶性事故。从电力调控的需求来看，由于风能和光伏发电的广泛应用，更多的储能系统将被应用于调节可再生能源的电力输出。在短期储能系统中，硫－钠电池、锂离子电池等兆瓦级功率的储能系统将会有较好的发展前景。长期储能系统的发展将提高可再生能源发电所占的比重，由于风能及光伏发电站采用的热动力发电机的可调峰能力较弱，这将造成短时间的输出波动，使用储能系统可对这一问题进行有效的调节和控制。因此，在大力发展清洁能源发电的同时，整合不同储能技术的优势建立与之配套的储能系统，也是我国未来电网发展所需要考虑的重要环节。目前，智能电网使用小型及分布式电池作为其储能系统的一部分，但按现有的发展趋势分析，即使今后所有的动力汽车电池都用作储能，也不能满足日益增长的储能需求。由此可见，开发新型的低成本、高性能的储能电池不仅是解决未来电力利用效率问题的关键，同时从国家层面出发，具有极为重要的战略意义。

目前，我国已是仅次于日本的锂离子电池生产大国，但并不是锂离子电池强国，在全球的锂离子电池产业链中仍处于中低端。现在全国的电池厂一共200~300家，且普遍存在生产企业规模小、技术含量低、产品相对单一等特点。同时，整个行业缺乏整体发展规划，国家也没有制定储能电池准入制度，导致国内企业无序发展，缺乏国际竞争力。

为推动我国储能技术的发展，面向先进通信、动力电池、大规模工业储能三大应用领域，提出以下几点建议。

1. 技术层面

1）发展下一代高能量密度锂离子电池技术，研发技术相对成熟的纳微复合结构负极材料；加强纳米层表面修饰技术应用研究，改善正极材料；通过对不同材料体系、体相与界面结构、物理化学性质的进一步深入研究与调控，研究适合不同应用需求的电池材料体系。

2）发展钛酸锂、软炭材料、锰酸锂、磷酸铁锂、凝胶电解质、固体电解质、高稳定性隔膜技术，以显著提高电池的安全性、循环性和能量效率，适应下一代大规模长寿命储能电池的需要。

3）发展下一代高能量密度的锂硫、锂空电池技术，提升锂电池能量密度达到 300 瓦时 / 千克以上，兼具高安全性、长寿命、低自放电特性。

4）发展高性能的超级电容器与锂电池复合的综合能源技术，研究超级电容器中材料量产制备时的提纯技术，低成本制造和超长寿命的技术，以提升系统的功率响应和循环寿命。

2. 政策层面

1）加大科技投入力度，提高研发基金对储能技术研发的针对性，同时不断发掘和掌握国际先进技术，保持和提升国内储能厂商技术的竞争力。

2）支持国内储能企业的发展，推动企业重点储能项目的实施，并提供直接资金支持。另外，还可以支持企业通过投资、合作、收购等方式整合国际上先进的储能技术，提升国内储能技术的成熟度。从原材料、生产工艺、管理系统等各个环节入手，促进国内储能技术的发展。

3）通过政府政策或行政手段，促进储能技术在电力系统的应用。通过扩大储能示范范围，加大示范应用力度，将储能示范项目有计划、按步骤地应用于电力系统，并及时验证储能的实际应用效果，衡量多重应用的社会和经济效益。

4）制定相应的财政补贴政策，鼓励用户采用储能技术，促进储能技术在用电环节的应用；同时扩大国内微网项目示范范围，吸引更多的工商业用户和居民参与，提高储能技术在电力用户端的认同度。

（本文选自 2014 年咨询报告）

咨询组成员名单

解思深	中国科学院院士	中国科学院物理研究所
成会明	中国科学院院士	中国科学院金属研究所
陈立泉	中国工程院院士	中国科学院物理研究所
陈　军	教　授	南开大学
孟庆波	研究员	中国科学院物理研究所
贺　涛	研究员	国家纳米科学中心
李　泓	研究员	中国科学院物理研究所
张世超	教　授	北京航空航天大学

我国赛博空间安全基础关键问题与对策建议

何积丰 等

党的十八大报告指出，我国面临着“传统安全威胁和非传统安全威胁的因素相互交织的状况”。赛博空间（Cyberspace）威胁是我国当前面临的非常严峻、非常现实的非传统安全威胁之一，赛博空间安全已成为建设现代化国家必须面对的重大挑战，构建我国赛博空间安全体系是一项十分重大和紧迫的战略任务。

一、赛博空间安全形势分析

（一）赛博空间概念

1982 年，加拿大作家威廉·吉布森在其短篇科幻小说《燃烧的铬》中创造了“Cyberspace”（赛博空间）一词，意指由计算机创建的虚拟信息空间，Cyber 在这里强调电脑爱好者在游戏机前体验到的交感幻觉，体现了赛博空间不仅是信息的聚合体，也包含了信息对人类思想认知的影响。此后 30 年，随着信息技术的快速发展和国际互联网的广泛运用，赛博空间这一概念不断演化。2008 年，美国第 54 号总统令对赛博空间进行了定义：“赛博空间是信息环境中的一个全球域，由独立且相互依存的 IT 基础设施网络组成，包括互联网、电信网、计算机系统，以及嵌入式处理器和控制器。”

2009 年，美国国防大学出版《赛博空间能力和国家安全》，进一步阐述赛博空间的内涵：

1）赛博空间是一个人造的、可运作的空间领域，不仅可用于作战，还可用于政治、经济、外交等活动；

2）与陆、海、空、天等物理空间相比，人类依赖电子技术和电磁频谱等手段才能进入赛博空间；

3）开发赛博空间的目的是创建、存储、修改、交换和利用信息；

4）构建赛博空间的物质基础是网络化的、基于信息通信技术的基础设施，网络化是赛博空间的基本特征和必要前提。

目前，国内对赛博空间还没有统一的定义，我们认为赛博空间是由相互关联的信息基础设施、信息系统、控制系统和信息构成的人造空间，联结并控制陆、海、空、天等环境中与信息相关的物理系统，影响人类认知及社会活动。

与前一定义相比，该定义不仅指出了赛博空间的组成及其对现实物理系统的控制作用，同时还强调了对人类认知和社会活动的影响，涉及物理域、信息域、认知域和社会域。

当前，赛博空间已经渗透到现实世界的每个角落和人类活动的方方面面。无论是社会生活还是政治外交，无论是交通管理还是能源供应，无论是网络购物还是电子银行，无论是新闻媒体还是网络娱乐，赛博空间都发挥着不可替代的重要作用，赛博空间正在逐渐演变为人类赖以生存和发展的全新空间。

目前，全世界 71 亿人口中，互联网用户达到 27 亿，手机用户达到 68 亿，社交网络用户达到 14 亿。据美国某家咨询公司报告，互联网创造的就业机会已超过 25 亿人次，其创造的就业机会比它摧毁的岗位多出 2 倍；全球互联网产值累积达到 8 万亿美元，而且呈快速发展趋势。英国网络经济的贡献已经占到国民生产总值的 8.3%，全球网络用户将可支配收入的 22% 用于网络购物。据我国人力资源和社会保障部统计，2013 年我国从事网络销售的人员高达 962 万。可以预见，随着覆盖范围不断扩展和应用程度逐步加深，赛博空间将在国家经济发展和社会进步进程中发挥越来越重要的作用。

（二）赛博空间安全国际动态

赛博空间的形成，孵化了崭新形态的赛博政治、赛博经济、赛博文化和赛博外交。这一虚拟空间与现实空间相互交织、相互影响、相互作用，重塑着世界政治、经济、社会和文化发展的新格局。赛博空间安全已经成为事关国家政治安全、经济发展和社会稳定的重要问题。

1. 赛博空间与关键基础设施交织融合，安全威胁骤增

赛博空间与金融、能源、交通、供水等关键基础设施融合，带来了诸多安全风险和挑战。随着赛博空间利益链条的拓展延伸，赛博犯罪活动日益增多，危害更加显著。据统计，在过去的 5 年里，针对美国关键基础设施的安全事件数量增加了 20 倍，每年计算机犯罪造成的损失已达上百亿美元，每年全球网络犯罪中针对金融系统的占 60% 以上。

2. 赛博空间新兴媒体突破时空限制，给传统认知带来冲击

赛博空间新兴媒体迅猛发展，网上信息以光速传递互动，在信息共享和文化

传播的同时，各类有害信息也以几何级数在全网快速渗透蔓延，信息放大作用更为凸显，信息传播成本代价低廉，行动更加隐蔽，难以有效控制，世界各地频发“网络暴力”事件。

3. 赛博技术推动虚拟空间向现实空间延伸拓展，对物理世界影响日益突出

虚拟空间与现实空间相互交织，有价值的目标越来越多，存在巨大风险，赛博空间成为获取设施控制权的新途径。研究发现，丰田普锐斯和福特翼虎两款汽车控制软件存在漏洞，攻击者可在汽车高速行驶下控制刹车、方向盘和发动机系统，造成严重交通事故。2013 年 4 月，美国波士顿发生连环爆炸案后，国家执法部门被迫要求几大运营商立刻关闭当地移动网络，以防止袭击者利用手机通信远程引爆炸弹，制造更多伤亡事故。

4. 争夺赛博空间控制权已上升为国家行为，竞争对抗日趋激烈

世界发达国家非常重视赛博空间战略，甚至是作为一种与核战略相提并论的国家战略，将发展赛博空间能力置于优先地位。发达国家高度重视基础研究，积极开展动态目标防御、赛博信任、赛博对抗经济学等基础领域研究；美国国土安全部提出赛博空间安全研究路线图，谋求赛博空间技术绝对优势。

（三）我国赛博空间安全面临的挑战

当前，我国信息化建设高速发展，网络规模和覆盖面不断扩大。根据工业和信息化部统计，2013 年支撑赛博空间的通信、电子信息和软件等主要产业累计产值达 15.4 万亿元。仅阿里巴巴公司旗下淘宝网和天猫的总交易额就突破 1.4 万亿元，占 2013 年国家 GDP 总额的 2.5%。我国网民规模已突破 6 亿人，居世界第一，互联网普及率为 42.1%；移动互联网发展迅猛，我国手机网民数量为 4.2 亿，年增长率达到 18.1%，使用手机上网的比例为 74.5%，移动互联网产值在 2013 年已达到 1200 亿元。关系到国计民生的金融、税务、证券、海关、交通、电力、能源和电信等行业和领域基本实现了网络化管理和运行，社会各领域对赛博空间的依赖度越来越高。

近年来，我国高度重视信息网络安全建设工作，取得了显著成效。国家将等级保护作为信息安全基本制度，初步建立了基本的信息安全保障体系。国家 863 计划部署了攻关研究，开发了一批实用化技术、工具和系统。但与发达国家相比，我国信息技术基础薄弱，网络安全防护能力不强，形势不容乐观。

1. 安全保障体系不完善

近年来，我国重要行业和领域的赛博空间应用逐渐深化，在促进经济发展的同时，也带来诸多安全风险。当前我国赛博空间发展迅速、网络活动空前活跃，而相关法律法规不健全，缺乏行之有效的赛博空间安全管理策略，技术手段比较落后，造成了赛博空间安全建设相对滞后的被动局面。

2. 基础设施安全保障技术落后

赛博空间应用多样化、泛在化趋势明显，电子商务、电子金融、智能交通、智能电网等各类应用系统发展迅速，联网物理设施暴露在网络中，联网系统部署位置较为分散，缺乏有效监管，安全防护技术手段落后，遭受攻击后将造成巨大损失。

3. 网络治理能力偏弱

我国赛博空间网络规模、用户数量、信道带宽、增值业务等方面呈现快速增长趋势，赛博空间信息内容真假难辨、鱼龙混杂，低级趣味、黄赌毒信息在网上快速传播，逐级放大，难以根除，危害青少年身心健康；赛博空间恐怖犯罪活动增多，犯罪分子以互联网为媒介，开展网络诈骗等犯罪活动，影响社会稳定。

从总体上看，我国赛博空间高速发展，催生的网络虚拟社会正在对人们之间的社会交往和信息交流产生革命性影响，国家关键基础设施信息化改造和网络化迁移，使得国家经济社会对赛博空间的依赖程度加深。但基础设施防御能力弱，信息安全保障体系建设不完备，信息网络安全技术创新能力不足，侧重于应用技术研发，缺乏系统性的基础科学问题和关键技术研究，缺乏国家级研究基地，缺乏专业人才培养机制，应对赛博空间安全风险的能力不足。

二、赛博空间安全的基础性科学问题和关键技术

赛博空间攻防日趋激烈，对抗的领域从物理域和信息域扩展到认知域和社会域，涉及一系列基础性科学问题和关键技术，需要从以下五个方面尽快开展研究。

（一）赛博空间的强对抗性

新型赛博攻击手段层出不穷、诡谲多变。以“震网”“火焰”病毒为代表，针对特定目标的高级持续性威胁（advanced persistent threat，APT），隐匿性更

强，破坏力更大，现有基于先验知识的技术手段无法应对，必须从赛博攻击的产生源头和传播机理入手，才能找到应对办法。

1. 赛博空间的脆弱性

漏洞是赛博空间安全问题产生的根源。当前各类软硬件在设计、实现的各个环节，都不可避免地产生了缺陷或漏洞，技术越复杂、系统越庞大，漏洞数量就会越多，越难以发现和避免。为了从根源上消除赛博空间的潜在安全隐患和漏洞，需要从三个方向开展研究：①安全设计形式化证明理论与方法，研究硬件、软件、协议和部件集成的安全设计可证明方法，防止系统在设计之初引入安全缺陷。②安全代码自动化生成理论与方法，研究在安全约束条件下，按照目标需求，自动生成程序代码的方法，防范系统在实现环节人为引入安全漏洞。③脆弱性测试验证理论与方法，研究安全漏洞分布模型，建立基于白盒、灰盒和黑盒的安全测试理论与方法，以自动化方式预判和挖掘系统安全漏洞。

2. 赛博攻击动力学理论与杀伤链模型

存在侵入系统的信息通路和途径是发起赛博攻击的基本条件。当前构成赛博空间的节点数量爆炸式增长，连接关系越来越复杂，攻击通路不断增多，节点和连接的动力学特性持续变化，给掌握攻击蔓延与扩散的特点规律和挖掘赛博攻击通路带来了巨大困难，需要从两个方向开展研究：①赛博攻击动力学理论，研究特定拓扑下大规模赛博攻击的系统动力学特性，发现赛博攻击通路上的关键节点与连接，为预测和抑制蠕虫、僵尸等赛博攻击的大范围扩散提供技术手段。②赛博攻击杀伤链模型，研究复杂网络中的各类参数对赛博攻击方向和速度等特性的影响，挖掘 APT 攻击的关键步骤，建立赛博攻击杀伤链模型，在攻击者达成预期目标之前洞悉其攻击链条上的每个节点，仅需一次反制即可打断链条、击败攻击者。

3. 动态目标防御理论与方法

准确获取攻击目标特性是成功实施攻击的前提条件。当前操作系统、应用软件和网络通信的结构参数相对固化，为攻击者长期潜伏，侦获目标特性带来了便利条件。如果随机改变被攻击目标的外部特性，增加系统的不确定性，就能为防范 APT 等未知攻击提供一种全新手段，需要研究面向未知赛博攻击的动态目标防御理论与方法：研究提高编译随机性、地址空间随机性、指令集合随机性、数据存储随机性、通信随机性等理论与方法，降低系统的确定性，增加攻击成本，以应对零日漏洞和 APT 攻击。

4. 赛博空间应急响应与溯源定位技术

提高应对赛博攻击的响应行动正确性和效率，准确定位赛博攻击者，是降低受影响程度、减少受侵害时间的核心环节。当前针对赛博空间重大突发事件应急响应效率普遍较低，难以应对复杂、多跳、寄生型赛博攻击。需要从以下两个方向开展研究：①赛博空间应急响应机制，融合管理科学、信息科学和社会科学，贯通物理、信息、认知和社会各域，研究突发事件下的应急响应复杂性管理，信息资源协同、交互和反制等机制，以及公众行为的预测与干预体系等，为正确实施响应处置提供支撑；②赛博空间溯源定位技术，针对赛博空间人址分离和赛博攻击多跳迭代的特点，研究网络流量、程序样本、行为轨迹等多源情报融合的攻击源定位技术，以逆向追踪隐蔽攻击者的间接攻击为重点，利用成本可控的路径标记、跟踪等方法和技术，实现跟踪到端、追查到人、定位到幕后组织的攻击溯源能力。

（二）赛博信息的可控性

赛博空间的迅猛发展，催生了社交网络、比特币等新兴虚拟社会产物，极大地改变了人类的生产、生活方式。但是，网上信息的传播和共享不受控制，信息内容真假难辨，对人类认知和社会运行产生了巨大的负面作用。

1. 赛博空间虚拟社会模型

从社会认知层面看，赛博空间是由多种类型、规模空前庞大的网络连接构筑而成的虚拟社会，这样一个虚拟社会承载在赛博空间这个人造平台之上，对现实社会产生了巨大的作用力，同时也呈现出很多区别于现实社会的迥异特性。需要研究赛博空间虚拟社会的基本特征和运行规律，融合社会科学和自然科学，研究虚拟社会组织结构模型、与现实社会之间的映射与冲突等内容，基于复杂网络理论，探索赛博空间虚拟社会拓扑结构和交互关系等基本特征，为维护社会稳定提供技术方法与手段。

2. 赛博空间的信息传播与引导

赛博空间的信息传播规律与现实空间大相径庭，对有害信息表现出明显的放大作用，对社会认知安全产生了严重威胁，传统的网络信息处理技术，已经无法应对新形势下的认知安全要求。需要从以下两个方向开展研究：①赛博空间信息传播模型，建立网上信息与人类认知之间的关联交互模型，研究信息在赛博空间各类媒介中的传播方式、传播机制和扩散范围等规律，为及时发现和阻止赛博空间恶意信息的传播提供支撑；②基于语义的信息内容自动生成机制，突破自然语言处理的不确定性难题，研究网上信息的语义分析方法，自动准确关联有害信息内容，为净化网络环境提供支撑手段。

3. 赛博空间隐私保护

大数据时代来临，网上信息深度共享，使得个人私密信息点滴散布于赛博空间，为攫取个人隐私提供了条件，隐私已成为赛博空间犯罪行为的主要侵害对象。需要从下两个方向开展研究：①大数据时代的赛博空间隐私保护，对隐私信息及其程度进行量化和测量，研究用户上网习惯、搜索爱好、访问行为、用户位置等隐私数据的防泄露和数据存留限制等技术，防范因数据累积过度而导致的推理泄露。②隐私保护约束条件下的数据访问控制，研究对隐私信息进行安全访问和利用的技术，开发基于属性的访问控制、加密数据检索、匿名证书、隐私信息检索等技术，确保用户隐私数据的访问安全。

4. 赛博空间轨迹追踪

轨迹追踪是指对硬件、软件、文本、数据、数据库和其他实体的来源和中间操作链条的保管与追踪。赛博空间中许多业务和决策的数据往往来自不同源头，如果对数据来源和中间处理情况不了解，这些数据经过处理、转化、解释或合并后，就难以评估数据的完整性和可信性。需要从以下两个方向开展研究：①轨迹的数据结构表示与追踪，研究建立轨迹追踪标志信息的定义和粒度管理方法，以最小的时间和空间表示轨迹信息，实现基础数据与标志元数据的剥离，跟踪记录轨迹信息的创建、访问、更改、删除等操作。②轨迹追踪感知与数字证据，研究轨迹信息的采集、查询、显示、结果比对等技术，以及追踪链不完整情况下的轨迹追踪方法，确保信息的可信性；结合犯罪学、法学等社会科学，解决数字证据的提取、保全、鉴别、效力认定等基本问题，为遏制赛博犯罪提供基础理论与方法。

（三）赛博系统的可生存性

随着信息化的深入发展，电力、通信、铁路、航空等关键基础设施，金融、教育、商业、医疗等基础性服务都呈现出越来越依赖于赛博空间的发展态势。赛博空间在面临自然灾害、恶意破坏等特殊状态时，如缺乏有效的保障机制，将会对基础设施和服务造成毁灭性打击，进而影响整个社会的稳定与发展。

1. 赛博空间可生存性理论与评价方法

可生存性是指当系统在受到攻击、出现错误或发生紧急事件时仍然能够提供必要服务并完成其任务所具备的能力。当前我国经济运行、民生保障等许多领域高度依赖赛博空间，中断后将引发严重后果，必须在系统遭到损伤时确保关键业务不中断、敏感数据不丢失。需要从以下两个方向开展研究：①可生存性理论与技术，研究物理、信息、认知和社会不同域及各域融合的可生存理论和关联失效模型等，开发新型可生存通信协议、功能与数据分散控制、可集成组合的生存性部件等技术，提出可生存性体系结构、方法和工具，使系统在平稳地降低性能、功能和安全级别的同时，保证系统核心功能正常运行。②可生存性评价体系，研究从攻击者视角评判系统可生存能力的方法，构建服务组件、业务流程和攻击流程的关联模型，确定业务流程与攻击流程相交的关键服务组件，提出可生存性评价指标、方法和过程，通过对关键组件服务提供能力的定量评估，进而推导整个系统的可生存能力。

2. 面向可用性保障的赛博空间入侵容忍机制

可用性保障是确保赛博空间生存性的基础，关键是确保在遭受攻击破坏时，电力、通信等关键基础设施的鲁棒性和可用性。目前赛博空间具有域名系统（Domain Name System，DNS）、核心路由器等关键节点，一旦这些节点被攻击，有可能造成整个赛博空间的瘫痪，进而影响关键基础设施的运行。需要从以下两个方向开展研究：①赛博空间入侵容忍理论框架和体系结构，研究无关键节点的网络体系架构、面向赛博入侵的服务质量保障等技术，实现攻击条件下的系统自学习、自调整、自恢复能力，为关键基础设施持续运行提供可用性保障；②入侵容忍资源调度技术，提出利用安全中间件技术将服务和数据等进行动态分发和分布部署的方式，研究网络、数据、服务等层面的风险检测和资源调度方法，以及在赛博攻击情况下的系统功能自愈技术，实现系统顽存。

3. 赛博空间的抗毁机制

赛博空间联结了大量信息系统、信息和人，是一个典型的复杂巨系统。在赛博空间遭到大规模毁瘫破坏时，如何对赛博空间复杂的系统要素进行备份和恢复是解决赛博空间生存性保障问题的难点。需要从以下两个方向开展研究；①多样化赛博空间冗备体系，针对赛博空间系统复杂性特点，研究多维异构的多样化冗余技术，在操作系统、传输协议、网络协议、服务模型、通信介质、路由、安全策略等方面，提供最优化的组合冗备方法，提高冗余备份体系的完整性与恢复速度，保障赛博空间系统在恶劣条件下的生存性；②赛博空间自重构技术，研究赛博空间物理、信息、认知和社会各域的自重构体系框架，建立硬件、软件、网络、系统、信息、关联关系等不同层面的自重构机制，突破网络虚拟化、系统动态迁移、路由重构和自动监控等技术，实现赛博空间毁瘫情况下，无须人为干预的快速恢复。

4. 赛博空间关键基础设施的风险控制

当前国家关键基础设施越来越依赖于 IT 技术，呈现出与赛博空间深度融合的趋势，逐渐成为赛博空间的有机组成部分，赛博空间的风险也更容易传导到国家关键基础设施。需要从以下两个方向开展研究：①国家关键基础设施对赛博空间的依赖模型，研究赛博空间对金融、交通、能源等关键基础设施的运行支撑机制，分析关键基础设施对赛博空间的依赖程度和依存关系，建立关键设施、攻击手段、脆弱点和攻击方法关联模型，评估赛博攻击对关键基础设施造成的风险。②关键基础设施赛博威胁的传导路径和防御机理，研究赛博空间威胁到关键基础设施的传导机制，并对其传导特性进行建模，分析传导途径的关键路径，基于关键路径节点设置防御措施，有效控制关键基础设施面临的赛博风险。

（四）赛博空间安全度量

由于缺乏可认知的“安全性”测度，赛博空间的安全程度只能依据估算；不理解赛博空间及其系统的安全状态，就不能更好地管控和治理赛博空间，尤其是随着联网要素和应用的不断扩充，赛博空间呈现网上资源高速动态变化、频繁交互协同、攻击与防御多样化交织互动的特点，规模和复杂程度的激增加剧了赛博空间安全度量的难度。

1. 赛博空间安全威胁度量

安全威胁度量是对安全漏洞和缺陷的危险程度，以及赛博攻击严重程度等进行定量测算。赛博空间作为一个复杂的人造系统，攻防对抗均呈现非线性、不确定性、即时性等特征，难以研判各类威胁的强度及其造成的损失。需要研究赛博威胁度量理论和方法，针对安全漏洞、缺陷、攻击等赛博威胁的特征，提出可认知、可理解、可度量的安全威胁测量指标、测量技术和过程等，计算并掌握安全威胁的非线性连续变化状况，构建赛博空间安全威胁演化和威胁损失关联模型，为准确掌握赛博威胁强度提供技术支撑。

2. 赛博空间安全性度量

赛博空间安全性度量是对赛博空间安全程度进行定量测算，目前主要问题是缺乏有意义的测量理论和方法，能够从不同尺度、不同维度上理解赛博空间的整体安全性强度。需要研究赛博空间安全性度量理论与方法，在不同尺度上观测和理解全局和局部网络的安全程度，研究不同尺度安全程度的特征及其汇聚方法，提出可认知、可融合、可扩展的安全测量指标、安全测量方法、安全测量技术和过程等，计算并掌握当前环境安全性的连续变化状况，挖掘赛博空间安全强度的演化规律，建立赛博空间安全性演化模型，为准确掌握赛博空间的安全程度提供技术支撑。

3. 赛博空间安全态势感知与预测

安全态势代表了与赛博空间环境动态变化有关的信息集合，并对安全状态未来走势进行预测。当前对赛博空间整体安全状态的识别、判断和预测极为有限，既不了解赛博空间的整体运行状态，也不了解赛博空间安全状态迁移情况。需要从以下两个方向开展研究：①赛博属性的表征方法，针对赛博空间物理域、信息域、认知域和社会域多域交织的特点，描述和刻化赛博节点和连接的计算分布、使用频率、路由变化、用户偏好、活跃程度等赛博属性，提出多源、异构安全态势数据的采集、抽样、融合和分析处理方法；②安全态势预测预警理论与方法，研究复杂拓扑态势图生成理论和方法，突破计算复杂性难题，研究基于不同尺度、不同粒度设施及其拓扑的赛博空间安全态势图生成算法和迁移模型，提出安全态势预测、预警的理论和方法。

4. 赛博空间对抗仿真评估

在实际运行网络中开展对抗试验，影响网络运行，效率低下，难以进行充分研究和试验验证。需要从以下两个方向开展研究：①赛博空间对抗仿真，研究突破赛博空间环境、赛博对抗建模技术，提出仿真环境按需重组、离散试验进程控制、与环境无关的攻防数据采集和用户行为模拟等方法，建立能够真实模拟不同类型实物系统漏洞和缺陷的模型，为构建赛博空间对抗仿真研究试验环境提供支撑；②赛博空间对抗评估方法，研究赛博空间对抗条件下的评估指标体系、评估方法模型、评估结果展现、多模型多方法评估结果印证和校验等方法和技术，支持在不同对抗样式、不同组织运用条件下赛博空间防御能力评估，以及赛博空间对抗对物理、认知和社会各域的影响程度评估。

（五）安全赛博空间构造

掌握赛博空间规律的最终目标是更好地利用和改造赛博空间，为人类生产生活等活动提供服务。赛博空间的形成没有统一规划，运行不受控制，导致的安全问题已经成为赛博空间发展过程中面临的最现实屏障，对赛博空间进行改造和管理，构建可信赛博空间生态环境，控制其动态演化过程，引导向安全可控方向发展，是当前急需研究的课题。

1. 基于不可信实体的安全赛博空间构造技术

不掌握赛博空间核心技术，系统建设主要依靠国外信息技术和产品，我国赛博空间整体上承载在一个不可信的基础环境中。当前主要问题是如何基于不可信的部件和系统，构建安全可信的赛博空间生态环境，需要从以下三个方向开展研究：①部件实体的信任构建理论与方法，研究在不可信核心部件的基础上建立可信安全监控通道的机制，发现不可信部件执行过程中的非法操作；提出隐蔽信道检测识别、通用可信增强模型和信任度评估与验证等方法，分析计算效率与可信开销的平衡点。②可扩展的可信系统构建技术，研究整体可信度高于部件可信度的系统集成方法，基于低可信系统构建高可信系统；针对系统不断扩展功能、性能和复杂程度的情况，开发全生命周期开发和维护可信系统的技术与工具。③赛博空间的信任构建理论与方法，研究赛博空间多要素、复杂实体的可信标志和身份管理方法，建立超大规模赛博空间信任模型，分析信任传递从无序到有序的规律，提出赛博空间可信度量方法。

2. 赛博空间的演化与自适应机制

赛博空间的形成没有统一规划和集中控制，各类异构、多样、动态的资源自主相互连接，不断演化成为一个复杂的人造系统。当前研究虽然发现了赛博空间存在的无尺度和小世界等特征，但没有发现其形成机理，无法控制引导赛博空间按照预期的目标进行适应演化。需要从以下两个方向开展研究：①赛博空间演化生长机制，分析赛博空间拓扑结构和控制变量的动态演化规律，找出针对预期目的演化的关键影响因子，研究赛博空间中稳定模式、无尺度和社团结构的形成机理，揭示赛博空间自组织演化过程规律；②赛博空间自适应机制，研究独立要素的目的性和主动性对赛博空间适应性的影响，建立资源频繁变化下的赛博空间可重构、可裁剪、可持续生长等适应性模型，探索赛博空间在不同尺度上的发展和进化机理，引导赛博空间按照目标需求进行适应演化。

3. 赛博空间战略管理的机制与方法

赛博空间战略管理是对赛博空间战略的制定、实施、控制和修正所进行的管理活动。赛博空间承载于物理域、作用于信息域、反映于认知域、映射于社会域，其“跨域性”使得人成为其重要组成部分，而传统的管理理论难以刻画人在该空间的地位和作用。需要从以下两个方向开展研究：①赛博空间战略管理理论，研究赛博空间中结构、能力和文化要素指标体系构建方法，利用协同理论，从影响赛博空间战略的多种参数及其相互作用关系入手，建立结构、能力和文化要素间逻辑关系的形式化描述理论，为赛博空间战略管理提供理论指导。②赛博空间战略优化模型，综合利用心理学、社会学、统计学和系统优化等理论，分析赛博文化的形成、传播和控制对赛博空间认知域的重要影响，建立赛博空间各域之间的映射和影响关系模型，提出基于最优战略的赛博空间结构控制方法，为赛博空间结构优化提供理论指导。

4. 智能赛博空间的构建方法与技术

赛博空间已经超越了传统的集中统一调度，顺序、确定输入的计算模式，赛博空间计算以交互为核心，彼此之间的运行状态相互影响、相互关联，与物理距离几乎无关，赛博空间的整体行为和特性，涌现出赛博空间智能。需要从以下两个方向开展研究：①需求导向的智能赛博空间构建技术，针对赛博空间用户群体需求的不确定性、多目标性等特征，研究网络环境下用户群体识别与分类机制，建立需求模型在线获取的策略与方法，探讨用户需求满意度模型确认与验证的理论和方法，促进赛博空间构建过程中的用户需求有效获取、建模、分类、管理与实现；②赛博空间大众计算方法，研究赛博空间大量用户的偏好依附、常识知识、形象思维等对赛博空间安全的影响和交互行为，挖掘赛博空间涌现出的不确定性智能规律，探索赛博空间群体智能的构成、引导和安全应用方法。

三、对策建议

（一）制定我国赛博空间安全战略研究规划

中国作为最大的发展中国家，作为世界网络大国，制定出台国家赛博空间安全战略，已经成为迫在眉睫的任务。我们必须抓住赛博空间发展的战略机遇期，站在国家安全的高度，以应对国家赛博空间安全威胁为导向，凝练梳理制约赛博空间安全发展的瓶颈问题，建议抓紧制定我国赛博空间安全战略研究规划，一是设立国家安全重大战略专项，统筹安排赛博空间基础科学问题研究和关键技术攻关，二是建立协同创新机制和保障制度，三是建设国家赛博空间安全技术试验基地，四是实施赛博空间安全领域人才建设工程。开展赛博空间的战略性、前瞻性和全局性的基础关键问题研究，突破核心技术，构造自主可控体系，支撑我国赛博空间安全发展。

（二）建立赛博空间安全研究协同创新机制

国家相关部门、高等院校、科研院所和企业在赛博空间安全领域开展了相关基础理论、方法和技术研究，取得了一批有用的成果，积累了宝贵的经验，在各单位集聚了相应的研究团队，搭建了必要的科研环境。但总体来看，研究计划布局比较分散，沟通交流和技术共享较少；多渠道、多部门的投入，难免产生低水平重复和资源浪费。建议从国家层面对现有研究队伍、技术成果和科研条件进行系统梳理，以重大专项任务为抓手，集聚多部门的工作优势，对分散在各单位的基础研究和应用研究进行整合，加强基础性、共性技术研究推广，推动研究成果和科研环境共享，建立赛博空间安全领域研究的协同创新机制。

（三）建设国家赛博空间安全技术试验基地

对赛博空间安全规律的研究必须有物化载体，以往经验表明，成规模的赛博空间对抗研究会干扰网络运行，对实际系统产生影响。必须建立常态化的，能模拟现实赛博空间特性和规模的仿真环境。从国外经验看，大规模靶场建设周期长、风险大、难以协调和维护管理。建议联合相关职能部门，在前期成果的基础上，共同建设国家赛博空间安全技术试验基地，构建赛博空间模拟仿真平台、赛博空间安全关键技术研究平台、赛博空间安全性分析与验证平台和赛博空间攻防对抗演练环境等，为赛博空间安全技术研究与试验提供支撑。

（四）实施赛博空间安全领域人才建设工程

培养赛博空间专业人才是推进赛博空间安全发展的基础性工作。建议尽快实施赛博空间安全领域人才建设工程，设立赛博空间安全一级学科，发挥学科建设的引领和带动作用，加强跨学科交叉融合，制定高层次人才培养、科学研究、学术梯队、实验室等方面规划，推动赛博空间安全学科体系有序发展。产学研互动，多渠道、多方式培养和吸引赛博空间安全各层次人才，加强与其交流，发挥高校、研究院所在赛博空间基础研究和攻防领域特长，加强国际交流，利用专项任务培养、历练高端领军人才，发挥企业在国家创新体系中的龙头作用，培养一线实干人才，形成完整的赛博空间安全人才体系，抢占人才制高点。

（本文选自 2014 年咨询报告）

咨询组主要成员名单

何积丰	中国科学院院士	华东师范大学
梅　宏	中国科学院院士	上海交通大学
怀进鹏	中国科学院院士	北京航空航天大学
黄民强	中国科学院院士	中国人民解放军总参谋部第58研究所

参加该项目研究的还有来自中国人民解放军总参谋部信息化部61所、中国人民解放军总参谋部12局、中国人民解放军国防大学的多位专家。

关于京津冀协同发展中若干紧要问题的建议

傅伯杰　等

京津冀土地面积21.6万千米^2，占全国的2%。总人口达10 860.5万，占全国的7.98%。地区生产总值达62 172亿元，占全国的10.9%。京津是我国主体功能区战略中三大优化开发区域的重要组成部分，京津冀和环渤海地区在形成与欧盟、北美三足鼎立的东亚一体化区域中，在我国东部发达地区经济重心北拓、带动我国北方地区实现现代化进程中具有重要的战略地位。今年，党中央、国务院把京津冀协同发展问题提升到国家战略的高度。

推进京津冀协同发展，是以京津冀城市群建设为载体、以优化区域分工和产业布局为重点、以资源要素空间统筹规划利用为主线、以构建长效体制机制为抓手。为此，要科学认知京津冀自然地理环境及其对协同发展顶层设计的影响，要准确地把握现代产业分工和城市群空间结构的演变规律，要合理确定扩大区域环境容量生态空间和城市综合承载能力的优先领域，要正确设计发展方式转型与实现创新驱动发展的路线图，努力实现优势互补、良性互动、共赢发展。中国科学院学部在已有研究工作积累的基础上，针对京津冀协同发展中存在的一些关键问题，组织院士专家进行研讨并提出了一些意见和建议。

一、关于合理确定并坚决落实京津冀各地功能定位的建议

北京应定位为具有一流国际水准、彰显深厚中华文化的世界城市，这是国家战略的需要，也是北京发展的需要。北京城市功能定位一直困扰着首都建设，也影响着京津冀区域整体发展。早期把北京建设成为重工业中心的决策失误、后期对北京规模膨胀的管制乏力，是今后应该着力规避的问题。把北京建设成为世界城市，是应对经济全球化、提升我国竞争力和影响力的战略需求，也是北京提升城市品质的需要。世界城市应突出在决策、金融和信息领域的控制力，在科技、文化和体制方面的创新力，在人才、技术和商品流通网络的枢纽作用，在经济结构方面具备“高精尖”的领先水平，这些发展功能是我国其他城市所无法替代的。目前在考虑北京城市功能疏解问题时，仅仅重点立足于解决北京环境污染、

交通拥堵、人口超载等问题是不够的，应更加注重从建设世界城市的高度审视北京哪些功能应逐步淘汰、哪些领域应该重点培育。

天津和河北既要通过承接北京功能疏解实现发展，更重要的是通过京津冀协同创新，在提升增量水平过程中解决存量结构问题。京津冀协同发展不应局限在产业链纵向分工的区域合作关系，更应该关注共同构筑创新网络、产业网络、城市网络和社会网络等前沿合作领域。具体包括：探讨北京和天津共同建设具有全球影响力的金融中心、商贸和展览中心、综合交通运输枢纽和对外交流门户的途径；通过打造天津和河北具有特色的产-学-研基地，探讨京津冀共同建设在全国具有制高点的科技研发区域创新网络和产业化高地的模式；探讨天津和河北乃至同环渤海其他区域协同建设现代重化工业、装备制造业基地的战略思路。在开拓新增长机遇的过程中，为解决河北钢铁、水泥产能过大和技术落后问题提供出路，为北京和天津唱好“双城计”搭建舞台。

重构京津冀区域的发展格局至少需要 20 年左右的时间，协同发展应在战略目标指引下分步实施，不能急于求成，也不能半途而废。解决京津冀协同发展问题十分紧迫，但综合分析现状问题、现行体制、现实管理水平等多方面因素，比照发达国家在相似发展阶段经历的过程，京津冀协同发展全面见效、京津冀发展格局全面优化，至少需要 20 年左右的时间。因此，规划举措不可操之过急，不能要求各地的功能定位立竿见影。应加强阶段安排、动态评估、目标管理，形成实施规划的稳定机制。各地必须在地方相关规划和政策中落实功能定位，有所为有所不为。建议由全国人民代表大会审批京津冀协同发展规划，或由京津冀三省市人民代表大会联合通过协同发展规划，确立规划的法律地位。

二、关于应对京津冀地区承载能力整体超载的建议

资源环境超载已成为京津冀的区域问题，应避免因解决北京大城市病问题而导致区域资源环境矛盾加剧的失误。京津冀地区的自然地理环境是一个整体系统。整个区域属于海河流域，水资源短缺日益突出，人均占有淡水资源量仅为全国平均水平的 13%，水资源开发利用率超过 100%。近年来山区主要河流实测水量比 20 世纪 70 年代减少约 50%，平原河流近半数干涸，湖泊湿地面积比 20 世纪 50 年代减少 70%。地下水连续 30 多年超采，浅层地下水超采面积达 4.6 万千米^2，深层地下水超采面积达 2.44 万千米^2，最大埋深近 100 米，使华北平原成为我国地下水漏斗分布最密集的区域，也是我国沿海地带地面沉降最严重的地区。即使南水北调中线、东线即将通水，但也不能根本改变海河流域严重缺水的状况。华北平原大气环流条件不良，40% 天数的气象条件不利于大气污染物扩散，城市密集分布很容易使城市热岛效应发育成为区域热岛效应，近年来

灰霾在华北地区的频繁出现也说明了这个问题。京津冀地区上风方向为蒙古高原的风沙源区，下水方向是内海渤海，京津冀对周边区域环境依赖性和影响程度都很大；目前，渤海湾地区海水质量是整个渤海最差的区段，Ⅳ类和劣Ⅳ类水质在75%以上，渤海湾海水环境又倒逼京津冀区域乃至整个环渤海地区的发展规模、速度和结构。综合评价，在京津冀目前社会经济发展方式和资源环境利用效率的条件下，京津冀整个区域的承载能力已经超载。因此，北京超载问题不能局限在京津冀范围内解决，应根据承载能力超载的不同类型，选择合理的疏解方向和转移区位。

近期应把控制人口规模和用地规模、调整经济结构和空间结构作为转变发展方式的重点。根据资源环境承载能力和城镇化发展阶段分析，京津冀协同发展规划近期应以控制、调整、优化为重点导向。针对京津冀协同发展规划提出之前各地出台的发展思路，甚至已经启动的工程项目，应在新的发展战略指引下重新评估、慎重推进。例如，依托首都新机场将建设600千米^{2}的临港经济区、河北环首都经济圈及秦唐沧沿海地区产业园区和新城布局等，都有可能引发新一轮人口规模大幅度增加，加剧首都周边区域生态环境压力，不利于空间结构优化和发展方式转变，近期可通过论证缓建。

解决承载力超载问题的管理手段，应更侧重约束性、限制性的政策工具。我国规划长期存在着重激励、轻约束，重发展、轻限制的倾向，这是导致区域发展失控和无序的原因之一。面对资源环境超载问题，强化自上而下的约束性管制是世界各国在结构调整阶段通常采取的手段，也适宜我国地方政府开发热情高且地方利益和短期利益倾向严重的现实。京津冀地区应开展深入细致的资源环境承载能力评价，明确不同区域超载的特点、原因和解决的途径。近期应对生态安全格局，特别是水生态安全格局进行强制性管制，对造成渤海湾水质恶化的来源地区采取产业发展和结构调整的约束性政策，将燕山和太行山地区建设成以生态涵养和水源保护为主体功能的生态安全屏障。对城镇增长边界，特别是京津两个巨型城市的增长边界予以划定，并在一定范围内划定绿色开敞空间的范围，不仅为巨型城市营造良好的城郊生态系统，同时禁止巨型城市蔓延式扩张和新城镇建设选址。此外，按照解决大气灰霾问题行动计划的要求，从技术治理、结构优化、政策管控等方面进行整体设计和系统部署；京津冀协同发展规划实施阶段，应建立资源环境承载能力监测预警机制，发布临界超载和超载状况公报，既作为规划实施评估的主要指标，也作为规划和政策动态调整的主要依据。

三、关于首都功能疏解与是否新建副中心城市的建议

发挥政府和市场力量的共同作用，实现首都功能在提升中作减法、城镇人口

和建设用地在结构优化中实现规模零增长。长期以来，北京发展缺乏有效、科学的管理，不仅表现在人口和用地增长失控，还表现在城区产业用地集约程度低、城郊绿色间隔带和西部生态带被大量占用，以及郊区分布大量低效、高耗、重污染的中小企业等方面。今后，应以增强政策管控力度为前提，以发挥市场作用为杠杆，努力提升北京城市品质。一方面，近期按照城镇人口和城镇建设用地零增长的目标设计最严格的管控政策，在制定产业负面清单的同时，还应增加制定现有行业、地块精明增长清单，通过效益、效率和效应约束，推动结构优化和功能提升；提高水土资源占用和生态环境污染成本，增加城区居住用地和绿色公共空间的比重，逐步形成产业和功能吐故纳新的长效机制。另一方面，应加大郊区功能布局和用地结构的调整与管理力度，清除郊区低效益、高污染的中小企业，划定郊区绿色开敞空间的禁止占用红线。北京应该在生产空间集约高效、生活空间宜居适度、生态空间山清水秀的生态文明建设方面成为全国的典范。

北京近期不宜采用副中心城市建设的方式疏解功能。京津冀协同发展规划中一度提出建立副中心城市、疏解北京功能，引起社会广泛关注。我们认为，目前已经不是北京一个城市存在综合承载能力超载问题，而是京津冀整个区域存在超载问题，近期建设副中心城市，将可能变相增大开发规模，加剧超载状况。从北京亦庄、通州及河北燕郊等新城建设的实际效果分析，70% 以上的新城人口是从外地新迁入的人口，未能发挥分担疏解北京已有城市人口的作用。目前我国城市管理制度、能力和水平在新城大建设、区域大开发中难以保障有效地实施规划，近期副中心城市建设的结果很可能又成为新一轮集聚人口的过程。因此，建议这一轮京津冀协同发展规划中不涉及副中心城市建设问题。此外，如果在首都圈范围内明确副中心城市，应该首选天津。

四、关于在顶层设计阶段创新工作机制的建议

由国务院副总理担任组长的京津冀协同发展规划领导小组应成为常设机构予以长期保留。京津冀地区协同发展的突出障碍，首先是行政管理问题。中央和国家领导部门集中分布在北京，京津两市建制为直辖市，由中央政治局委员担任市委书记，没有强有力的区域性组织机构是很难协调中央与地方、地方与地方之间的关系的。国外许多国家对首都及周边区域管理和规划机构也通常采取高配的方式，强化顶层设计和统筹管理。我国也设立了首都规划建设委员会，在开始阶段曾由国务院副总理担任主任，近年转为由北京市市委书记担任，首都规划建设委员会实质上变成了北京规划建设委员会。这次京津冀协同发展规划，组建了由张高丽副总理担任组长的规划领导小组，这是完全正确的决策。建议该机构予以保留，作为常设机构，在规划完成后，组织实施规划，统筹协调发展中碰到的问题。

在京津冀协同发展规划出台前应尽快协调好环渤海规划、京津冀规划、首都圈城市群规划等不同层级规划的关系。近年来我国越来越重视区域发展规划，采用规划指导发展是避免无序发展的重要途径。但目前区域规划层级和类型多，规划之间不协调甚至冲突的现象非常普遍，而且规划通常局限在宏观战略层面，深入细化的内容和举措比较薄弱，造成规划资源浪费，规划价值大打折扣。目前，针对京津冀协同发展问题，国家发展和改革委员会正在编制首都圈发展规划，并将启动环渤海地区发展规划，而《国家新型城镇化规划（2014—2020年》明确将由中央政府编制京津冀城市群规划。因此，有必要尽快整合规划资源、健全区域规划体系。建议，目前编制的“首都圈发展规划”更名为“京津冀协同发展战略规划”，重点解决协同发展目标和协同发展机制问题。城市群规划命名为“首都圈城市群规划”，是对“京津冀协同发展战略规划”的落实、细化，具体给出总体布局方案、部门和专项规划、实施措施等。而环渤海规划则侧重概念规划，主要对各次区域规划进行战略指引，以及解决次区域合作的重大共性问题。

在规划决策阶段应强化机制创新，对重大问题应增强自上而下决策的力度，重视规划听证和规划论证的科学民主形式。我国以往规划的形成，更注重相关部门、相关地方政府会签制度的作用，规划方案往往以损失最有价值的内容为代价换取各部门和各地区共同接受的结果。京津冀协同发展问题错综复杂，顶层设计和统筹规划的作用尤为重要，因此必须增加上层多拍板、多拿大主意的工作机制。为了保障规划决策的合理性和科学性，可增加多方参与的专题听证会、科研和管理人员举办的重大问题论证会，尝试开门搞规划、民主集中制编规划的新模式。

（本文选自2014年咨询报告）

咨询组成员名单

傅伯杰	中国科学院院士	中国科学院生态环境研究中心
樊　杰	研究员	中国科学院地理科学与资源研究所
刘彦随	研究员	中国科学院地理科学与资源研究所
张文忠	研究员	中国科学院地理科学与资源研究所
徐　勇	研究员	中国科学院地理科学与资源研究所
李丽娟	研究员	中国科学院地理科学与资源研究所
戴尔阜	研究员	中国科学院地理科学与资源研究所
孙　威	副研究员	中国科学院地理科学与资源研究所

中国油气资源科技战略规划研究

刘光鼎　等

石油天然气（以下简称油气）资源作为一种不可或缺的基础能源和化工原料，在国民经济和人类生活中占有非常重要的地位，是直接关系到社会经济发展和国家安全的重要战略资源。对于中国这样一个大国来说，需要能够立足于国内油气资源，保证随着经济增长油气的自给率能够维持稳定甚至不断提高，以维护我国在政治上和外交上的独立自主，保障国家利益。

一、我国油气需求的基本形势

随着经济的快速增长，我国对油气的需求日益加大。尽管我国油气产量连年增长，但其增长速率大大低于国家油气需求的增长速率，油气短缺趋势逐年加大，油气供需矛盾十分严峻。特别是近几年来，我国石油进口量猛增，所反映的我国石油消费趋势及其与我国石油生产能力间形成的巨大剪刀差令人担忧。2012 年我国进口原油 2.71 亿吨，同比 2011 年增长 6.799%，原油生产 2.04 亿吨，原油对外依存度高达 57.8%；我国从 2006 年开始进口天然气，2012 年对外依存度已升至 20.1%。2013 年，在原油进口仍不断攀升的情况下，天然气的进口规模大幅度增加，上半年我国天然气依存度已接近 30%。按照国际能源机构（International Energy Agency，IEA）的预测，中国油气对外依存度将于 2030 年超过 75%，并持久保持这样的高位。随着我国经济持续发展、工业化和城市化进程的加快，对油气资源的需求将在今后十多年内保持快速增长的势头，2020 年之后上扬速度有可能放缓，预计到 2040 年达到高峰，之后进入相对稳定的阶段。

另外，从目前世界能源发展的总的趋势来看，今后相当长的时期内石油天然气在能源需求中仍将占有明显的主导地位。IEA 在 2002 年发布的《世界能源展望》（*World Energy Outlook*）对世界油气需求进行的预测表明：到 2030 年全球对石油的需求将上升到接近 60 亿吨，对天然气的需求也将上升到约 40 亿吨油当量，而煤的需求将达到 30 亿吨以上。同时，IEA 2006 年的报告表明，世界未来 25 年内，液态天然气的开发和利用将持续增长，但石油消费在一次能源消费结构中仍占有主导地位，并将在2005年的基数之上增加约85%，远远高于核能、水能及其他再生能源所占比例的总合。这种状况在发展中国家表现得尤为突出。

我国油气资源量较为丰富，已探明石油地质资源量1086亿吨、可采资源量341亿吨；天然气地质资源量56万亿米^3、可采资源量22万亿米^3，坚持"立足国内""发挥国内油气资源的基础性保障作用"的油气资源可持续利用战略的可能性依然存在，意义十分重大，但困难也很大。

因此，必须在此基础上积极开拓海外油气资源的勘探开发，待机适量进口油气，以保护国内油气资源，维持高速的国民经济增长，实现国家利益的最大化。从世界石油勘探开发的历史来看，对于任何国家，多渠道的能源获取都是保障本国能源安全的基本战略。因此，发达国家一直都在全球范围内不断勘探、开发石油和天然气，甚至不惜发动战争来达到争夺和控制世界油气资源的目的。在当前经济全球化的大趋势下，积极参与国际竞争、分享全球油气资源、利用进口缓解国内不足的做法天经地义，势在必行，是保证我国经济持续快速发展和实现中国梦的必由之路。

"不谋万世者，不足谋一时；不谋全局者，不足谋一域。"对油气全局的筹划与指导，就是油气战略。石油天然气是重要的能源资源，长期以来被认为是工业化的血液，是国家经济建设的命脉。对于具有全球性需求特点的油气资源来说，需要制定使中国经济最有效地获得所依存的油气资源支撑的多快好省的战略。

二、中国油气战略思路与原则

我国油气资源的利用必须首先立足于勘探开发国内的石油和天然气，积极关注和探索非常规油气资源的开发利用，同时稳步走向世界，研究并开拓海外油气市场。为保障油气资源能够长期、稳定地支撑国家的经济建设，必须突破油气勘探的技术瓶颈，极大地提升油气勘探的技术水平，提升参与国际竞争必须具备的能力，培养支撑我国油气发展的人才队伍。

（一）中国油气资源的勘探成就

新中国成立以来，中国油气资源的勘探开发取得举世瞩目的成果。1949年后的50余年时间里，我国根据具体的地质条件，突破全球通用的海相生油理论，独辟蹊径地发展了陆相生油理论，在中国东部新生代陆相碎屑岩沉积盆地中找到了油气，奠定了中国油气资源的第一次创业。进入20世纪80年代时，我国原油产量达到1.69亿吨，居世界第五位。

但自20世纪90年代以来，继续挖掘新生代陆相油气资源的难度大且收获甚微，甚至出现投入与产出倒置的情况。与此同时，随着国民经济迅速增长，对油气的需求大幅度增加，以至进口依赖度不断提高，使国家的能源安全面临挑战。在这种情况下，中国科学院于 2001 年 8 月 17 日向中央提出《关于中国油气资源的第二次创业的建议》，指出应开展前新生代海相残留盆地中油气资源的勘探研究。10 天后，当时的国务院副总理温家宝指示："要重视油气资源战略勘察工作，争取在前新生代海相碳酸盐岩地层中，有新的突破。"由此开始了"中国油气资源第二次创业"的新时代并取得了巨大的成就，在四川盆地东北地区发现一系列大型油气田，如普光、罗家寨、元坝、龙岗等。探明储量达千亿立方米。这些气田的发现是根据"区域约束局部，深层制约浅层"，突破了前人对该地区梁平深海槽的认识，在生物礁滩上获得 6000 亿米^3 三级混合储量。再如，在塔里木发现碳酸盐岩的塔河－轮南油田，其主要储层为奥陶系碳酸盐岩，油层埋深在 4100~4800 米深度内，探明三级储量油气总量为 14.6 亿吨。

2001~2010 年，中国油气资源第二次创业，对前新生代海相残留盆地中石油和天然气的勘探取得重大成就，同时也揭开了深部油气勘探的面纱，例如，大庆徐家围子火山岩隆起带发现地质储量达 1000 亿米^3 的天然气储量。过去油气勘探过程中，遇到火山岩一般都放弃了；现在有了科学发展观，懂得对情况作具体分析，从而知道油气运聚与岩浆活动之间的匹配关系，认识到火山活动之后可以给油气运移提供良好的储集空间，进而出现一系列新的勘探领域，如火山岩岩性圈闭、砂岩岩性圈闭、披覆构造圈闭等。在环渤海地区内已经在太古代变质花岗岩中获高产油流；在辽东湾锦州 25-1 发现大型变质花岗岩复合油气藏等。此外，苏北盐城朱家墩气田的发现不仅揭示出油气有新生古储的特点，而且也表露出苏北－南黄海盆地的油气前景；南海崖 13-1 气田对香港、海南岛供气，稳产 20 年；已有这些发现都显示出中国海有广阔的油气勘探空间。

近几年，尽管面临东部油田新储量发现速度缓慢、油气产量逐年递减等困难，但由于在中西部盆地的油气资源第二次创业实践不断取得的新突破，2012 年我国原油生产量达到 2.04 亿吨，有力地支持了我国经济的发展。

（二）油气战略思想

2011 年，针对中国油气发展所面临的形势，结合目前国家经济建设、国家安全等方面对油气资源的需求和存在的问题，刘光鼎院士于 2011 年提出了促进中国油气发展的战略思想——发展海相、海洋、海外油气的"三海"战略。他认为，海相地区的油气勘探，是深化我国油气资源第二次创业必须要开拓的重要领域，尽管难度很大，但近年已取得重大突破。海洋地区的油气勘探，已经在渤海、东海和南海发现油气并开始进行开发；油气勘探必须走向世界，需要站在全球油气资源的高度上来认识问题。此外，世界上非常规油气资源丰富、远景广阔，是未来现实的替代能源；但非常规油气勘探开发成本高、风险大，中国大地构造背景及演化过程造成我国较为独特的非常规油气分布和地质条件，不能盲目照搬国外的理论、经验和方法。需要在认识中国大地构造演化及盆地地质条件上，建立非常规油气形成理论和评价方法，发展资源潜力分析预测和资源评价技术、开发工艺及技术等。

1. 盆地深层海相

中国陆上油气勘探的前景在于往深处发展，其中包括中生代（白垩纪、侏罗纪、三叠纪）、古生代（石炭、二叠、寒武、奥陶），甚至元古代等新的油气勘探领域。深化油气二次创业，除了继续关注前新生代海相残留盆地的油气资源勘探，还要全面分析中国所有能够生成油气、形成油气聚集的各种地层与领域。

中国 960 万千米^2 的国土面积中，海相地层的展布约占 540 万平方公里，其中包括高山峻岭、戈壁沙漠及黄土坡地区。奥陶纪时，地球上发生了一次剧烈的海底扩张，海底的山脉随之隆起，造成海平面上升，各大陆上出现大规模的海侵。当时的古北美大陆和中国大陆上都广泛地分布着当时的海相沉积及海洋生物，在世界范围内，海相地层是油气资源勘探的一个重要领域。世界上的大油气田在海相碳酸岩地层中的油气探明储量约占 60%。目前，中国在海相碳酸岩地层的探明储量占总探明储量的比例小于 5%，因此具有极大的勘探潜力，中国油气资源的“四层楼”，其中三层都是海相，中国 50 年的油气勘探只停留在浅层，还有三层没有挖掘和开发，应该到古代的海相地层里去找油气。

在海相碳酸盐岩油气勘探领域，我国近年在塔里木、准噶尔、渤海湾、四川、鄂尔多斯等盆地的油气勘探在深层相继取得重大突破，碳酸盐岩油气藏新增储量所占比重不断加大，地位越来越重要。西部盆地在 7000 米以下仍呈现出良好的勘探前景，勘探对象也显现出多样化和复杂化趋势，广阔发育的浅海高能相带沉积型碳酸盐岩储集体、与白云石化和深埋岩溶作用有关的碳酸盐岩储集体，以及火山岩储集体等将成为今后主体的勘探对象和勘探领域。

但与国外相比，我国碳酸盐岩油气勘探还面临储层非均质性强、储层预测难度大、有机质成熟度高、成藏期次多、目的层埋藏深、压力系统复杂等难题，造成油气成藏和区域规律认识不清，相关勘探理论与技术尚处于起步和亟待发展阶段。

2. 海域

海洋也是国土！中国海自北而南有渤海、黄海、东海和南海，总面积近 300 万千米^2。20 世纪末在郯庐断裂中发现蓬莱 19-3 地质储量 6 亿吨以上，近年重视海相残留盆地更有一系列古潜山油气田的发现。此外，在东海西湖坳陷已建立春晓油田、放鹤亭油田等，在南海北部陆架盆地有流花油气田等，在海南岛南边有崖 13-1 气田给香港、海南岛供气已稳产 20 年。我国海域石油资源量约 225 亿吨，占全国资源量的 22.5%，天然气资源量 15.79 万亿米^3，占全国的 28.6%。但我国目前海上油气开发主要局限在近海海域，探明的石油地质储量为 38 亿吨、天然气储量为 4600 亿米^3，分别占其资源量的 16.89% 和 5.56%。

如何充分开发利用 300 万千米^2 的海域是海洋地质开发的问题，也是发展战略问题。随着中国 GDP 的快速增长，中国的能源需求也在不断扩大。其中，最基本的问题就是立足自力更生，在中国海域大力开展油气的勘探，我们的科技进步应该在这些地方突破，并且任何一个地方的突破都具有创新意义。

中国在海洋领域的勘探，不能只停留在水深不超过 200 米的大陆架上。现在世界上的油气开采普遍到水深 3000 米以上，而且最近 10 年，世界上一些大的上亿吨的油气田，都是在深水里发现的，如巴西、墨西哥湾等，都是在水深 3000 米处发现的油气田。中国南海还有很大的深水地区，应该很有前景，为维护国家主权和权益应有步骤地加强勘探和开发。

3. 海外

中国的油气资源在勘探开发国内资源为主的同时，还必须走出国门，到海外区寻找石油。20 世纪发生的两次世界大战都是因为油，目前美国和欧洲国家接连挑起战争的重要目的也是为了油气资源。世界经济一体化，油气资源的勘探开发也同样全球化，国外的油气勘探队伍会到中国，中国的油气勘探队伍同样要走向海外。

目前，各国利用国外油气资源的途径主要有两种：一是直接购买；二是通过投资勘探开发获得份额油气。对于直接购买来说，虽然不用直接参与输出国的油气生产，但由于国际政治关系的错综复杂性、国际油价的波动，以及一些能源消费大国在国际能源市场中对我国的排挤，已建立的能源供应链常会因为某种政治利益的变化而变得不稳定，受到威胁。而通过在海外直接投资获取份额油气的方式比直接通过国际能源市场购买油气要稳定些，但仍要受勘探开发技术、被投资国投资政策和社会政治稳定性等的影响。如何抓住目前经济全球化进程中的资源配置全球化机遇，为中国的长期发展建立稳定的优质资源境外供给基地，乃是国家资源战略中重要而又迫切的组成部分。

在当前复杂的国际形势下，如果不能对海外的油气资源状况有全面深刻的了解，投资就是盲目的，勘探也是盲目的。走向“海外”，必须全面衡量资源布局、状态、潜力等。要在当前复杂的国际形势下，强化政治、军事、经济、宗教、法律、社会、贸易等调查研究，必须熟悉政治、军事、经济、宗教、法律、社会等多方面的情况，以我为主，才能扎扎实实地推进各项工作。

为了保障国家安全和实施可持续发展战略的需要，在近期 5~10 年内，国家应在鼓励国有企业继续加大海外投资力度的同时，制定优惠政策，引导民营企业进入国际石油资源领域，最大限度地寻求和利用全球有限的油气资源，保障本国经济的快速稳定发展。在战略选区上，应该关注：①中亚地区，该地区与中国为友好近邻，油气资源丰富，技术力量相对薄弱，也是目前中国战略西进的重要地区。②中东地区，这是世界上常规油气蕴藏量最为丰富的地区，是各个大国实现全球油气战略的重要竞争地区，目前世界形势的变化有利于我国进入该地区，但其动荡不安的政治环境往往会带来较大的风险。③深海油气勘探投资大、风险高，但回报也极为可观。虽然我国的深海油气勘探进展缓慢，但我国的油气勘探开发技术装备仍具有一定的优势，有可能进入一些发展中国家周边的深海领域开展工作。④非常规油气，我国在致密油气的勘探开发方面具有独到的技术和成功的经验，加之相对较低的运行资本，将有可能使我国较为容易地参与发展中国家非常规油气资源勘探开发。

4. 非常规油气资源战略

非常规油气是用常规技术难以开采的油气资源，包括页岩油气、致密砂岩油气、油页岩、油砂、重油、煤层气等，在全球的资源量十分丰富，目前发现的地质资源量已超过常规油气的资源量，预测未来将逐步成为全球油气资源勘探开发的热点和接替资源。其中，页岩气为以游离和吸附方式赋存在富含有机质的页岩层系内部的天然气，岩性包括页岩及其他岩性构成的薄夹层。研究表明，全球页岩气资源量约 456 万亿米^3，超过常规天然气资源总量，具有良好的发展潜力。

非常规油气藏无论是在成藏机理和分布规律方面，还是在勘探评价方法和技术方面，均与常规油气藏明显不同，这就决定了其成藏研究和勘探评价的思路、方法有别于传统的石油天然气地质学研究。一般而言，对于不同类型的非常规油气藏的评价、勘探和开发上述问题的着重点及适应性不同，需要针对研究区的实际地质情况及条件开展有针对性的研究，凝练出关键的基础科学问题。其中，工程技术问题具有一定的普遍性，在不同类型的非常规油气勘探和开发中或许可以相互借鉴，但仍需要根据实际地质情况选择或研发使用的技术。

非常规油气聚集的类型多样，资源量丰富，但都存在共同的难题，就是利用常规的技术手段不能进行有效的开采。无论哪种非常规油气藏的开发都需要采用较特殊的工艺，投入大量的成本，且不能保证获得预期的收益。目前即便在美国，除致密砂岩气和部分地区的页岩气外，绝大多数非常规油气的勘探开发都仍处于“赔本赚吆喝”的阶段，没有石油天然气国际市场的高价格运行并辅助以政府的大力补贴，几乎所有的非常规油气生产企业或项目都难以为继。因此，世界各大咨询机构都认为，在 2035 年之前，常规石油和天然气在全球一次能源消费构成中仍占据主导地位。

相对而言，在我国远景资源量极大的页岩气和致密砂岩气，在中浅部陆相地层分布范围有限，而深部地层开发成本相对较高。因此，应该在积极研究认识中国非常规油气资源条件和特点的基础上，选择有利示范地区，有针对性地开展勘探评价技术、有效开发技术等的研究，并结合常规油气的勘探开发滚动施行。

非常规油气储集层通常呈低孔、超低渗透率，开采寿命长，生产周期长，因而具有其独特的开采方式。必须进行大规模的水力压裂，不但需要消耗大量的水，而且通常在注入的压裂液中往往采用工业废水，并加入化学试剂，污染地下水源或发生泄漏、污染环境。水力压裂还有可能诱发地区地震，过多的生产井将导致地貌景观和地表环境的破坏。因此，非常规油气的勘探开发都需要在控制成本的前提下应用高新科学技术。目前用于非常规油气的勘探开发技术涉及地质、地球物理、地球化学、钻井过程等领域，涉及的关键技术领域有：资源潜力评价技术、分布规律预测技术、适用的地震勘探技术、钻井技术、专门的测井技术、录井监测和现场测试技术、完井技术、储层改造技术等。

（三）科技进步是实现中国油气战略的关键

中国油气资源战略必须面向全球，面临更为广阔的研究空间、更为复杂的地质环境、更深的勘探领域，对中国油气技术提出了更高的要求。无论盆地深层、海域前新生代盆地、深海盆地等新领域，还是非常规油气领域，油气的勘探开发都面临与先前常规油气完全不同的导致环境与油气赋存条件，仅利用已有的技术、装备和方法不可能取得突破性的发现。在海外争取到的勘探开发区块往往也面临地质条件复杂、环境恶劣、技术知识产权限制等问题，也需要具有自主知识产权的新一代的技术、装备和方法。因此，只有真正实现油气勘探开发的科技进步，才能实现中国油气资源的战略。

国际国内地球物理勘探技术发展趋势主要表现在新技术的不断推出及原有技术的升级换代，如可大幅度提高地震资料品质的单点高密度采集技术、可进行复杂储层有效识别与预测的三分量多波技术，有机配套的十万道级地震采集系统、可控震源等；MEMS 数字检波器具有显著的优势，支撑单点高密度、三分量地震采集系统的发展，满足深层油气勘探的需要；电磁探测系统发展则趋向于大功率、大收发距编码发射和阵列式接收信号多次覆盖。

长期以来，我国大型地球物理勘探装备、高精度物探仪器、处理解释软件等长期以来依赖进口，核心技术和装备研发均受控于国外，使得我国地球物理勘探创新水平与世界的差距不断拉大。自主研制的地球物理探测装备的缺乏，直接阻碍着地球物理探测技术的发展，使之难以适应我国深层油气资源勘探与开发。

凡此种种，都需要我们自己掌握盆地深层、深海及复杂地质条件下的地震测量、钻探、测试、储层改造等方面的装备和技术，才有可能在可控成本的条件下开展规模勘探，发现新的大型油气田。故此，在今后 10 年我国在三海领域的勘探开发中急需自主研制部分关键的地球物理装备，包括以下方面。

1）地震勘探装备：利用地震反射波场资料，探测地层、油气藏速度和密度变化信息，油气勘探与开发的主体技术。

2）海底地球物理探测系统：在海底直接观测地球物理场资料，获取地质构造、油气藏信息。

3）航空磁梯度 / 重力梯度测量系统：从空间探测地质体、油气资源引起地磁场和密度微弱变化。

4）航空超导全张量磁梯度测量系统：可以测量地磁异常所有信息（总场及分量场、全张量梯度），具有运动噪声小、可实现异常体的高精度三维定位的优点。

5）航空重力梯度测量系统：重力梯度对岩体密度横向变化敏感，油气资源勘探，国外已将其用于圈定油气藏。

6）地面电磁勘探系统：从地面探测地质体引起地球电磁微弱变化。

7）海量数据超算技术：CPU/GPU、FPGA、多核等技术，有助于开展地震逆时偏移、全波形反演、电磁三维反演成像等多种治疗的适时处理。

三、中国油气战略近 5~10 年若干建议

中国大地构造演化的过程造成油气资源条件较为复杂，盆地中浅部以陆相沉积为主，而广阔的海相地层或位于盆地深层，或接受晚期强烈的构造作用强烈变形、抬升，油气资源的保存条件相对较差。中国油气勘探程度相对较低，广阔的领域如海相层系、海域及盆地深层，地质认识上较为肤浅，油气资源分布的规律尚未搞清。迫切需要在认知油气资源分布规律，提升盆地深部和海底油气资源开发能力，研发非常规油气开采技术，以及地球物理和钻井过程重大装备核心器件研发等方面取得重大突破。

（一）快速发展盆地深层油气资源

近年来的勘探实践证明，在全球范围内，盆地深层蕴藏着丰富的油气资源，随着中浅层油气资源勘探程度的提高，以及探测方法、钻井技术及开发技术的发展，向深层领域延伸是必然的发展趋势，盆地深层已成为国内外油气勘探的重要目标指向。当今世界上最深的油气勘探井已深达 9583 米，在 4500~8100 米深度内已经开发了 1000 多个油气田，其石油原始可采储量相当于全球石油储量的

7%，而天然气储量占25%。在美国、意大利、墨西哥等深层勘探程度较高的一些国家和地区，深层石油、天然气的探明储量分别占总储量的31%和47%。

我国近年来陆上油气勘探已经呈现由构造圈闭向非构造岩性地层圈闭发展、由陆相地层向海相地层发展、由浅层向深层发展的趋势。这些发展趋势都不约而同地把勘探目标指向盆地深层，并由此引申出一系列制约盆地深层油气勘探的理论与技术问题。据国土资源部2012年公布的数据，我国深层石油资源占剩余石油资源的40%左右，深层天然气资源占剩余天然气资源的60%左右。塔北、塔中、库车、川中、川东北等深层大型油气区及一批深层大中型油气田的突破与发现，展示了我国陆上深层油气勘探开发领域广阔，潜力巨大。

盆地深层目前处于相对高温高压环境中，曾经历了多期的盆地演化和叠合过程，因而其油气赋存条件及成藏特征与盆地中浅部相比必然存在着本质上的区别。相对于浅层油气藏，深层油气藏表现为高温、高压环境，低孔渗介质，成岩改造作用强烈而复杂，有机质热演化程度高等特点，油气相态以低密度低黏度的轻质油、凝析气或天然气为主，次生孔隙或裂缝是最主要的储集空间。

在盆地深层的较高温度压力条件下，地层流体的相态较为复杂，主要由气态烃类、石油蒸气、液态石油、水蒸气和水组成；油气藏中以油气混相和气相为主，仅有少量的油相。由于高温高压条件，油气相互溶解，相变剧烈，形成大量凝析气藏。近年在塔里木、准噶尔、渤海湾、四川、鄂尔多斯等盆地的油气勘探在深层相继取得重大突破，西部盆地在7000米以下仍呈现出良好勘探前景，勘探对象也显现出多样化和复杂化趋势，广阔发育的浅海高能相带沉积型碳酸盐岩储集体、与白云石化和深埋岩溶作用有关的碳酸盐岩储集体，以及火山岩储集体等将成为今后主体的勘探对象和勘探领域。

综合我国盆地深层勘探技术方面存在的难题，主要表现在以下方面。

1）深部油气生成机制不清，资源潜力评价方法难以确定，制约了勘探新领域拓展。

2）深层有效储层形成机制不清、预测方法欠缺，影响了区带评价和目标优选。

3）深层油气多元复合成藏机制与富集规律不清，重大勘探目标优选存在不确定性，直接影响勘探部署和突破。

4）深层资源评价参数遴选及资源潜力评价方法尚未建立，影响了盆地深层-超深层勘探决策及主攻方向的确定。

5）深部储层类型复杂，油气层识别评价技术亟待发展完善。

（二）加强深水海域油气勘探

近10年来，世界上一些大的上亿吨的油气田，都是在水深超过3000米的深水海域发现的，如巴西、墨西哥湾等。据不完全统计，全球深水浊积体系和相关沉积体系已发现和投产的油田有1200~1300个，大部分高产，占全球近年总体新增探明产量的60%。

中国海自北而南有渤海、黄海、东海和南海，总面积近300万千米^2，仅南海深水海域盆地面积约80万千米^2。在与南海深水盆地沉积环境、地质环境十分相似的周边，如南沙、文莱、马来西亚等地区都发现了规模可观的油气资源（Ferguson et al.，2000；Pettingill and Weimer，2002）。近年来，在水深超过300米的深水勘探领域的勘探初见成效，在南海北部陆架深水领域取得突破。

与世界上典型的成熟洋盆比较，南海盆地最老的洋壳仅约32Ma（Hayes，et al，2005)。在多期扩张过程中，该盆地的大陆边缘发育了不同类型的盆地单元，并形成高差悬殊的海底地貌。在这些盆地单元中，有遭受强烈伸展形成的深大断陷，也有在前新生代基础上经构造反转形成的残留隆起；有较低热流状态下的沉积区，也有晚期火山活动频繁的高热流带；有地壳厚度的强烈变化，也有地表洋流的强烈差异。这些地球不同圈层的内外动力共同作用塑造了南海大陆边缘不同岩石圈构造单元中盆地的形成。因此，大陆边缘裂解、盆地形成过程及不同盆地单元内油气资源的分布等是当前急需解决的问题。

晚中生代裂陷期南海北部的古地理与沉积体系分布受控于断陷作用，深水区陆坡沉积具有远源长距离搬运、局部物源供给和化学作用强的特点。碎屑岩远源沉积作用的动力机制、沉积机理、过程及其储层物性特征研究，以及碳酸岩台礁的生成规律研究尚处于起步阶段。目前发现深水区主力烃源岩具有异常高的热成熟度，异常高温加速了源岩的热解，高温热解与封闭体系中超压的关系至今不明。后期高温环境下现成油藏原油裂解成气，天然气成因十分复杂。高温高压环境储层成岩作用强化和流体动力强化造成油气注入临界物性发生变化，成藏动力学临界状态发生交替变化，成藏条件更加复杂。深水区发育的源内岩性油气藏与源外构造或岩性油气藏的形成机制和分布特征还有待研究。

科学技术问题可归纳为以下四方面。

1）我国深水盆地形成的地球动力学背景、结构构造特征等基础性地质特征。

2）深水盆地异常温压下油气的生烃动力学机制，盆地构造演化及不同期次构造变形对油气运聚成藏与分布的控制作用。

3）我国深水盆地油气资源潜力与勘探前景预测。

4）深水－超深水条件下的地球物理勘探与钻探设备与技术系列。

（三）积极探索页岩气资源

页岩气是指赋存于富含有机质泥页岩及其夹层中的非常规天然气，它具有连续分布、储量大的特点，而且储层极为致密，用常规技术手段难以开发。近年来，在非常规天然气勘探中异军突起的页岩气已成为全球油气资源勘探开发的新亮点和热点，页岩气勘探开发对传统油气成藏理论和开采技术提出了巨大挑战，页岩气革命必将大大促进其他非常规油气的开发，是未来深部能源开发研究的前沿领域和方向。

我国页岩气储量巨大。据国土资源部估计，我国页岩气可采储量达25万亿米^3，勘探开发页岩气将可能有效缓解我国能源紧张的现状。页岩气作为一种清洁能源，可显著减少CO_2等温室气体和细颗粒物（$PM_{2.5}$）等污染物排放，改善大气环境。

我国页岩气开发目前处于试验性开采阶段，远未达到工业开发程度，尚未掌握页岩气勘探开发的关键科学技术。加之我国页岩气盆地的地质条件比美国复杂得多，在借鉴美国成功经验的基础上，必须超越美国现有理论与技术，才能实现我国的页岩气工业化开发。为此，需要针对我国特殊的地质条件开展页岩气勘探开发基础理论和关键技术攻关，初步形成我国的页岩气勘探开发理论与技术体系，为我国页岩气工业化开发提供坚实的理论基础与技术支撑。

1. 页岩气资源评价与甜点区预测

中国页岩气与美国页岩气的地质背景存在明显差别。一是中国页岩类型多，既有海相沉积的，也有湖相沉积的，而美国页岩主要是海相沉积，由于形成背景的不同，中国页岩在岩石、矿物、有机质、岩石力学性质等方面具有更高的非均质性，对页岩气的勘探开发将有不同的影响。二是中国页岩热成熟度范围宽，热成熟度指标Ro变化大（0.3~4.5，美国主要页岩Ro在0.3~2.5）。中国海相页岩大多经过了深埋作用，这一作用对页岩气的生成、储集影响巨大。三是中国海相页岩经历了复杂的构造改造，明显不同于美国页岩一次沉降抬升的埋藏历史，复杂的构造活动对页岩气的影响是中国页岩气勘探必须面对的地质问题。地质背景的差别决定了中国页岩气勘探的难度和寻找页岩气甜点区或可采区的重要性。除借鉴美国经验以外，更应发展针对中国地质实际的甜点区与可采性的判识与预测技术。

2. 页岩气微观赋存状态及微观流动

页岩气不同于常规油气的最大特点在于，其赋存在页岩有机质的微纳米空隙中，比常规油气的毫米级储集孔隙要小若干个数量级；同时储层低孔低渗的特点决定了只能通过压裂改造才能使页岩气产出。鉴于此，当前遇到的最大问题是常规油气开发的技术方法不再适用于页岩气开发，部分表现在页岩气的微观储集空间观测不够清楚，页岩气微观赋存状态不完全理解，页岩气微观流动特性难以测量。

3. 页岩气资源可开采性

现有研究成果表明，在不同区域，储层的岩石矿物组分差异较大，尤其是沉积微层的存在，使得储层的非均质性更加明显。富含石英或者碳酸盐岩等脆性矿物的储层有利于产生复杂缝网，黏土矿物含量高的塑性地层不易形成复杂缝网。也就是说，储层的非均质性制约着水压致裂的缝网形成机制。因此，查清储层非均质性及其物性参数是有效改造页岩气储层、实现页岩气工业化生产的根本。

（四）大力发展页岩油的勘探

页岩油是指储存于富有机质、纳米级孔径为主页岩地层中的石油，是成熟有机质页岩石油的简称。页岩油往往大面积连续分布，资源潜力大，是重要的非常规石油类型，可能成为未来20~30年重大的油气接替领域。目前全球已在阿巴拉契亚、墨西哥湾、西西伯利亚、松辽等盆地发现了页岩油。

富有机质页岩一般在盆地中心大面积连续聚集，整体普遍含油，资源规模大。页岩油“核心区”评价的关键包括储集空间分布、储集层脆性指数、页岩油黏度、地层能量和富有机质页岩规模等。页岩气的成功开采为页岩油开采提供了技术参考，水平井体积压裂、重复压裂等“人造渗透率”改造技术，是实现页岩油有效开发的关键技术。

我国发展页岩油具有重要的战略意义和优势。

1）页岩油有很大的资源潜力。中国发育陆相富有机质页岩，已发现有纳米级孔喉系统和裂缝页岩油，表明页岩油资源类型客观存在。

2）页岩气开发为页岩油开发提供了参照路线图，北美海相页岩气工业化生产为中国陆相页岩油生产提供了技术支持和发展思路，但页岩油与页岩气开发还是存有一定差异。关键是技术突破的时间和速度。

3）我国石油工业从陆相盆地起步，目前的勘探、开发和研究程度都已较高，油气发现也极为可观。这些陆相油气的泥页岩烃源岩埋藏深度浅、热演化程度适中，加之陆相盆地沉积变化大，页岩中砂岩夹层较多，十分有利于油气的就地运聚保存。利用已有的地质认识、工程数据库及开发输运系统，将使页岩油勘探开发的成效大大增加。

4）页岩油可能是石油工业下一个突破点。加强页岩油理论技术创新研究，有利于加快石油工业再一次科技革命，推动石油工业快速发展。

借鉴国外页岩油发展经验，结合中国页岩油目前现状，中国页岩油发展应制定加快核心区评选、加大试验区建设、加强生产区规划的“三步走”发展思路。第一步，加快“分布区”研究。以中国陆上中浅层重点盆地已知成熟页岩层系为重点，积极开展不同类型页岩油的解剖与分析测试等基础研究工作，解决页岩油运聚机理、赋存状态与渗流机制等基础科学问题，明确页岩油资源潜力与分布。第二步，加强“核心区”评选。以老井复查为基础，积极新钻一批地质调查参数井，开展系统测试分析化验，取全、取准评价所需的关键参数，确定合理评价标准，选取合适的评价方法，科学评价中国陆相页岩油技术可采资源量和有利分布区。第三步，加大“试验区”建设。借鉴页岩气和致密气的成熟开采技术，在鄂尔多斯、松辽、准噶尔、渤海湾等盆地加大针对性关键技术攻关与试验，积极探索页岩油大规模经济有效开发模式，解决页岩油发展的关键技术与开发模式瓶颈。通过生油岩储集空间、聚集油量等基础地质研究，以及水平井压裂等技术攻关，页岩油很有可能在未来 20~30 年实现工业化开采。

（五）建立长久稳定的海外油气资源基地

随着我国经济的快速发展，仅仅依靠国内资源能源的勘探开发已远不能满足我国经济发展的需求。在当前经济全球化的大趋势下，参与国际竞争、分享全球油气资源、利用进口缓解国内不足的做法天经地义，势在必行，是保证我国经济持续快速发展和实现中国梦的必由之路。但我国对海外油气的利用受到了各方面力量的牵制。中国进入世界石油市场后原油价格成倍增长；美国和日本把中国视为最大的能源竞争对手，西方石油公司不允许中国将进口的软件和技术用于海外油气勘探，中国在海外的油气投资项目屡遭干扰；此外，进口原油的 80% 以上来自中东地区，运输须经过军事“咽喉”马六甲海峡。凡此等等，都为我国能源安全带来了极大的威胁。

作为一个新兴大国，在制定全球资源能源战略时需要新的思路，需要站在全球能源资源分布及国际化利用的高度，在积极开拓海外油气资源的同时，发展与资源国间的稳固关系，在平等互利的原则下，施行以科技合作交流和文化教育为基础的稳步发展策略，在全球其他地区寻求优质资源和建立稳定的供给基地。其核心是如何让资源提供国愿意接纳我国的资源投资，达成互惠互利的油气资源探寻和开发共识。这就需要我们在当前复杂的国际形势下全面认识全球资源的分布、状态和潜力，同时强化与资源所在国在政治、经济、文化、科学、教育、宗教、法律、社会等全方位的交流与合作，广交朋友，互惠互利，扎扎实实地推进在海外建立稳定资源能源供给基地的各项工作，保证我国资源能源稳步走向海外。

就重大地学科学问题开展国际合作研究是与潜在资源供应国建立友好关系的有效切入点。国际合作研究不以在资源所在国进行资源能源的勘探和开发为直接目标，而是通过开展由中国科学家主导的项目来共同认识和解决地学领域重大基础科学问题。在此基础上，同时开展文化和教育等方面的国际交流与合作，与资源所在国建立友好关系，改善我国今后在这些地域介入资源能源合作开发的国际环境。我们认为，这是建立在稳固的互利互惠和友好互信基础之上的一种可持续性发展的海外资源能源战略模式。

1）组织保障。建议成立国际地学科学工作组（科学家主导）和调研协调组（包括相关部委）。其功能为：组织开展面向全球科学家和国际学术组织的相关研讨；负责国家层面的科学研究和相关人文交流项目的可行性论证。

2）地学国际合作研究。制订各种大型的地学科学研究计划，寻求与重要油气产区地缘国建立国际合作项目，促进重要油气产区地缘国的科技水平提高和经济发展，同时提高中国在地学科学研究方面的国际地位。

3）科技培训和留学计划。依托各项科学研究计划，规划和实施在能源资源领域科技人员培训和留学生培养计划，形成中国与重要油气产区地缘国间的科技纽带。

4）文化传播。古代的丝绸之路曾把中国与中亚及西亚多国连在一起。在开展科技合作交流的同时，利用古“丝绸之路”所建立的文化交流渊源，加大文化传播力度，促进我国与重要油气产区地缘国之间的友好关系。

四、认识与结论

“立足国内”“发挥国内油气资源的基础性保障作用”是十分艰巨但又必须坚持的战略任务。随着我国经济持续发展、工业化和城市化进程的加快，我国油气资源需求强劲，2012 年原油对外依存度高达 57.8%，且在今后十多年内保持快速增长的势头，2020 年之后上扬速度放缓，到 2040 年达到高峰，进入相对稳定阶段。常规油气资源在地球上的分布极不均匀，剩余可采油气资源主要分布在中东、独立国家联合体（简称独联体）和北美。我国常规油气资源量相对丰富，还有大量未知的油气资源有待发现和证实。但由于我国石油地质条件复杂，油气勘探程度较低，我国在提高采收率方面还大有潜力可挖，我国油气生产的峰值似未到来，油气勘探生产的峰值期间也会相对较长。另外，我国非常规油气资源丰富、远景广阔，是未来现实的替代能源。我国的陆相石油地质理论和勘探技术一直处于领先地位，但对于分布在盆地深层、海域等领域则理论认识不足、技术手段缺乏。

中国油气面临着前所未有的问题与挑战，需要站在全球性油气资源分布和需求的战略高度，制定使中国经济最有效地获得所依存的油气资源支撑的多快好省的战略。我国油气资源的利用必须首先立足于勘探开发国内的石油和天然气，积极关注和探索非常规油气资源的开发利用，同时稳步走向世界，研究并开拓海外油气市场。为保障油气资源能够长期、稳定地支撑国家的经济建设，我们必须突破油气勘探的技术瓶颈，极大地提升油气勘探的技术水平，具备参与国际竞争的能力，培养支撑我国油气发展的人才队伍。

非常规油气勘探开发成本高、风险大，我国较为独特的油气分布和地质条件，决定了我们不能盲目照搬国外的理论、经验和方法来发展非常规油气。从目前已经实现经济开发的致密砂岩油气和页岩气等非常规油气聚集类型来看，我国的非常规油气在分布特征、富集机理、油气赋存方式及状态、开发工艺等方面都与国外存在很大的差异；同一类非常规油气资源的赋存状态也往往因盆地类型及演化过程的不同差异极大。因此，对其开展研究和进行资源评价的方法也不能相互套用，必须针对中国盆地的实际地质条件和演化过程开展研究，在认识中国大地构造演化及盆地地质条件基础上，建立非常规油气形成理论和评价方法，发展资源潜力分析预测和资源评价技术、开发工艺及技术等。

目前油气的勘探开发都面临与先前完全不同的地质环境与油气赋存条件，仅利用已有的技术、装备和方法不可能取得突破性的发现。国际国内地球物理勘探技术发展趋势主要表现在新技术的不断推出及原有技术的升级换代。长期以来，我国大型地球物理勘探装备、高精度物探仪器、处理解释软件等依赖进口，核心技术和装备研发均受控于国外，使得我国地球物理勘探创新水平与世界的差距不断拉大。自主研制的地球物理探测装备的缺乏，直接阻碍着地球物理探测技术的发展，也难以适应我国深层油气资源勘探与开发。因此，从战略上，我们必须自己掌握盆地深层、深海及复杂地质条件下的地震测量、钻探、测试、储层改造等方面的装备和技术，保证在可控成本的条件下开展规模勘探，发现新的大型油气田。

战略上，项目组提出我国近5~10年应重点关注以下油气资源发展方向。

1）快速发展盆地深层油气资源。

2）加强深水海域油气勘探。

3）积极探索页岩气资源。

4）有针对性地规划非常规油气资源勘探。

5）建立长久稳定的海外油气资源基地。

（本文选自2014年咨询报告）

咨询组成员名单

刘光鼎	中国科学院院士	中国科学院地质与地球物理研究所
郝天珧	研究员	中国科学院地质与地球物理研究所
罗晓容	研究员	中国科学院地质与地球物理研究所
杨长春	研究员	中国科学院地质与地球物理研究所
王清晨	研究员	中国科学院地质与地球物理研究所
孙龙德	中国工程院院士	中国石油天然气股份有限公司
方朝亮	教　授	中国石油天然气总公司
邹才能	教　授	中国石油天然气集团公司
孙振纯	教　授	中国石油天然气集团公司
郑军卫	副研究员	中国科学院兰州文献情报中心

抓紧解决我国水安全保障几个紧迫性问题的意见和建议

刘昌明　等

党中央和国务院高度关注我国的水问题。最近中央领导提出了我国当前面临的十大水问题：水利工作如何通盘考虑；节水纳入政绩考核是否行得通；天保工程经验是否可以推广；湖泊、湿地修复工程；如何遏制地下水污染；华东地下水超采沉降问题；如何用成熟技术节水治污；利用税收保护水资源；完善水治理体系；跨界河流开发保护问题。这些问题不仅关系到防洪安全、供水安全，而且事关粮食安全、经济安全、生态安全和国家安全。中国科学院组织相关院士和专家，针对我国水安全保障几个紧迫性问题提出了咨询意见与建议。

一、中国水安全问题的现状与紧迫性

我国正面临水资源供需矛盾日趋严峻、水污染普遍蔓延、水生态持续退化、水旱灾害频发、水管理体制不顺和机制不活等新老并存的多重水问题与危机。变化环境下的水安全问题和风险十分突出，成为影响经济可持续发展和人民安居乐业的关键性瓶颈制约，其中最为突出的有如下几点。

1. 水资源供需矛盾突出，水资源利用效率低下，缺水与浪费并存

我国当前年缺水量达 536 亿米^3，其中国民经济缺水 404 亿米^3，挤占河道内的生态用水 132 亿米^3。北方的黄河、海河、西辽河等的水资源开发利用率超过 70% 以上，远超过国际公认的 40% 的警戒线。全国地下水开采量达 1100 亿米^3，接近全国平原区浅层地下水可开采量 1230 亿米^3。我国水的利用效率偏低，全社会节水问题突出。2012 年我国农业灌溉水利用系数只有 0.52，先进国家达 0.7 以上，单方水粮食增产量仅为世界平均水平的 1/3。2012 年万元工业增加值用水量 69 米^3，是先进国家的 2～5 倍。

2. 水环境污染严峻，水生态系统退化显著，加剧水稀缺程度，威胁饮水安全

2012年全国重点流域地表水水质达不到Ⅱ类的占比为77%，超过65.8%的湖泊面积达不到Ⅱ类水质的标准，云贵高原、长江中下游和东北三大主要淡水湖区超过87%的湖泊不同程度富营养化。全国地下水污染正由点状、条带状向面上扩散，由局部向区域扩散，由浅层向深层渗透，由城市向周边蔓延。饮水安全不容乐观。近50年来，我国湖泊数量减少了243个，面积减少了9606千米^2，约占湖泊总面积的12%。近10年来我国湿地面积减少了340万公顷，其中自然湿地占99%。

3. 水灾害频发，危及国民生命和财产安全

我国水灾范围和危害不断扩大，内涝严重，近三年全国有62%的城市发生过内涝，3次以上的城市达到39%。局部性洪灾损失巨大，中小河流的洪灾损失已占全国水灾害总损失的70%～80%，近10年水灾造成的人员伤亡有2/3以上发生在中小河流。沿海地区的洪涝、海水入侵等也频繁发生。

4. 水管理体制部门分割，各自为政难以协调，水权属不清、水价偏低

当前我国的水管理体系和治理能力不能适应新时期的治水管水需求。各个部门之间的权利博弈之争，缺乏有效的协调机制，“九龙治水”问题未根本改变。水资源权属依然不清，水权、废水排污权未明确到具体区域，更没有明确到具体用户。中国水价（包括排污费等）严重偏低，难以补偿大批供水设施和污水处理设施运行和维护成本，面临着管护费用匮乏，难以正常运行的困境。

5. 国际河流开发涉及面广，引发的地缘安全问题日益增多

我国西南、西北、东北的国际河流开发过程中不仅存在水权分配、水污染、水生态冲突、洪水灾害和“多龙治水”交织形成的复合型水问题，而且引发的地缘安全问题突出，未来将呈现加剧的态势。

二、中国水安全问题的成因

目前中国水安全问题的成因，既有自然原因，也有社会原因；既有管理体制的缺陷，也有深层机制的掣肘；既有国内的因素，也有国际因素。

1. 我国水资源自然禀赋条件先天不足

我国水资源的时空分布不均衡，人均水资源仅为2185米^3，不足世界平均

水平的1/3。受季风气候的影响，我国的降水和水资源空间上的格局是南多北少，长江流域及其以南地区人口占全国53%、耕地占35%、GDP占55%，水资源占到81%，北方地区人口占47%、耕地占65%、GDP占45%，但水资源仅占19%。

2. 不合理的人类生产和生活活动

城市和产业发展与区域水资源赋存不协调，水资源盲目开发、无序开发、过度开发和利用效率低是造成当前水资源短缺、水环境污染、水生态退化等问题的主要原因。

3. 水管理不到位，忽视市场在水资源配置中的作用

我国“多龙治水”管理混乱，主要原因是外部监督和内部协调不到位。现有法规缺少各部门之间的协调机制，造成各行其是、各自为政。前几年各级政府部门停留在全能政府“管理”的老路上，各部门对市场化改革仍然怀有疑虑。在水权改革、水权交易改革、排污权交易改革、生态补偿制度建设等方面依然没有突破。

4. 国际河流研究不够，缺少协调机制和整体发展战略

我国国际河流缺乏监测资料，对利用与管理的相关问题认识不足、研究不够、应对预案准备不足；法规建设严重滞后，管理权限分散，缺少协调机制，缺乏从流域到区域的整体发展战略和实施方案，难以推动实质性资源利用与保护合作。

三、对策与建议

无论从中国未来20～50年经济社会的发展需求，还是全球变化影响的风险看，中国水安全正面临着巨大的挑战。保障水安全成为关系到国家可持续发展的重大战略问题之一。建议如下。

1. 确立节水优先的基本国策，提高全社会节水意识

制定全社会节水战略规划，完善节水立法。实行“节水优先”的全社会节水总方针，通过两型社会建设，通盘考虑节水与治污，融合节水型社会建设与三条红线的监控，形成全方位、全民的行动。重点是强调全民的节水意识，强调人人有责的用水文明，真正把节水作为革命性战略。推进水与能源、生态、环境、社会所联系的开源和节流的协同战略，有效大力提高水的生产率和利用率。建议国

家将节水优先确立为国策之一，制定全社会节水战略规划，完善节水立法。

运用经济杠杆促进节水，发展先进科技推进节水。建议国家尽快完善水资源利用费税管理条例，建立健全水资源费（税）征收政策与办法；将全社会节水研究纳入国家科技发展计划，大力发展水资源开发利用的高新技术，切实提高水资源利用效率和生产力，实现未来全国用水零增长与负增长。

倡导全社会节水风尚，构建全社会节水科普教育体系。建议国家设立全社会节水科普基金，将水情教育、节水教育纳入国民素质教育体系，建立公开透明的全社会节水公众参与机制和管理工作监督机制。

2. 深化水权水市场改革，理顺水资源配置的市场机制

建立现代水权制度，发挥市场的水资源配置作用。应在相关法律中进一步明确所分配水量、取水许可和排污许可的水权属性；明确界定水权，建立基于用户的水权交易制度。

建立反映水资源价值的水价制度，实现资源有偿利用。逐步建立全成本核算的边际成本定价机制，并与实行阶梯水价、提高对困难群体的用水补贴相配套，起到高效配置水资源和维护用水基本权利的双重效果。水资源费（税）的征收，应进一步推广和规范。

制定水生态补偿的具体规则，促进水资源、水生态保护。建立对生态保护者和环境受损者的生态补偿制度，尽快制定具体补偿规则，加紧实施。

3. 有序推动我国涉水管理体制改革，构建现代流域管理体系

实现决策、执行、监督“三权”统一，推进涉水管理体制改革。建议在中央层面促进水管理的决策权、执行权和监督权的协调统一，强化水资源、水环境、水生态统一监管，建立涉水的资源环境大部门管理体制。逐步开展水资源管理“流域化”改革和试点，形成从中央到地方 / 流域的全面协调流域及各地方政府的水治理体系。

完善涉水的法律保障体系，实施水资源、水环境及流域的综合管理。建议参考新修订的《中华人民共和国环境保护法》，构建涉水的法律法规体系，统筹考虑《中华人民共和国水污染防治法》和《中华人民共和国水法》的修改，规定涉水管理体制安排，实施水资源、水环境及流域的综合管理。同时，探索国家层面流域立法的可行性（如“大江大河法”），加快跨行政区的流域管理条例、污染防治条例、水资源综合调度管理办法等相关法规的制定。

近期优先启动流域综合管理体制改革进程。建议恢复流域水资源保护局的水利、环保双重领导制度，组建流域水资源与水环境协调管理委员会，不断完善涉水流域管理机构（如防洪抗旱、航运、渔业等）之间的联络与协调机制。中期需

改革和重组流域机构，吸纳各利益相关方参与，使其逐步成为反映流域各方需求的流域综合管理机构。

4. 依法保护与修复湖泊湿地，促进生态文明建设

加快湖泊与湿地保护立法，建立国家、地方和行业三级管理体系。全面推进湖泊与湿地保护立法进程，尽快出台《国家湖泊保护条例》和《国家湿地保护条例》。明确湖泊与湿地土地分类属性、管理边界和管理权限，完善国家、地方和行业三级管理体系，强化红线保护。树立山水林田湖生命共同体的理念，实行湖泊湿地流域综合管理。

明确湖泊湿地功能定位，实施分类分层次保护。明确重要湖泊与湿地的功能定位和保护目标，合理划分重要功能保护区、缓冲区、开发利用区等，分类型、分层次对重要湖泊与湿地进行有效保护。

实施四大修复工程，提升生态服务功能。实施湖泊与湿地自然生态保护、湖泊与湿地周边生态缓冲带建设、河湖湿地水系联通及污染治理与生态重建等修复工程，提升湖泊与湿地生态系统的服务功能。

5. 加强国际河流的开发与保护，维护国家权益与边境安全

摸清国际河流水资源家底，明确和保障国家水权。加强跨境河流特别是无资料河流的水文、水质监测，建立资源环境信息平台；尽早明确我国各国际河流流域（包括单独出境支流）的国家水权，研制国际水权分配方案，利用境外流域国家大多数水权意识不强的有利时机，尽快签署分水协议，以法律形式保障我国水权，为跨境水资源开发利用提供法律支持。

制定全国国际河流战略规划，推进流域合理利用与综合开发。针对国际和我国极为关注的国际河流流域，及早制定流域综合开发与协调管理战略规划和实施计划；制订国际河流水资源综合开发利用方案，制订以维护国家区域水安全为核心的我国跨境水资源合作计划或路线图；评估跨流域调水可能的潜在风险，研制风险规避预案与调控对策。

创新国际河流综合开发利用模式，形成区域利益共同体。要主导以流域合作国为核心圈的跨境地缘政治经济合作，逐步形成从流域到区域的利益共同体，促进国家“一带一路”重大战略的实施。大力开展联合国《国际水道非航行使用法公约》的影响对策和跨境生态补偿机制研究；加强区域跨境水安全调控能力建设，建立区域跨境水安全冲突协调机制，维护国家权益。

咨询组主要成员名单

刘昌明	中国科学院院士	中国科学院地理科学与资源研究所
傅伯杰	中国科学院院士	中国科学院生态环境研究中心
周成虎	中国科学院院士	中国科学院地理科学与资源研究所
夏 军	教 授	武汉大学水利水电学院
陈 曦	研究员	中国科学院新疆生态与地理研究所
杨桂山	研究员	中国科学院南京地理与湖泊研究所
何大明	教 授	云南大学国际河流与生态安全研究院
何兴元	研究员	中国科学院东北地理与农业生态研究所
王 毅	研究员	中国科学院科技政策与管理科学研究所
黄河清	研究员	中国科学院地理科学与资源研究所
于静洁	研究员	中国科学院地理科学与资源研究所
贾绍凤	研究员	中国科学院地理科学与资源研究所
李丽娟	研究员	中国科学院地理科学与资源研究所
宋献方	研究员	中国科学院地理科学与资源研究所
康跃虎	研究员	中国科学院地理科学与资源研究所
梁 康	助理研究员	中国科学院地理科学与资源研究所

建立生态草业特区，探索草原牧区发展新模式

方精云　等

改革开放以来，我国居民的膳食结构发生了显著变化，主要表现为主粮消费减少，肉奶蛋消费增加。但是，我国的农业生产结构并没有进行与之相适应的调整，对饲料（包括牧草）生产没有引起足够的重视。这一方面加剧了我国粮食安全问题；另一方面使传统牧区的生产方式改革严重滞后，导致其生产力低下、草原长期退化。为此，中国科学院学部组织有关专家对这些问题进行了深入研讨，并在充分吸收前人研究成果的基础上，提出在我国草原牧区建立"生态草业特区"的建议。我们认为，"生态草业特区"既是生态草业及现代草原畜牧业发展的技术和制度范式，又是草原经济、社会和文化发展及生态文明建设的一个样本。

一、我国现有农业结构的困境

近30年来，随着人民群众生活水平的日益提高，我国居民的膳食结构发生了巨大变化：年人均口粮消费由227千克减至119千克，减少了47%；而年人均动物性食品消费由18千克增至47千克，增加了161%（图1）。在我国粮食总产量中，居民食用粮消耗量逐年减少，2012年仅占27%（图2）；而饲料用粮消耗逐年增加，2012年达到近40%。这不仅加剧了人畜争粮的矛盾，大量的粮食用作饲料也造成了作物生物产量的巨大浪费。然而，我国的农业结构和生产方式并未适应这一变化，依然强化口粮生产，而忽视了动物饲料粮的供应问题。

这种失衡的农业结构产生了十分严重的后果。第一，导致动物饲料（饲草）严重不足，只能用主粮来替补，这不仅严重浪费我国本来就十分匮乏的水土等自然资源，也导致我国优质饲料严重依赖进口，威胁我国粮食安全。第二，在追求粮食增产过程中，大量使用化肥、农药和除草剂，对江河湖泊和土壤造成污染，我国的环境为此付出了沉重代价。第三，对草业重视不够、投入过低，导致草原牧区的生产方式落后，生产力低下；草原牧区的"三牧"和"三生"问题[①]一直

① "三牧"：牧区、牧业、牧民；"三生"：生产、生活、生态。

未能得到根本解决，“吃肉难、吃肉贵”已成为一些牧区社会不安定的重要因素。如果说“三农”是我国社会经济发展中“最薄弱、最突出、最严重”①的问题，那么，困扰草原牧区的“三牧”问题更为凸显。

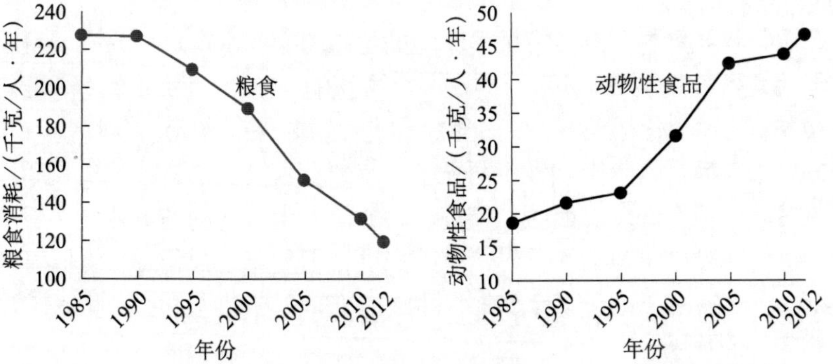

图1　1985～2012年我国年人均粮食和动物性食品消费量的变化

动物性食品包括猪肉、牛羊肉、禽蛋类和奶类（不包括水产品）

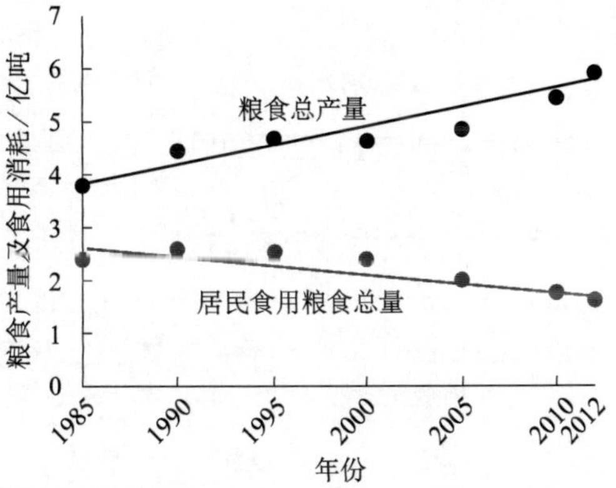

图2　1985～2012年我国粮食总产量与居民食用粮食总量的变化

因此，我国粮食安全问题实质上已演变成饲料安全问题，我国农业结构和农业生产方式已经到了必须变革的重要关口。在草原牧区和农牧交错区大力发展现代草业，在保护好草原生态的同时，大幅提高草地的生产力，是从根本上解决我国人畜争粮、动物饲料（饲草）严重不足问题的必由之路，也是实现我国牧区现代化，解决“三牧”问题的着力点。

① 2013年12月召开的中央农村工作会议对我国农业农村经济工作做出了“最薄弱、最突出、最严重”的判断，即农业现代化滞后是我国现代化建设中最薄弱的环节，城乡二元体制障碍明显是我国经济社会体制中最突出的矛盾，城乡发展和居民收入差距过大是全面建成小康社会进程中最严重的制约。

二、发展“生态草牧业”是我国食物安全和生态安全的重要保障

“生态草牧业”是传统草产业和畜牧业概念的发展，它在强调“草地生态”与“草产业”双要素的同时，更关注草地的生态功能和生产功能的协调发展。

我国拥有各类草地60亿亩，约占国土面积的41%，是耕地的3.3倍。草地本应在维护国家食物安全和生态安全方面发挥重要保障作用，但目前我国草业的生产方式极其落后，生产功能十分低下，畜牧业占农业总产值的比例较低。例如，内蒙古、新疆、四川、西藏、青海、甘肃等六大牧区的畜牧业产值仅占全国畜牧业产值的16%，占全国农业总产值的5%，但其草地面积却占全国草地总面积的74.5%、国土总面积的30.5%。不难看出，我国草地的生产和生态功能并没有发挥应有的水平。

从生产功能来看，我国60亿亩草地仅承载了1.6亿人口，而18亿亩耕地却为广大城镇和农村地区近12亿人口提供绝大多数的粮食、蔬菜、肉、蛋、奶等食品；全国耕地生产的地上生物（秸秆+粮食籽粒）产量达12亿吨，而草地生物产量仅3亿吨，其单位面积的生物生产力仅为耕地的7.5%。测算表明，我国草地的生活供给能力仅为耕地的4%~5%；如果将其提高到耕地的10%，那么就相当于新增“耕地”5.5亿亩，能养活3.5亿~4亿人。因此，我国草地的生产潜力巨大。

从生态功能来看，“西部大开发”战略实施以来，尤其是“退牧还草”工程和“京津风沙源治理”工程的实施，草原牧区的植被恢复较为明显，生态环境有较大的改善，但全国草原生态仍呈“局部改善、总体恶化”的态势，国家生态补偿的压力巨大。目前，全国中度和重度退化草原面积仍占1/3以上，已恢复的草原生态仍很脆弱，全面恢复草原生态的任务仍然十分艰巨。

分析表明，我国草地生产与生态功能“双提升”的潜力巨大，通过统筹规划、顶层设计和科学管理完全能够实现。牧区发展生态草牧业是一个系统工程，涉及自然、经济、社会、生活和文化等多个方面，并非某一政策、单一技术、某项措施、小规模示范等就能解决。发展生态草牧业必须以一个完整的社会经济单元为基本单位，进行自然-经济-社会复合系统诸要素的整体设计和调控。为此，我们提出在草原牧区建立“生态草业特区”的构想，通过8~10年的现代化治理，实现特区内生产、生活和生态的全面协调发展。

三、建立“生态草业特区”的构想

改革开放以来，我国先后建立了多个城市经济特区和农业高新技术产业示范

园区，它们在我国的社会经济发展和现代化建设进程中，发挥了重要带动和牵引作用。但在面积辽阔的草原地区，尚无生态草业经济技术综合示范区，牧区生态文明建设也缺乏抓手和成功的模式。按照“先试点，再推广”的通行做法，根据“特事特办”的原则，借鉴我国在特区建设方面的成功经验，在广阔的草原上，建设生产和生态双赢的实验特区，即“生态草业特区”，是破解我国当前草牧业发展和草地退化诸多困境的有效途径。

生态草业特区（下称“特区”）是指，在一个独立的县（旗）或国家划定的特定区域内，基于现代农业的发展思路，集成现代科技成果，科学规划、合理布局、精细管理，发展以人工草地和现代化畜牧业为主、多种特色生物产业和文化产业为补充，并大幅提升草地生态功能的科技先导型示范实体。它是探索具有中国特色生态草牧业发展模式的大型示范区，是我国草原牧区生态文明建设的样本。“特区”的“特”字主要体现在四个方面：特有的发展模式、创新的管理机制、强大的核心技术和特色的产业结构。

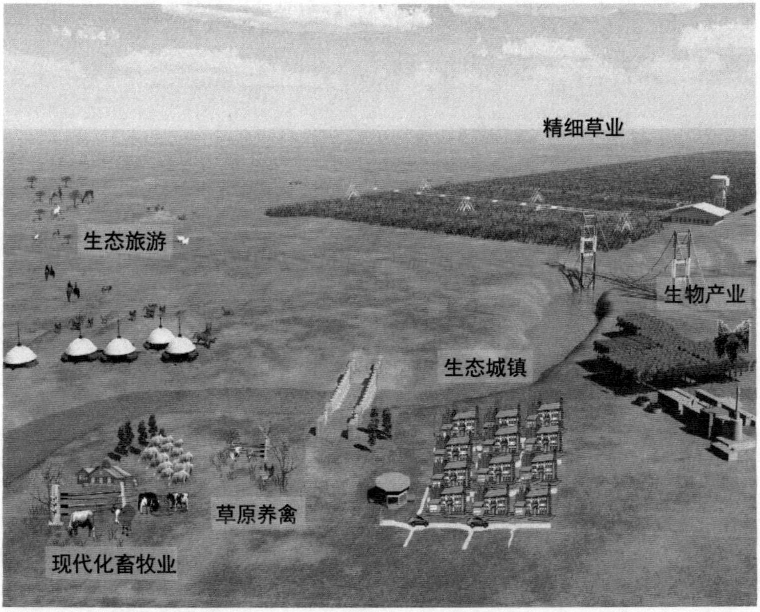

图 3　生态草业特区产业布局概念图

不同于以高新技术为发展牵引、技术密集型为生产方式的其他经济特区（如深圳），生态草业特区是以草原土地为保护和生产利用对象，其土地空间异质性大、自然依赖性强，生产活动需要有较大的回旋空间。因此，“特区”建设要求有足够大的面积（大于 1 万千米²）。只有这样，才能充分发挥其生态功能，同时其生产的生物产品才能形成规模和市场。

“特区”建设的基本原理是，通过科学配置草地的生产功能和生态功能，实现生产和生态双赢，即利用约 10% 水热条件适宜的土地，建立集约化人工草地，使优质饲草产量提高 10 倍以上，从根本上解决草畜矛盾；对其他 90% 的天然草地进行保护、恢复和合理利用，提升其生态屏障和生态旅游功能。

“特区”的主要产业概括为“四产业一联营体”（简称“四业一体”），即精细人工草业、现代化肉奶业、特色生物产业、草原文化旅游产业和草－牧－科－工－贸联营体。作为联营体的终端销售平台，“特区”将在北京、上海等特大城市建立大型有机食品专卖超市，直销“特区”生产的各类有机食品。

四、建立生态草业特区的政策需求

基于上述思考和广泛调研，我们建议党中央、国务院批准由中国科学院与内蒙古自治区共建生态草业特区，成立特区筹建领导小组和工作小组，统一协调和推进特区的筹建工作。建立生态草业特区，需要在行政体制机制、土地管理与生产方式、资源开发与利用、社会组织化、人才引进、税收、牧民教育与培训等方面提供政策支持和资金保障。具体建议如下。

第一，创新行政管理体制。由中国科学院与内蒙古自治区联合成立“建设生态草业特区”领导小组和工作小组，统一协调和推进特区的筹建工作，完成特区行政区域的选定，细化特区规划方案和产业布局，完善核心技术体系，开展生产方式与管理体制创新方面的探索与试点工作。

待“特区”筹备成熟，适时成立特区管理委员会和特区政府。特区管理委员会由科技、企业管理、经济和政策等方面的专家和当地优秀行政人员组成，决策特区的重大行政管理事项，制定特区发展规划和相关政策；特区政府执行特区管理委员会的决议，接受其指导和监督。特区管理委员会和特区政府享有充分的自主权。

第二，创新土地和草场管理体制，建立新型生产经营和牧区组织体系。开展牧区土地和草场管理体制及牧区组织化创新试点工作。按照“特区”统一的土地规划，由特区政府主导，实施新型的土地管理体制，将土地和草场经营权向专业大户、家庭牧场、牧民合作社、大型企业流转，加大对土地和草场的投入和新技术的推广应用，实现土地和草场经营的规模化、集约化和专业化。

第三，创新税收政策，完善生态补偿机制。目前，牧区矿产资源国家与地方税收分配政策、草畜产品加工税收政策等不尽合理，难以吸引企业和社会资金投资牧区建设，也不能为牧区生产方式创新提供长期的财政和税收保障；草原生态保护补奖机制的法律法规体系还较为薄弱，对利益相关者权利、义务和责任的界定不够明确，对补偿内容、方式和标准缺乏完善的规范。“特区”建设要破解这些政策瓶颈问题，积极提升其“造血功能”，尽快实现“特区”由生态补偿向利税返还的转变。

第四，制定优惠的人才政策，加强牧民职业培训。为自愿到“特区”工作的大学生和研究生等各类人才，以及长期在牧区工作的技术人才和专家提供多方面的优惠政策。选拔具有相关专业训练、管理能力强、有实践经验的优秀人才担任“特区”各部门的主要技术和管理负责人；聘用优秀大学毕业生担任村、乡长官，切实执行特区政府的各项决策；建立职业学校，培养新一代草产业、畜牧业工人及技术和管理人员；积极组织牧民职业技能培训，解决牧民就业问题，促进民族团结和社会稳定。

第五，在“特区”建立一流的草业和畜牧业实用技术研发与转化中心。以此为“特区”生产和生态功能双赢提供坚实的科技支撑和储备，在牧区实践科技创新驱动发展的理念。“特区”拥有多元的产业构成，涉及品种选育、牧草种植与收获加工、畜禽养殖、管理、产品深加工和物流等多个技术环节，需要有强大的技术体系来支撑。“中心”采取企业化运营机制，以建立资源节约、高效、低成本、环境友好的技术体系为目标，解决“特区”生产实践的现实需求和未来需求，并积极向周边牧区辐射，带动其他牧区的技术升级和草牧业的整体发展。

（本文选自 2014 年咨询报告）

咨询组成员名单

方精云	中国科学院院士	中国科学院植物研究所
张新时	中国科学院院士	中国科学院植物研究所
白永飞	研究员	中国科学院植物研究所
蒋高明	研究员	中国科学院植物研究所
李凌浩	研究员	中国科学院植物研究所
黄建辉	研究员	中国科学院植物研究所
黄振英	研究员	中国科学院植物研究所
黄　耀	研究员	中国科学院植物研究所
景海春	研究员	中国科学院植物研究所
张文浩	研究员	中国科学院植物研究所
徐嵩龄	研究员	中国社会科学院
刘永志	研究员	内蒙古农牧业科学院
潘庆民	副研究员	中国科学院植物研究所
白文明	副研究员	中国科学院植物研究所

李永庚	副研究员	中国科学院植物研究所
沈海花	副研究员	中国科学院植物研究所
胡会峰	副研究员	中国科学院植物研究所
高树琴	工程师	中国科学院植物研究所
路　鹏	工程师	中国科学院植物研究所
朱江玲	工程师	北京大学
石　岳	助理工程师	中国科学院植物研究所

关于建立张家口可再生能源应用综合创新示范特区的建议

路甬祥　等

在党中央、国务院决策部署和相关部门大力推动下，“十二五”期间，我国可再生能源技术创新和应用发展取得举世瞩目的业绩。为进一步消除发展技术、政策和投资瓶颈，把推动可再生能源发展与促进经济发展转型和改善首都环境结合起来，特提出在张家口建设可再生能源应用综合创新示范特区。建设此特区的总体目标为：到2030年，张家口市的风力、太阳和生物质等可再生能源发电总装机容量达到3000万千瓦（即30吉瓦），太阳能集热器1000万米^2，年总发电量达到524亿千瓦时，相当于2013年北京市全市用电量的55%；张家口区内市政和建筑用能全部来自可再生能源，预计每年可减少二氧化碳排放4990万吨，减少北京上风向的$PM_{2.5}$~PM_{10}排放约4000吨，向首都提供清洁的电力，为我国可再生能源应用发展提供示范和经验。

一、总体情况和相关背景

我国风电安装量已居世界第一。截至2013年年底，我国风电已并网7700万千瓦，2014年上半年公开招标的装机容量超过1100万千瓦，规模同比增长27%以上，规划确定国内光伏新增装机1400万千瓦。2014年1月，国家能源局又出台了鼓励分布式光伏的政策。这将进一步有力推进我国清洁、可再生能源应用发展，为我国能源结构调整优化和生态环境的源头治理做出贡献。

然而，由于受国内外市场需求、体制政策、技术应用和商业服务模式的影响与制约，近年来我国可再生能源产业发展和市场销售增速已趋放缓，需要探索创新发展方式。为进一步有力推动可再生能源产业和应用发展，建议在张家口市建立大型可再生能源产业（发电、供热）应用示范基地——“可再生能源应用综合创新示范特区”，实现示范区自主依靠可再生能源供给，并向北京提供清洁低碳电力，大幅减少京津冀北部工业和采暖的燃煤污染；探索可再生能源市场发展、金融投资和政府政策相互配合的关系，可再生能源应用发展与经济转型发展、改善民生和保护修复环境的相互促进的规律。在张家口示范取得经验的基础上，今后可推广到其他有条件地区，带动促进我国能源结构调整、能源体制与管理改革、雾霾治理和生态环境改善修复，带动促进能源新兴产业健康发展，力争2050年可再生能源电力达到全国总用电量的50%以上，为我国实现能源自主自立、安全清洁、可持续发展做贡献。

二、张家口建立可再生能源应用综合创新示范特区的优势

张家口市地处河北省西北部，北倚内蒙古草原，南北长289.2千米，东西宽216.2千米，总面积3.68万千米^2，属于温带大陆性季风气候。其气候特点是：四季分明，年降水量300毫米，冬季寒冷漫长；坝上地区风能、太阳辐照资源丰富。坝下河谷盆地分布在张家口市中部地区，桑干河和洋河径流形成了坝下河谷盆地，海拔在500～800米。

1. 可再生能源资源优势

张家口市风能资源丰富，域内可开发风能资源储量达2000万千瓦以上；太阳能资源属于太阳能辐射Ⅱ类区域，年太阳总辐射1500~1700千瓦时/米^2，可开发量2000万千瓦以上；生物质资源每年产量约200万吨。

2. 已建立可再生能源工程示范和测试基地并初具产业规模

张家口已具备可再生能源应用、产业、工程技术和人才基础。2009年国家电网在张北建立了“国家风光储输试验中心”和全国首个风电研究检测试验基地。国家能源风电研究检测中心具备风电仿真研究、风电预测和风电调度控制的研究和试验能力，以及国际标准的风电机组认证和风电并网检测能力。华能集团、大唐集团、华电集团、国电集团、国华能源、中广核集团等30多家大企业在张家口已建成风电场75个。据张家口市发改委能源处提供的数据，截至2013年年底，全市风电装机容量达到600万千瓦（即6吉瓦），并网561万千瓦（即5.61吉瓦），成为名副其实的全国风电第一市；太阳能光伏发电4万千瓦，全部并网；秸秆生物质发电并网也达到了2.5万千瓦。张家口市还建立了一批风电和光伏制造企业，初步形成了风电机组总装、风机叶片和塔筒制造等风电配套产业。已建3家风机总装厂，年产能135万千瓦；2家风机叶片制造厂，年产能400套；4家风机塔筒制造厂，年生产能力1200套。

3. 区位优势

张家口与北京接壤，即使最北端的张北县距离北京市中心直线距离也小于

200 千米。张家口的清洁电力可便捷地输入京津电网，这对“京津冀一体化”绿色发展战略起重要支撑作用。由于距离贴近，北京的技术和人才优势又可以方便地为张家口的产业升级提供支撑，张家口也可为可再生能源新技术及其规模应用提供产业转化、工程试验和现场测试的工程技术平台和综合应用基地。

4. 可从源头有效减少首都圈大气污染

北京能耗的四大部分是市政、建筑、交通运输及工业。通过电力替代，特别是清洁电力替代化石燃料是解决北京能源环境问题的根本途径。张家口市可再生能源电力的近距离外供是北京最好的清洁能源替代来源，北京大力推行的新能源汽车将是可再生能源电力的重要消纳方式。张家口市位于北京冬季上风口，其采暖能耗是北京大气污染的重要源头。张家口地区乃至京津冀北部地区大规模利用太阳能、风能的清洁化采暖技术将为北京雾霾源头治理和生态环境保护修复做出重大贡献。

5. 为冬季奥运会提供清洁能源

在习近平总书记的亲自推动下，北京–张家口将举办 2022 年冬季奥运会。办奥运需要优质的大气环境。通过可再生能源利用与科学用能相结合为奥运提供清洁能源，保证冬奥会蓝天、白雪、洁净的大气环境是 2022 年冬奥会顺利举行的重要保障之一。奥运比赛对能源的安全可靠、清洁低碳、健康持续的高标准要求也为可再生能源示范区的建设和发展提供了新的挑战和机遇。冬奥会也为我国可再生能源技术及其应用的展示和推广提供了十分难得的国际化平台。

6. 具有巨大的示范效应

张家口市中心距离北京 220 千米，京张高铁在近期即将开工。北京 1 小时经济圈的交通区位优势使其具有巨大的示范展示优势。国内外机构和人员，尤其是政产学研、媒体金融各界人士可以方便抵达可再生能源示范特区，亲身体察人类的奇迹和未来能源世界。这将对普及、推动可再生能源应用发展起到巨大的作用，张家口可再生能源特区的经验将快速传播和推广。

原来贫穷落后的小渔村深圳 30 多年来在改革开放政策的支撑下取得了飞速的发展，2013 年全市生产总值（GDP）为 14 500.23 亿元，人均生产总值折合 22 198 美元。我们相信，毗邻京津的张家口市在新的能源政策扶持下，在自身可再生能源资源和区位优势的驱动下，可望成为能源经济示范区。不仅将为我国清洁、可再生能源应用发展发挥示范带动作用，也将为我国广大西部省区的资源能源可持续利用和经济发展提供新鲜经验和新的启示。

三、建设的基本思路和设想

1. 创建大型可再生能源发电基地

2030 年在张家口市建立总装机容量 3000 万千瓦的可再生能源电力，年总发电量达到 534 亿千瓦时，包括风力发电 1800 万千瓦（已安装 550 万千瓦），光伏发电 700 万千瓦（已安装 4 万千瓦），太阳能热发电 500 万千瓦，生物质能发电 10 万千瓦。考虑到电力张家口地区部分就地消纳，在冬季有 800 万千瓦的电力可以外送至北京，其他季节外送的电力可以达到 1600 万千瓦。这些电力通过交直流的方式送入京津和华北电网。在北京、天津地区按照常规能力接纳该电力用于建筑和市政外，还建立一批以电动交通工具为主要载体的充放电及其他我国自主研发的新型储能储电设备。为减少农村燃煤排放和脱贫，拟建设光伏农业大棚 11 万亩，安装光伏 670 万千瓦，化解市郊农村 27 万贫困人口脱贫问题。

2. 张家口地区市政供电和采暖全部采用可再生能源

在张家口实现以集中式和分布式可再生能源 100% 供能的体系为市政和建筑采暖热力需求供能，大电网和移动式热源作为安全保障性能源。目前张家口全市建筑采暖热力需求约 141 亿千瓦时。考虑到碳排的争议，不采取生物质直接采暖。以被动式太阳能建筑和 1000 万米^2 太阳能集热器组成的主动式太阳能供暖系统为主，用 800 万千瓦的可再生能源电力，包括太阳能热发电 / 热力联供，以及风电和光伏驱动热泵（空气源和浅层土壤）的形式，做太阳能的备份能源以解决冬季采暖，彻底消除冬季取暖燃煤带来的污染问题，在改善民生的同时，改善张家口—北京区域内大气环境。

3. 建设零碳奥运专区

张家口市崇礼县是 2022 年冬季奥运会雪上项目比赛场地。目前县城常住人口约 2 万，按照崇礼县的规划，2022 年崇礼县城的常住人口为 7 万。县城的市政、建筑、交通等全部采用可再生能源设施供能，用大电网作备用保障，建立全年零碳用能专区。与风电结合，建立以太阳能为主的大型跨季节储热集中供热站，建立农业光伏大棚，解决 1 万户农民采暖和脱贫问题。及至全年外送可再生能源折合减碳量大于使用外网电力折合排碳量。

2022 年奥运会期间运动员、教练员及官员每天约 3000 人，观众（包括记者等）约 1 万人。比赛所涉及的赛事场馆、酒店、市政设施、交通运输等热、电供应全部来自可再生能源，达到零碳。该供能系统不与外网连接，可采用分布式、集中式和移动式供能模式保障能源供应。奥运会场所建筑 100% 为被动太阳能采暖建筑，将建筑采暖用能指标降低到9瓦/米^{2}以内，达到国际先进水平。

全县城的能源采集和流动用信息技术与能源技术结合，将负荷、电源、热源、电网、热网、交通网络和储能等要素相融合，建立“智慧能源网”，保障县城和奥运场馆的零碳高效供能。

4. 建立可再生能源金融试验区

参考深圳特区和浦东自由贸易区的政策，设立可再生能源金融试验区。建立可再生能源利用国际碳交易中心、国际可再生能源知识产权交易基地、国际可再生能源基金，建设国际可再生能源自由贸易区、国际可再生能源装备大宗物资物流港、国际可再生能源贸易结算中心。建立可再生能源企业市场股份挂牌机制和直接融资机制。大力发展可再生能源总部经济，鼓励开展可再生能源设备设施融资租赁、可再生能源产品期货保税交割等业务。实施区内风电太阳能发电设施公共检测维修业务，尝试设立可再生能源电力服务公司。制定并实施有利于扶持培育可再生能源产业发展的财政、税收、金融政策。试点国家主权银行、投资银行、商业银行，为可再生发展提供优惠贷款的政策，带动民间公募私募融资，发展可再生能源投资保险业务。建立由中央政府指导下的由国家试点政策、地区优惠政策和金融保险业支持的可再生能源技术中试基地，致力于改变我国可再生能源技术产业化转化能力弱，技术产品转换缺乏资金和政策支持的局面。改变可再生能源生产地区与东部发达地区相比经济社会发展水平滞后的局面。

5. 试行基于互联网、大数据的可再生能源电力交易模式

可再生能源电力和热力与常规能源相比价格目前虽还不占优势，但其安装和使用方便灵活，排放和运行费用近零，对于分布式电源来说，用户同时也是提供电力的微小电厂，将激活能源应用领域的改革创新动力与活力。目前我国的电力体制改革的基本思路是“放开两头”“管住中间”。发电侧早已放开，当前备受市场关注的是售电服务侧如何放开。我国集中型电站的电力交易基本是基于国家发展和改革委员会的政策，分布式电力以国家电网公司的《关于分布式电源并网服务管理规则的通知》(国家电网营销【2014】174号)为依据，都已与目前互联网灵活实时交易的商品经济发展模式不相适应。可将再生能源生产、使用、交易与信息网络、大数据技术相融合，必将提供给用户更加诚信互利、公平多样的商机，孕育产生更具创意、充满活力的能源供应和服务方式。德国基于互联网、大数据交易的供电服务公司已超过千家，通过打破垄断，依靠市场公平竞争机制，显著提高了能源利用效率、服务质量，降低了能源消费成本，惠泽千家万户，有利于经济社会可持续发展和生态环境。

6. 建立可再生能源科技产业创新城

主要功能为可再生能源科技创新工程化转换、体制管理创新。在国家电网张北风光储输示范基地的基础上，选择环境优良区域，建立可再生能源科技产业创新城。在城中建设高品质的配套生活设施（教育、医疗、健身、购物），提供科技研发、工程中试、试验测试基地，建立一批中式研究需要的大型研究设施和相关政策及金融支撑。首先吸引京津地区的研究机构和大学的技术转换和转移单位落户，然后扩展到全国和全球。由于旅游和冬季奥运会的推动，崇礼已经进入基础设施建设和经济社会生态环境建设的快车道，一批针对旅游人口和奥运的生活设施已经建成及正在建设，具有较好的基础。可再生能源科技产业创新城的建设可结合奥运筹备建设工程协同推进。

我们认为，在张家口建设可再生能源应用综合创新示范特区，通过建立符合人类社会未来发展方向的可持续发展能源系统的示范区，实践探索解决可再生能源应用发展中的深层次问题，在创新实践中认知规律、创新技术、拓展应用、发展产业、改革体制和管理，探索未来能源的应用发展模式，将会为我国可再生能源技术和应用、产业和市场创造大量商机和就业，为张家口市和京、津、冀带来蓝天，同时也将会给我国新能源产业的持续健康发展，加速能源结构调整，建设自主自立、绿色低碳、安全智慧的可持续能源体系注入新的动力和美好的前景。

（本文选自 2014 年咨询报告）

咨询组成员名单

路甬祥	中国科学院院士	中国科学院
李静海	中国科学院院士	中国科学院
卢　强	中国科学院院士	清华大学
周孝信	中国科学院院士	中国电力科学研究院
徐建中	中国科学院院士	中国科学院工程热物理研究所
金红光	中国科学院院士	中国科学院工程热物理研究所
陈　勇	院　士	中国科学院广州能源研究所
肖立业	研究员	中国科学院电工研究所
孔　力	研究员	中国科学院电工研究所
王仲颖	研究员	国家发改委能源研究所
许洪华	研究员	北京科诺伟业科技股份有限公司
王志峰	研究员	中国科学院电工研究所

破解新时期科技成果转化难题

沈文庆　等

多年来，我国一直存在着科技成果向现实生产力转化不力、不顺、不畅的痼疾，现在我们所要解决的科技成果转化问题，与过去相比，目标、内涵、环境已经和正在发生着新变化。在全面深化改革的新形势下，探索如何破解科技成果转化难题，建立促进科技成果转化的新模式、新路径，尤为重要。中国科学院学部和广大院士十分关注我国深化科技体制改革问题，王志珍院士牵头的“中国科技体制与政策”咨询研究项目已经完成并向国务院报送了《关于我国科技体制改革的咨询报告》。在此基础上，中国科学院学部咨询评议工作委员会成立了以沈文庆院士为组长的咨询项目课题组，围绕科技与经济结合特别是科技成果转化相关问题，于 2013 年 2 月开始先后赴德国、瑞士，以及我国的上海、浙江、山东、北京等地对相关机构进行调研，与上海张江科技园、浙江嘉兴科技城、山东潍坊高新区、中关村科技园等园区管理部门进行座谈，实地调研了浙江中科院应用技术研究院、中国科学院上海生命科学研究院、北京大学工学院南京研究院等科研机构和相关企业数十家，邀请多位院士一起进行专题研讨，开展了大量文献性案例调研，并在调研的基础上形成了本报告。

一、科技成果转化显现出的新态势、新问题

党的十八大报告要求加强科技与经济结合，习近平总书记也在一系列重要讲话中要求进行科技体制改革，加快创新驱动发展。全面深化科技体制改革，进一步消除体制机制障碍，有力打通科技和经济转移转化的通道，是实现创新驱动发展的关键所在。2014 年 6 月，习总书记在两院院士大会上的讲话中指出：“科技成果只有同国家需要、人民要求、市场需求相结合，完成从科学研究、实验开发、推广应用的三级跳，才能真正实现创新价值、实现创新驱动发展”。

科技成果转化是推动科技与经济结合的重要途径和关键环节，是个世界各国面临的普遍难题，有“达尔文之海”“死亡之谷”之称，以往出台的许多政策举措，包括颁布专利法、创建高技术园区，都旨在解决这个难题。科技成果转化在我国是一个不断被提及但又未能有效解决的老问题，问题似乎没有变，但发展的要素

条件、存量基础、市场环境持续发生着巨大的变化。特别是在加快发展方式转变的背景下，我国科技成果转化的突出问题已经有所变化，必须弄清楚科技成果转化的主战场在哪里、谁在起着重要的影响，产学研以往的发展模式惯性怎样影响着科技成果转化，现有的科技体制使科技界提供的知识产出又怎样影响着科技成果转化。对这些问题的剖析，将有益于找到推动科技成果转化的政策着力点。

（一）地方政府在推动科技成果转化中的影响显著增强

地方政府在推进科技成果转化方面的影响日益显著，这是近年来我国科技成果转化出现的新态势。突出表现在以下三个方面。

一是在财政科技经费方面，近年来，地方政府财政性 R&D 经费比例不断增加，中央与地方财政科技经费的比例，已经从过去中央大于地方，变为地方大于中央。这种变化意味着地方政府在科技经费配置上的影响增强，导向性增强，影响力度加大；与此同时，许多地方政府领导对科技管理和科技发展规律不熟悉，导致发生一些决策失误，使得地方财政科技经费的使用效率问题日益凸显。

二是在政策供给方面，地方政府为了吸引科技资源，出台了大量优惠政策，在用人、用地、税收减免政策上高度灵活，力度颇高。例如，在吸引人才、吸引项目的过程中，各地之间出现了“过度竞争”现象；有的用大面积的土地作为代价吸引名牌机构，后来变为房地产经营，或者成为空洞的实验室摆设，并没有产生应有的效果。这不仅浪费了大量的资源，更扰乱了正常的秩序。部分地方出现“政策寻租”现象，一些机构和人员利用关系，套取地方政府对科技的优惠政策，使政策演变为牟取不当利益的资源。政府也在这个过程中寻求更“快捷”的发展之路，一些地方政府对科技资源的兴趣在于土地，为提高当地土地价格而引入科技资源，因此往往不惜代价，而对当地支撑科技成果转化的产业条件并不关心，导致一些引进项目成为“面子工程”。由此可见，在地方政府不断出台富有吸引力的政策过程中，隐藏在其中的政策负效应正在显露，值得关注。

三是在研发机构设立方面，近年来地方性的产业研究院等新型机构不断兴起，探索着实现科技成果转化的新模式。例如，北京大学工学院南京研究院，通过政府资金带动社会资金设立研发基金，借助资本力量整合行业，吸引企业提前介入科研立项，大幅提升了科研成果的成熟度和转化效率。浙江中科院应用技术研究院在引入中国科学院研究人员带着科技成果到浙江嘉兴创业过程中，采用创业核心人员必须投入资金并占总投资 50% 以上的方式，激发了科研人员进行成果转化的动力和决心。地方政府在推动科技成果转化方面的作用日益凸显，积极出资引进科研力量，在具体运作上又因地制宜、各具特色。由于各地基础条件不一，随着地方与研究机构合作不断发展，新的探索模式还将不断出现。

随着地方政府在科技成果转化中影响的增强，其带来的政策效应也在放大，同时也存在亟待关注的问题，主要有：各地之间出现的无序竞争和由此带来的财政资源利用的低效化；在地方政府越来越关注“拿来能用”的科技成果时，谁来投资做科技研发前端的基础性研究；在科技资源配置方面，中央与地方如何调整好分工体系，以保证整体效益优化等。

（二）高新区作为科技成果转化平台正在进入转型期

高技术园区的兴起，是20世纪推动科技成果转化的一项有效的政策创举，至今高新区一直是各地实现科技成果转化的主要平台。近年来，我国高新区再次成为新政策探索活跃区，特别是中关村、张江、东湖、合芜蚌、深圳等国家自主创新示范区试点政策的实施，正在为高新区注入新的增长活力，高新区的空间规模也在不断扩大，使高新区成为当地产业发展速度最快的区域。目前，大多数高新区开始进入转型期。例如，中关村园区已经从研发生产中心逐步变成研发基地和管理总部，其科技成果转化外溢效应明显；张江科技园由原来的大型外企为主，逐步转变为海外归国人员和外企员工活跃的创业园区。如果说以往我国的高新区更多地承接了发展传统产业的职能，更像工业园区的特点，那么现阶段，高新区需要而且正在越来越多地担负起创新、创业的使命，这种转型体现在其产业升级、人力资源的升级和附加值升级上。

但是，在高新区需要从传统向创新的转变中，政策尚有改进空间，特别是在越来越稀缺的高新区土地资源配置方面，体制的约束使土地处置未能与园区规划统筹考虑，主要表现在：一方面，“价高者得”的土地拍卖政策不利于落实园区产业规划；另一方面，企业在获得土地之后如果经营失败，企业自行处置后的土地利用不能保证符合园区产业方向。这些障碍造成高新区的政策对象出现错位，在园区内的企业可能并不是真正需要政策扶持的对象，而需要扶持的企业可能难以到园区中来，高新区的政策效应未能得到充分发挥。

（三）企业转型升级助推科技成果转化

由于我国的劳动力等生产要素成本上升，传统的生产企业纷纷开始转型，尤其在沿海发达地区，传统企业的转型压力更大。许多企业从传统产业退出，集中资金寻找新技术、新产品。同时，第二代企业家也开始逐步接班，由于有更加开阔的眼界和思维，他们对于新兴技术更容易接受，对于新兴产业的投资意愿也更加强烈。

可以说，中国经过资本存量的持续增长，投资来源已不是科技成果转化中最主要的障碍，投资方向的选择、眼光更为重要。一些苦于无法寻找到新兴技术的企业家，已经开始兴办企业孵化器，培育未来投资项目。

高技术产业化是“用”出来的，没有用户的实验室技术不可能自己日臻完善，科技成果转化中发挥需求拉动的作用尤为重要。受到30年来传统产业发展惯性的影响，我国的大多数企业家仅仅善于做别人已经“做过”的东西，面对一项新技术、新产品，首先关心是否已经有人做过。大多数转型期的企业仍依赖于以往的“经验”，不敢创新，不善创新，特别是对国内自主创新的新技术、新产品缺乏信心，这也是现阶段中国科技成果转化的特殊难题。

（四）科技成果转化体系建设仍处于初级阶段

近年来，我国无论是科技经费还是论文、专利产出都在持续快速增长，但科技体制改革的呼声却越来越高，最重要的是科技作为第一生产力的能量未能更高效地释放出来。两个问题较为突出：一是科技产出与经济社会需求之间的差距大；二是科技成果转化体系薄弱。

从科技产出看，受现有体制设计、立项管理、评价导向的影响，科技人员更关注论文，而不是解决紧迫的现实问题。论文产出关注的是某个点；而能够解决现实问题的技术，一般是系统的解决方案，需要多学科的配合协作，而且在时间上有要求。这两种产出需要的机制有显著差异。现在我国“科技成果”很多，但是“系统的解决方案”少，而后者才与需求更为紧密。现行的科技体制激励了论文、专利的产出，却抑制了解决方案的形成，拉开了科技与经济之间的距离。

从科技成果转化体系看，一是科技成果转化的工程化环节薄弱。由于一批归属于行业主管部门的研究院所转制为企业，功能有所偏离，而其他企业的研发能力未能及时跟进，实验室成果缺乏工程化开发过程，造成高校院所的科研成果与企业需求差距扩大，提高了科技成果转化难度。二是知识产权的国有资产管理制度相对滞后。虽然我国已经明确国家资助的科技项目成果由研究单位拥有，但是由于我国大多数高校院所是国有的，知识产权也都作为国有资产进行管理。这造成了两个弊端：一方面，国有资产管理有保值增值的考核要求，但是科技成果转化过程存在失败的风险，一旦失败就可能需要承担国有资产流失的责任；另一方面，知识产权处置需要按照国有资产处置程序进行层层审批，高校院所都不愿意卷入行政审批的繁文缛节。在没有激励措施和考核要求的情况下，对高校院所的领导来说，科技成果转化只是减分项而不是加分项。因此，高校院所为了少惹麻烦，对科技成果转化的工作普遍较为消极甚至排斥，高校院所中有大量成果闲置，造成巨量的国有资产和社会资源浪费，却无人承担责任。

二、理性认识科技成果转化难题

（一）科技成果转化是世界各国普遍面临的难题

科技和经济发展存在不同的发展规律与运行机制，客观上存在科技成果转化失败的因素。首先是目标导向有很大差异：科技活动更多的是学科导向，往往呈现点式突破，有很强的不确定性；经济活动是产品导向，强调系统功效，任务明确并具有时间要求。其次是科技成果成功实现商业化通常都需要跨越两个重要的鸿沟，包括从基础研发到产品之间的鸿沟，从产品生产到大规模产业化之间的鸿沟，任何环节都蕴含着风险。

从各国实践来看，大量科技成果转化失败是正常现象，而且科技成果是否能延伸到市场，也是市场机制选择的结果。有些好的科技成果没有得到应用，并不意味着科学产出没有价值，而是许多其他的条件不成熟，历史上许多重大科学发现，并没有马上得到应用，而是在若干年甚至几十年后才得到应用。因此，对科技成果的转化首先要有一个理性的认识。

与此同时，为了促进科技成果为社会带来更高的效益，许多国家结合自身的优势，先后进行了一些开创性探索，出台了一系列标志性举措。美国缔造出的“硅谷模式”至今仍是全球高技术产业园区的标杆。《拜杜法案》（1984 年修正）等系列法案，不仅对美国，也对其他国家产生了重要影响。德国许多科研机构不仅从事技术创新活动，而且开展高水准技术转移和推广服务，弗朗霍夫协会、马普学会便是典型代表。瑞士 2013 年推出知识与技术转移新战略，开通国家创新主题网络（NTNs）；建立创新导师制度（IMs），帮助中小企业（SMEs）寻求和促成创新合作。印度在 2013 年正式发布“科学技术和创新政策”，研发预算的 10%~15% 专门用于加强科研和商业的联系，强调研究的卓越性与实用性结合。韩国于 2011 年年底设立“产学研联合研究法人”，新机制使得国立科研机构、大学、企业和政府的协作更加有效。

（二）我国科技成果转化难的核心症结

一是科技界的动力不足。目前的科技资源配置方式、人才评价导向，导致科研人员重申请项目和论文产出；知识产权的国有资产管理制度，导致科研管理人员也没有推动科技成果转化的积极性。科技界整体上还没有压力和动力关注科技成果的应用价值。

二是合作不够。合作难不仅是产学研之间，而且在科技界内部、政府部门之间的合作都有较大的问题。科技成果转化是一项系统工程，必须在合作中才能高效率地解决需求难题。各个“法人”自身利益的驱动，造成国内机构之间的合作成为普遍难题，每个单位都在考虑自己的优势资源不能外溢，使许多合作貌合神离。如果不能建立有效的“利益机制”以打破旧的格局，合作机制就难以真正建立。

三是科技政策滞后。科技发展日新月异，而政策内容往往跟不上科技的发展和创新的要求，例如，1996 年《中华人民共和国促进科技成果转化法》的修订工作 2013 年才开始，相比美国的《拜杜法案》（1984 年修正）滞后时间过长。许多政策或管理是本着“不出问题”而设立的，对出现的新变化、新要求往往不能尽快出台相应的管理办法，如新的标准认定，使许多新技术、新产品的快速发展受到制约；在个人成果转化的激励方面，我国的《专利法实施细则》和 1996 年出台的《中华人民共和国促进科技成果转化法》仅规定了奖励报酬的最低比例，缺乏“指导细则”，出现目前较为混乱的局面，不利于公平合理和有效激励单位、个人推进科技成果转化工作。

三、推动科技成果转化的意见和建议

第一，加快科技体制改革，消除科技成果转化难的体制性障碍。大学、科研院所、企业的分工需要更加规范化，科研院所的设置应与目标任务联系更加紧密，强化目标导向，形式不能固化。改革以“法人”为基础的现有科研机构格局，整合机构设置，设立“联合研究法人”，使科研机构之间、产学研之间的合作变得更加实质性。

第二，尽快完成《中华人民共和国促进科技成果转化法》修订，针对我国现有的《专利法实施细则》中缺乏奖酬的计算方法和指导细则的情况，建议在修订《中华人民共和国促进科技成果转化法》后，尽快出台相配套的《奖励指导办法》，从单位和个人两方面对技术发明的贡献程度，设计合理的奖励计算方法，兼顾和明晰单位、发明人或发明团队的利益。其中，个人贡献率要考虑发明人的主动性、创新性及发明人职务等因素，并给出相应参考值。同时，应考虑按照科技成果转化收益的多少，划分阶段给出不同的奖励比例，不宜采取过于简单的方式，避免因为不恰当的奖励带来其他负面影响。

第三，强化市场机制在科技成果转化中的作用。首先，改变过多依靠政府推动科技成果转化的模式，加快建立专业化的科技成果转化的人才队伍，引进和建立规范化运作的科技成果转化机构，推进研发服务产业发展。同时，以科技与金融的结合，带动科技与经济的结合，采用灵活的金融工具，鼓励企业创新，建议引入“创新券”机制，同时引入“创新导师”制度；建议鼓励中小企业参与建立互助性的创新风险投资基金，形成“风险共担、利益共享”新模式，让更多企业从不敢独自承担创新风险中走出来，推动企业加快科技成果应用，从传统产业中逐步转型升级。

第四，清理并规范地方的“优惠”政策，防止无序竞争。建立必要的激励政策规范和统一的信息平台，防止各地对“人才”和科技资源的恶性竞争，遏制部分机构和个人到处套取政府资源的现象。

第五，改革科技人才流动和评价机制。打破事业和企业的身份界限，鼓励高校院所和企业科技人员双向流动，解除各单位对科技人员到企业兼职的限制，特别为企业人员到大学中任职创造条件，可设立专门性的岗位。将科技成果转化作为重要内容纳入高校和科研院所评价体系中，对适合进行科技成果转化的岗位给出明确的评价指标。

（本文选自 2014 年咨询报告）

咨询组成员名单

沈文庆	中国科学院院士	中国科学院
李静海	中国科学院院士	中国科学院
王志珍	中国科学院院士	中国科学院生物物理研究所
张礼和	中国科学院院士	北京大学医学部教授
褚君浩	中国科学院院士	中国科学院上海技术物理研究所
甘子钊	中国科学院院士	北京大学物理学院
沈保根	中国科学院院士	中国科学院物理研究所
朱道本	中国科学院院士	中国科学院化学研究所
金国藩	中国工程院院士	清华大学
李国杰	中国工程院院士	中国科学院计算技术研究所
曹效业	研究员	中国科学院
赵兰香	研究员	中国科学院科技政策与管理科学研究所
周城雄	副研究员	中国科学院科技政策与管理科学研究所
万劲波	副研究员	中国科学院科技政策与管理科学研究所
李培楠		中国科学院科技政策与管理科学研究所
贾　佳		中国科学院科技政策与管理科学研究所
王　芳		中国科学院科技政策与管理科学研究所
张大蒙		中国科学院科技政策与管理科学研究所
王桂侠		中国科学院科技政策与管理科学研究所
唐　静		中国科学院科技政策与管理科学研究所
李美桂		中国科学院科技政策与管理科学研究所

实施“材料基因组”战略研究，推进我国高端制造业材料发展

王崇愚　等

材料是人类生存与发展的重要物质基础，材料发展历程是人类社会文明进步的标志，新材料的研发与应用是反映一个国家科技竞争能力的主要因素之一。发展先进材料对于我国建设高端制造业强国，具有十分重要的基础性意义。美国为了促进其高端制造业的复兴、保持在全球的竞争力，2011 年 6 月，美国总统奥巴马宣布启动“为全球竞争力的材料基因组行动计划”[Materials Genome Initiative (MGI) for Global Competitiveness]。2012 年开始，美国扩展实施了材料基因组计划资助 MGI 研究项目，并在国家标准技术研究院建立新的“先进材料卓越研究中心”，在几个著名大学建立了材料创新研究院。2014 年 6 月，美国又发布了名为“材料基因组计划”的战略计划 (strategic plan)。此外，印度、日本和欧洲也在实施各自的材料基因组计划。相应于美国“材料基因组计划”，中国科学院和中国工程院于 2011 年开始了我国材料基因组计划的战略研讨和咨询建议，并提出了有关“材料基因组计划”的咨询建议。我们认为，材料基因组计划（MGI）应成为国家战略计划和科技部署中的重要部分，在实施过程中着眼于国家重大需求，通过融材料计算模拟、实验与表征及数据挖掘于一体创新发展新材料，解决我国高端制造业所需关键材料依靠进口的严峻问题，夯实未来制造业快速、低耗、创新发展的科学基础。材料基因组计划将为我国和国际科技事业带来新的机遇，并以其深刻的科学内涵和应用潜势，预期将推动材料科学与产业一次新的革命。

一、研究意义与主要问题分析

历史已经证明，新材料发现及材料研发部署的变革往往会导致影响人类文明进程的重大历史事件。20 世纪末以来，随着计算数学与计算机技术、软件技术，以及信息科学和基础科学的迅猛发展，国际科技领域的研究方式和进程发生了划时代的深刻变化。21 世纪初，计算科学与先进实验和科学理论在并行地推动着近代科学技术的发展，材料科学与产业的研发深度融合，创新方式发

生巨大转变，先进发达国家陆续布局材料基因组研究，超前布局，抢占竞争制高点。

相比而言，当前我国高端制造业的先进材料，与国际先进水平差距明显。重大需求及国家安全方面急需的高端制造业关键材料或部件大部分仍依赖进口，关键材料自给率只有约 14%。国家急需的航空发动机叶片材料、核材料、稀土磁性材料、催化材料、能源材料、光电材料、生物医用材料及电子材料等方面或处于长期研发尚待突破性进展状态，或处于正在努力创新中，或处于受限于国外技术封锁必须自主研发，可以认为大多数材料处于较少创新的跟踪模仿状态。

加强研发高端制造业先进材料，追赶国际先进水平，向制造业强国转型，必须夯实材料创新的科学基础，必须抓紧实施“材料基因组”战略研究，这样才能抓住材料科学领域蕴含的巨大历史机遇，迎难而上，奋起直追。

（一）高端制造业关键材料创新存在的问题及关键点

我国在材料研究体系建设、产业规模和技术进步方面取得了相当的成就，但综合水平，尤其是高端制造业所需关键材料或部件，与发达国家相比仍有较大差距。急需解决的问题包括以下七个方面。

1. 航空发动机涡轮叶片材料

美国正在考核第三代高温合金且已发展到第四代，具有更高承温能力的新一代合金也在发展之中。我国现已将高温合金发展到第三代，并正在发展高承温能力的新一代材料。当前急需解决的关键问题是发展具有高推重比特性的超高承温能力及优异综合力学特性的航空发动机涡轮叶片材料，以达到先进战机综合力学指标，探索和判明承温能力极限极具挑战性。

2. 核科学及核能材料

在核材料方面，美国已启动核武“延寿计划”（SSMP），以期改进材料物性。我国现正启动有效性评估工作，总体状态与美国有一定差距。在核能方面，美国已提出基于科学目标引导技术路线及轻水堆先进模型，具有可推进材料研发及核电燃料技术的综合优势。而我国还局限在引进技术上的改进，与国际核燃料技术强国相比仍有很大差距。当前急需解决的核材料关键问题包括对库存材料的检测能力和性能预测能力、外壳及核反应堆材料在高温高压强辐照和强腐蚀等极端条件下的材料行为，尤其是提高抗蚀特性及抗强辐射能力问题等。

3. 稀土磁性材料

此类材料在国家安全及民用高技术领域有广泛而重要的应用，但我国新型稀土磁性材料研究长期滞后于高技术发展对产品性能的需求，缺少原始创新，成为制约保障国家安全的一个材料瓶颈，发展超高性能新型稀土磁性材料迫在眉睫。

4. 催化材料

催化材料是我国能源化工等领域可持续发展的关键和支柱，但在工业应用中涉及的重要催化材料均为国外首创，关键技术不对中国转让，我国主要以跟踪、模仿和改进为主。当前急需解决我国催化材料的自主设计研发问题。

5. 能源材料

能源材料是我国新能源汽车和清洁能源电网等领域产业升级换代的核心和基础，但具有工业应用前景的重要储能、产能材料均为国外首创，并形成产业链技术的专利垄断，使我国锂离子电池等能源产业陷入低端制造的高污染、低价竞争的恶性结构循环。当前尚待研发兼具高能量密度和高功率密度及电化学性能优异的锂离子电池材料及超级电容器材料。

6. 生物医用材料

我国生物医用材料产业落后发达国家 10~15 年，高技术产品用量仅及美国的 1/10，且市场及关键技术为外商控制，70% 以上高端生物材料产品依靠进口。但在生物材料发展前沿领域：可诱导组织再生的生物材料方面，我国科学家做出突破性进展，创新骨诱导人工骨及软骨形成并推广临床应用。当前急需变革研发模式揭示设计和构建可诱导组织再生材料的基本要素（基因）及分子机制。

7. 先进电子材料

我国高端芯片制造领域理论设计及制造技术严重落后，几乎仍是空白，仅在 2012 年进口额高达 1920 亿美元。除了制造技术落后于他人之外，我们的芯片设计领域同样大大落后，缺乏自主设计软件，缺乏高端设计人才。芯片设计是当代半导体工业不可或缺的关键环节，这方面的落后极大地制约我国赶超先进国家半导体工业的步伐。随着晶体管特征尺度达到 14 纳米，传统半导体技术接近物理极限，同时进一步投资风险极大增加。因此，新型材料、新型电子器件，特别是先进量子材料器件的研发尤其重要。Ⅲ/V 半导体材料、石墨烯、碳管、拓扑绝缘体、有机发光材料等的研究日益重要。先进量子材料与技术可能会引起电子工业革命性的变革。

（二）解决高端制造业先进材料创新问题的关键在于夯实材料创新综合基础

高端制造业关键材料与国际先进水平差距的根源在于我国材料研发基础和实力相对薄弱，材料研发长期处于学科离散及单一模拟的经验尝试或传统试错模式，缺乏或尚未建立快速、低耗、创新研发先进材料的科技基础。因此，为根本改变我国在先进材料与技术研发方面的落后状态，加速高端制造业发展步伐，必须转变传统研发模式，建立以材料基因组理念为背景的材料创新综合基础。

当前，我国材料研发存在的主要科技问题包括以下方面。

1）缺乏多学科、多算法、多软件及跨尺度集成研究体系，以致难以揭示复杂材料物性机制。

2）尚待建立计算（包括理论）与实验及数据库相融合的研发模式，致使难以控制、验证材料内在相关规律。

3）尚待建立高通量自动流程多通道并发式集成计算系统及自动驱动智能化引擎系统，难以支持高端制造业所需先进材料的快速、低耗、创新发展，以致制约揭示材料物性内在规律，抑制快速、低耗、创新、发现和预测新材料。

4）缺乏与超级计算机计算能力相应的硬件及软件系统，以及具有特殊功能的专业软件和中间件软件，致使国家超级计算中心难以支持材料基因组高通量自动流程多通道集成计算。组建材料基因组研究中心需自行建设超级计算机系统。

5）尚待建立高通量并行方式材料组合芯片实验，以及适应于多种材料的芯片组合表征技术。

6）缺乏统一科学规划及设计理论与计算模拟软件相配套的数据库；现有数据库规模小而单一、范围窄、更新慢、信息化程度低、尚待建立数据共享机制及自主研发的驱动力。

7）需集中优势力量创新发展的计算材料物理算法和实用性专业及实验软件包括：①发展第一原理高精度和强关联算法（内含电子多自由度耦合物理），以及相关集成软件；②第一原理大尺度复杂体系（10^3~10^4 原子数）高效算法和相应软件；③多组元－复杂缺陷体系结构预测算法和软件，满足结构材料及新发展的复杂功能材料需要；④发展以第一原理为基础的热力学－动力学－力学算法和集成软件，解决材料综合物性问题；⑤发展空间－时间多尺度跨越算法，以及建立跨越非单一量子理论及经典理论的多尺度算法，揭示材料自身内在物性相关机制；⑥发展工程工艺制备过程模拟和仿真软件，研究制备过程中的材料－工艺－组织－性能之间的定性与定量关系，开发新工艺、新技术，促进材料本征性能的发挥，解决工程需要问题。

上述现代化科技能力的缺失，在相当大的程度上制约了我国先进材料的创新发展，影响我国高端制造业材料的发展和国际竞争能力，以致关键部件或材料多依赖进口，自给率很低，难以实现重大创新。

我们认为，实施材料基因组计划，变革传统离散式经验试错法研发模式，建立实验－计算（包括理论）－数据库相融合、相协同的新的研究方式，以揭示周期表中化学元素组合规律、探索元素组合中电子组态的复杂状态，以及预测多元复杂体系的原子结构、认知控制材料物性最基本因素（材料基因）、建立基因－基因组合－材料物性关联机制，发现新材料、预期新效应，实现按需设计材料为科学目标。建设材料创新基础与研发高端制造业先进材料是材料基因组计划的核心理念，也是我国向制造业强国转型的科学及物质基础。材料创新基础以研发高端制造业先进材料为其生命力和目标，高端制造业先进材料以材料创新基础为其必需的创新科学条件。我们建议，果断变革研发模式，建设国家材料创新基础，及时部署国家重大需求高端制造业先进材料研发体系。

三、建设国家材料创新基础

材料创新基础以高通量自动流程集成计算、高通量材料组合实验、数据库与数据科学、微观结构分析及表征，以及算法与软件开发为核心内涵，相互关联、相互融合，为快速、低耗创新发展、预测、发现新材料提供科学基础，并关系到国家高端制造业发展、国家安全、人类健康，以及教育与人才等（图 1）。

图 1　材料创新基础与科学内涵

1. 建设高通量自动流程集成计算材料预测系统

高通量计算是一个正在兴起的学科，以密度泛函理论、信息学数据挖掘及结构演化相结合策略为理论基础，以多学科交叉、多尺度时空跨越、多参量关联、多软件及多算法集成为特点。变革传统单一离散式经验尝试法材料研发模式，建立实验－计算（包括理论）－数据库相融合、相协同的研发模式为材料基因组计划的基本理念。

高通量集成计算在处理多元异构大数据背景上，可预期多元素、多成分和多几何组态材料化学组合和原子结构的信息与规律。近年来（2010~2013 年），美国科学家提出材料基因组计划高通量自动流程算法和软件，引发材料科学技术界广泛关注和兴趣。高通量计算在预测新能源材料，发现拓扑绝缘体，设计热电材料、催化材料、轻质镁合金材料、磁性材料等，以及探索二元和三元化合物结构稳定性状态等领域已有多个成功应用和尝试。

高通量自动流程集成计算以第一原理计算为基础，关键在于洞察目标材料物理、捕捉关键参量，结合数据挖掘及微观结构实验构建计算模型；其挑战性在于设计万量级并发式作业，既需体现模型间相对独立性，又需内含模型间的物性关联。在此基础上根据统计学原理自动生成计算作业，建立自动流程集成算法及驱动引擎软件，实现自动响应、自动监控和自动调整；其基本模式为计算方法与物理模型分离式布置、计算作业平行、专业软件并行，集成独立格式的高通量数据信息，通过开放式界面接口实现数据传递与关联，探寻材料组分—结构—物性间的内在关联规律，为材料设计提供创新基础，加速新材料研发与应用。自动流程计算系统的挑战性之一在于定制式硬件设计与系统软件相匹配问题，以及计算模型设计中可能存在的物理不自洽或病态几何问题。

高通量自动流程集成计算以定制式专用集群机操作系统及单一映像管理系统，与通用驱动计算软件高度协同计算为基础，实现材料设计自动化、智能化和按需化，将新材料的发现、发展和设计提高到一个新的高度，这一目标极具挑战性。

2. 发展高通量组合材料实验方法和技术

材料科学是一门以实验为基础的复杂系统科学，迄今，材料的研发速度很大程度上决定于实验通量。传统“试错法”的实验每次只能处理单个或有限个数的样品，效率低下，研发周期长，不符合当今的科技发展速度。

高通量组合材料实验的概念在 1970 年提出，到 1993~2000 年，由美国劳伦斯伯克利国家实验室（Lawrence Berkeley National Laboratory）科学家赋予实施。该实验方法以并行处理方式大幅度提高实验通量，从而实现材料基础数据和知识的快速积累，并带来了材料创新质的改变。受集成电路芯片与基因芯片启发，在一块基片上集成生长和表征数十个至数百万个不同组分的新材料，并相应开发了自动化的微区表征平台，实现了高效率的材料筛选及“材料相图”的系统描绘工作。高通量组合材料实验核心特征为：在同一基片上、在相同或不同的热力学参数下一次性地合成覆盖大范围组分或整个二元/三元“相图”组分的样品；建立自动化、高速度、综合性微区表征平台及完整的数据库，并找出大量数据中隐含的规律。

组合材料实验已逐渐发展为材料科学领域所接受的方法，相关的制备与表征技术得到了扩充与发展，并在多项研究与工业应用中取得了成功，如化工催化剂、固体荧光材料、航空发动机高温合金（通用电气公司）、发动机尾气催化剂和储氢合金（宝马汽车公司和通用汽车公司）、相变存储合金和高介电材料（英特尔公司和三星公司）等。近年来的趋势是更强调实验设计的重要性，同时注重计算模拟与实验相协同。

高通量组合材料实验目前面临的主要挑战：急需建立原位高通量样品制备及原位物性表征方法与技术，以及建立大型科学装置（如同步辐射光源）和样品尺度原则。

3. 建立统一规划的材料数据库与材料数据科学

材料数据库作为材料科学研究与工程应用数据的存储与分析载体，是材料创新研究的智慧积累，也是材料基因组计划的基础之一，在支撑快速研发高性能新材料方面具有不可替代的作用。应特别关注微观结构与材料物性内在关联规律的分析方面的支持。改变传统数据库建设模式，以数据科学为指导思想，建设自主创新、科学、系统、安全高效的材料科学数据库系统。瑞士、日本、美国分别发展了 PAULING FILE、NIMS、NIST、相图、热动力学等内涵丰富的材料科学数据库。但不同尺度计算和模拟的数据库目前对我国用户全部关闭，无法解读和补充数据。我国材料数据库数据量严重不足，数据库结构落后，导致数据的作用和价值难以充分显现。

在先进材料开发和高端制造业重大需求的牵引下，以材料基因组计划为契机，进行顶层规划和科学布局，协同高通量计算资源，研究建立自主创新的国家材料科学数据库系统，是当前我国材料科学发展的迫切需求。我们应当凝聚优势：建设材料基因组计划的材料数据库顶层构架体系，数据库建设标准规范，以及建立数据开放与共享机制；整合材料实验和计算模拟数据，探索材料化学组元、组分、微观结构、宏观物性等数据间相关规律，加深对物质构成的认识，辅助实验和计算快速发现新材料；结合高通量自动流程集成计算，研发材料数据的存储及数据在不同尺度计算中无障碍传输的接口技术，形成全流程、跨尺度、一体化材料计算的数据支撑体系。

4. 发展微观结构实验及表征分析技术

（1）微观结构实验及表征技术

材料的基本科学问题之一在于发现与洞察材料的结构与物性关联的行为和规律，创新发展与设计新材料。材料物性一般极敏感于晶格结构缺陷、化学缺陷及界面失配等行为。原子尺度调控材料界面结构及化学活性对结构材料及功能材料都极为重要。

实践证明，微观结构分析在协同物性测量、计算建模、实验验证等方面具有重要的作用，体现着材料基因组计划工作模式的重要核心内涵。特别地，界面微观结构，界面扩散，界面晶格错配及其与化学因素的跨层次关联，应在理论分析、计算模拟、实验表征的融合中探索解决。

材料基因组研发模式中，建立可靠的、基于实验观察的初始原子构型是提高高通量集成计算效率的关键之一。利用离散三维成像方法，球差校正电镜可精确测定空间三维原子结构。三维原子探针在多组元复杂体系、原子尺度相分布、相择位、界面原子分布及元素定量表征方面极为重要，可为材料模型设计及多组元协同效应提供直接的信息，也能为相关计算提供实验验证。扫描隧道显微镜与原子力显微镜在液氦温度下已实现表面原子自旋分布观察。材料结构与物性的原位电镜表征对研究材料在外场下结构与物性关联具有直接效应，应予以关注和发展。

（2）高通量原位统计分布分析表征技术

研究实物样品的高通量原位统计分布分析表征技术，具有以最终适用材料为目标、与工艺结合紧密、覆盖材料研究全流程的特点，是一种有效的表征技术。

通用材料的表征对象一般是非均匀、多元、复杂的材料实物样品，材料的最终性能与各原位置信息的统计分布表征密切相关。高通量表征技术可以获得数以百万计材料各原位置组成状态的原始信息，结合全视场金相技术、显微硬度、电镜等微区分析技术，可实现材料中点对点各原始信息对应的高通量原位表征，为筛选、验证材料计算设计，改性、工艺优化提供有用参考信息，并可大大丰富数据库信息。

材料介观尺度组成结构、性能及其工艺与宏观材料具有很好的相似性，可为材料计算设计、改性与优化的高通量筛查与验证提供保证。研究跨尺度原位统计分布分析表征和评价的新方法，解决实际材料跨尺度表征问题，进而建立适用性能、性能迁移和演变的数学模型等相关的检测表征技术和原位统计模拟评价方法至为重要。

（3）材料中局域原子序与同步辐射实验

短程序结构为化学成键提供了重要信息，敏感影响材料的强度。实验精确确定短程序，对于理解结构和性能的关系至关重要。同步辐射衍射实验是研究短程序的重要方法之一。

5. 创新发展材料基因组算法与开发自主产权软件

自主软件算法创新发展重点应集成量子力学、热力学、动力学及多尺度跨层次模拟算法，并与材料数据库智力挖掘及结构预测算法发展相结合，体现多学科、多尺度、多算法、多数据库相集成。量子力学计算方法应与材料基因组科学内涵相统一，着重于基本物理问题及基本物理参量的引入及相关算法发展。以第一性原理密度泛函方法为基础，发展多组元缺陷体系多尺度算法、线性标度大尺度算法、无轨道大尺度量子力学算法，以及多组元缺陷体系结构预测算法。目标在于寻找和揭示物质时—空跨越行为与其电子结构及结构演化行为的内在关联机制，为创新发展先进材料提供科学基础。动力学计算方法包括：发展多组元多体原子间相互作用势，时间多尺度分子动力学算法，量子蒙特卡洛算法，等等。在介观或近宏观层次上，发展连续介质相场方法、器件多尺度模型算法，以及工程工艺过程大型部件制备模拟与仿真软件。

软件开发和应用方面重点应置于建立高通量计算自动驱动引擎软件、中间件计算软件、复杂结构预测软件、计算热力学与动力学软件。同时，发展实现复杂数据的逻辑分析、管理与集成（知识表示、知识挖掘、机器学习和推理、专家系统等智能技术）的软件。

四、研发高端制造业先进材料

基于材料基因组变革研发模式的理念及科学内涵，预测并重点发展几类关系国家重大需求、国家安全及具有重大突破意义的高端制造业关键材料。

1. 航空发动机叶片材料

（1）航空发动机超强高韧涡轮叶片材料——镍基单晶高温合金

镍基单晶高温合金是当今国家安全重大需求材料，综合科学分析，预期到21世纪初中期，它仍将是航空发动机涡轮叶片的主体材料。目前，第二代单晶高温合金在国内外广泛应用，但承温能力达到1180℃的单晶高温合金国内外尚未见报道。航空发动机叶片研究应在材料基因组变革材料研发模式理念下建立高通量自动流程集成计算（包括算法及软件），与数据库和数据智力挖掘及实验表征相结合，揭秘关键合金元素组合规律，模拟晶体缺陷的形成、性质及其与合金元素的交互作用，揭示决定叶片材料承温能力的基本因素（材料基因）及其内禀相关机制。设计高通量多通道（可达万量级）并发式计算模型与作业，平行地实施百炉量级或以上的小炉试验验证与数据科学信息化技术相结合，探索单晶高温合金承温能力极限，研发可工作于1180℃以上的具有综合优越特性的单晶高温合金，为国家战略需求的先进航空发动机研制提供技术储备。

（2）超高温合金

新一代航空发动机迫切需要新型高比强度的高温超高温合金材料，未来推重比15～20发动机涡轮叶片使用温度将达到1200～1350℃，目前尚无合适的材料。以Ni_3Al和Nb-Si为代表的超高温合金，具有优异的超高温稳定性、超高温强度和在超高温条件下长时服役的潜力，是极具前景的先进航空发动机用超高温材料。但其研发面临材料本征性瓶颈问题，采用材料基因组理念，实行多尺度计算与模拟设计方法，以期对现有Ni_3Al和Nb-Si等超高温合金的有效改性和发现满足使役性能的新材料。

（3）钛合金

钛基合金叶片和轮盘的疲劳、缺陷敏感性等问题严重制约航空发动机的安全、寿命和能效，但其与成型工艺间关系仍不清楚，难以实现部件性能的综合优化和稳定控制。理解疲劳寿命降低的机制及如何实现微观组织及性能控制是降低疲劳断裂风险的关键。钛铝合金室温脆性及成型困难阻碍其规模应用，如何通过优化组织和成分以获得最佳的性能匹配，以及消除缺陷或降低其敏感性，是其大规模应用的关键。

建立高性能钛合金计算设计及实验平台，开展多尺度计算模拟并结合实验，与生产企业技术协同，预期将在钛合金的疲劳断裂机制研究及控制方面有所突破，实现高质量钛铝叶片等部件的制造并在航空发动机上的应用。

2. 核科学及核能与极端条件下的材料

（1）核科学材料及核能材料

核科学是我国战略安全的重要基石，核能已成为现代能源的重要组成部分，对政治、经济、社会和军事等方面都有广泛而重大的影响。核科学和核能材料长期处于高温、高压、强辐照、强腐蚀等极端条件下工作，材料性能直接关系到我国核能及相关领域的安全可靠性、有效性和先进性。基于材料基因组计划的高通量计算平台，开展核材料库存性能和核能结构材料使役性能研究，提升优化设计水平，实现新设计的核材料抗腐蚀性能提高10%以上，核能结构材料钨合金等抗辐照性能提高10%以上，掌握极端条件下材料结构、环境腐蚀、热力学性能及微观组织结构演变的微观机理，增强核材料库存寿命评估和核能反应堆设计能力，对于国家重大战略需求、国防建设与国家安全具有重要意义。

（2）极端条件下的特种无机功能材料

超高温陶瓷基复合材料和空间光学系统结构材料是国际上的研究热点，由于涉及先进武器打击系统和高精度对地侦查系统，国际上均处于攻关状态，竞争十分激烈，其实现途径依赖于材料组成设计和结构设计。基于材料计算与优化、高温失效模拟、服役寿命预测，发展极端服役环境下的超高温系列材料和空间轻量化光学结构材料，实现 2000℃以上高温高速气流条件下稳定可靠工作，光学结构材料达到 2 米量级以上，将大大提升我国临近空间飞行器技术和空间遥感技术，对国防安全体系具有重大意义。

（3）极端条件下的新型超硬材料

以金刚石为代表的传统超硬材料的热稳定性低，实施极端高温和高压条件下的新材料高通量设计、合成与制备是获得新型替代超硬材料的突破口。目标为：制备高化学惰性、高热稳定性（温度>1500 开尔文）和高维氏硬度（>100 吉帕）的新型超硬材料。

3. 稀土材料

稀土元素具有特殊的电子结构，与其他元素结合，可以产生出多种性能优异的功能材料，在材料科学和产业中有其他元素难以替代的特殊作用。稀土是我国重要的优势资源，其高效利用有重要意义。

（1）稀土磁性材料

稀土磁性材料特别是稀土永磁材料、高频材料等已广泛应用于国防领域的各个方面，如各类导弹、飞机、潜艇、舰船、雷达、卫星、飞船、微波通信和电子战系统等。但我国新型稀土磁性材料的研究长期滞后于高技术发展对产品性能的要求，成为制约我国成为太空强国和保障国家安全的瓶颈。我们需用材料基因组研究方法等多种手段，在微观与宏观之间搭建桥梁，解析各种条件下材料内禀磁性质，从电子层次探讨微结构对矫顽力的影响及澄清动态自旋分布，探索、设计超高磁能积（≥90MGOe）的新型实用永磁材料、极端环境用永磁材料及稀土磁性多层膜材料，提高高端制造业控制、操作系统的稳定性和精度，提高国防装备性能，解决国家占领外空制高点的瓶颈问题。加快研发稀土磁制冷材料、稀土磁智能材料、稀土微波磁性等材料，节约、高效、有效利用我国稀土资源，提高高频微波频段下的抗电磁干扰器件性能，满足国家在科研、医疗、军事、大科学工程等领域对新型稀土材料的需求。

（2）稀土发光材料

稀土发光材料作为高能束探测器核心及发光体在国家安全监测、癌症/心血管疾病影像诊断及疗效跟踪、桥梁/工业品无损探伤、节能照明等领域有重要应用，其发展水平可凸显国家的科技制高点、威慑力和竞争力。我国已建立闪烁材料高端制造的基础和基地，“中国品牌”在国际市场的份额达20%。

在材料基因组框架下，发展材料计算、性能优化及寿命预测方法，加速研发新材料体系，制造稀土掺杂含氧酸盐/卤化物及非稀土本征发光快闪烁晶体和陶瓷，其衰减时间达20纳秒，分辨率达6%～8%；制造稀土掺杂氮氧化物大功率全固态抗光衰LED荧光材料，显色性>90，色温<6500；研发稀土发光功能替代材料，缓解稀土资源日渐枯竭问题。保持在国际上的竞争地位。

4. 光电材料

先进光电材料重点包括有机发光二极管（OLED）的发光材料，太阳能电池（OPV）的高效光电转换材料，高迁移率、高开关比的OFET和新型二维晶体光电材料等。它在国防、民生、能源、健康等众多领域中有重要的应用前景。高效率、低成本、工艺简单的柔性器件和集成将是必然的发展趋势，它将成为世界新兴电子产业重要的有生力量。但重要的核心技术关键问题，国内外至今未能解决。

研发OLED显示与照明技术，建设OLED显示与照明工程，继而推动这一领域的产业化，对提高光源效率、减缓电力供应压力、减少由于发电而产生的温室气体排放量等都具有重要的意义。在有机发光材料方面，虽然国内少数材料企业的材料性能稳步提升，但大多数核心材料都依靠国外进口，并且面临产品价格高昂的严峻挑战，迫使我们必须自主研发OLED关键材料，重点解决蓝色磷光客体材料的稳定性、磷光主体材料三线态能级自如调控等关键问题。

基于材料基因组基本理念及设计，建立调控能带结构调控和分子组装过程与光电性能之间的规律，自主开发高稳定性和高效率的OLED显示与照明器件的发光材料、载流子传输材料、有机掺杂材料、新型蓝光发光材料。新型蓝光材料组建的器件在1000坎/米^{2}的初始亮度测试条件下发光效率达到40流明/瓦，大面积发光器件发光效率达到150流明/瓦，器件的半亮度寿命达到30 000小时以上，从而在国际上达到领先水平。

5. 能源材料

（1）锂离子电池材料

现有锂离子电池电极材料的实际比容量低，大功率放电能力差，安全风险高，大大制约了电动汽车及智能电网等新能源动力技术产业的发展。在产业级主导正极材料三元氧化物方面，我国落后于国外技术；在高容量富锂多元氧化物方面，美国掌握核心专利并禁止投放中国市场。在材料研发与生产的核心技术中急需解决的关键问题包括新型材料的原创设计、制备工艺和材料放大技术。目标为：基于对复杂材料体系的理论与实验分析预测，通过介微观表征技术及高通量电化学性能评估，创新性地发展出高比能、高比功率、长寿命、安全、价格低廉、环境友好且具有自主知识产权的新型高效能锂离子电池正负极材料，为实现电池能量密度（＞300 瓦时 / 千克）和功率密度 20 千瓦 / 千克性能的突破奠定基础，有力支撑清洁能源、智能电网、电动汽车等战略新兴产业发展和产业链集群创新。

（2）稀土新型高效超级电容器材料

解决汽车环境污染问题的途径之一是用电动车取代燃料汽车。但储能器件还存在问题，用锂离子电池或超级电容器均不能满足要求。在稀土—过渡金属化合物体系中，通过改变组成和原子配位方式，制备有高空旷度晶体结构、高电子导电率及与电解液相似的表面自由能和高比表面积的微结构，可望得到兼具高能量密度和高功率密度、电化学循环性能优异的新型稀土赝电容材料。目标是开发出超级电容器电极材料，制成的储能器件能量密度达到约250 瓦时 / 千克，功率密度 20 千瓦 / 千克，循环次数 >10 万次，可实际应用于纯电动车。

（3）热电材料

热电材料实现热—电直接转换，在工业余热和汽车尾气废热发电等领域具有广泛的重要应用，热电材料性能优值决定于电输运性能和热输运性能的协同优化，需要在原子分子、介观和宏观层次上协同调控相互矛盾又本征关联的电热输运。提高热电性能优值是科学前沿。目标为发展多尺度电、热输运性能预测方法，实现高性能热电材料及纳米复合热电材料的“基因”和微观设计，探索多元不同强度化学键共存和具有动态结构特征的新热电化合物体系。

（4）空间太阳能电池材料

空间太阳能发电（SSPS）已成为人类未来可持续发展绿色能源的重要候选能源之一。高性能空间太阳能电池材料是 SSPS 能量转化与传输中的关键材料。SSPS 关键材料所处的辐照、高热负荷等环境，加上对这些关键材料本身性能苛刻的要求，对现行材料的研发思路和研发模式提出了巨大的挑战，应以材料基因组创新基础指导材料设计和制备，加快 SSPS 关键材料的研发。

6. 生物医用材料

生物医用材料是保障人类健康福祉的基础性材料，同时也是具有广阔市场需求的商业化材料。21 世纪以来，生物医用材料进入一个快速发展的新阶段，其市场销售额正以每年 15%~20% 的速度递增。中国国内生物医学材料产业近年来保持高速发展的态势，年复合增长率达到 30%，但是迄今所占世界市场份额仅 6.5%，高技术产品仅可满足 10% 患者的需求，且 70% 以上依靠进口，关键核心技术和市场为外商控制。

生物材料目前已经进入一个崭新的发展时期，即赋予生物材料自身以诱导组织再生并修复缺损组织和器官的功能。组织诱导性生物材料研究已经成为当代生物材料科学的热点和前沿，在未来 20~30 年具有组织诱导功能的新一代生物医用材料和植入器械将成为生物医用材料科学和产业的主体。我国科学家首创骨诱导人工骨并取证上市。另外，可降解镁合金冠脉支架的基因组设计与其制造研究处于国际领先水平。

关键科学内涵：揭示生物环境中可调控细胞行为并级联激活细胞基因表达，诱导特定组织形成的材料学因素（基因组）及其作用机制，建立可诱导组织再生的新一代生物材料的设计原理，奠定新一代生物材料产业形成的工程技术基础。

以骨诱导材料及心血管修复材料为重点，揭示设计和构建可诱导组织再生材料的材料学要素（基因）及构建特定组织的基因组，研究其与材料服役性能的关系，建立新一代生物材料设计的原理，改变传统的生物材料研发模式，为开拓生物材料科学与工程发展的新方向——利用无生命的生物材料构建有生命的人体组织或器官奠定理论基础，并为研制可诱导组织再生的生物材料和发展植入器械新兴产业奠定工程技术基础，以实现我国生物材料产业跨越式发展，力争 2020 年可诱导组织再生的生物材料新兴产业及其引导下表面改性植入器械产业达到我国生物材料产业总销售额的 30%，2025 年达 50%，即分别达 240 亿美元和 1250 亿美元。力争跨越国际领先，初步形成我国新一代生物材料新兴产业。

7. 催化材料

（1）催化材料

催化科学和技术是关系到我国国民经济可持续发展的关键领域之一，特别是与能源、化工等国民经济的支柱产业密切关联。催化材料是催化剂的主要组分，其研发属于催化过程中的核心技术。必须大力开发新型催化材料，并在原子分子水平上理解催化机理。高通量自动流程计算平台对催化材料的理性设计和作用机理的创新性研究将促进新型催化材料的合成与应用。

我国在研发催化材料方面的原始创新能力亟待提高，一方面，现有的试错和跟踪的研发模式对基础理论研究不够，难以指导催化材料的合成和应用；另一方面，工业应用中涉及的主要催化材料均为国外首创，我国主要以跟踪、模仿、改进为主。

尽快建立新材料研发的高通量计算平台，采用先进的结构预测模型和世界领先的计算模拟手段，针对重大工业应用开展催化材料的设计和机理研究，通过大规模并行计算和模拟揭示催化剂制备的科学基础，指导催化材料的合成，帮助解析新催化材料的结构，建立材料设计、合成、作用机理的预测性理论，推动原始性创新催化技术的开发，形成自主知识产权。

（2）高效稀土催化剂

以稀土为重要成分的三效催化剂是除硫脱硝的能手，研发新型稀土催化剂，有望对解决雾霾问题起重要作用。

高效催化剂研发，关键在于通过晶体结构设计调控电子结构，实现电荷的高效转移和有效利用。高效催化剂应具备以下条件：能级匹配，具有与反应物相近的自由表面能；在反应匹配能级附近具有较高的态密度；有效而快速的电子转移。稀土和过渡金属有丰富的电子组态，选择自由度大，有利于实现高效催化剂的结构设计和性能调控。研发目标是制备2~3种新型稀土–过渡金属氧化物高效催化剂，并在消除雾霾污染中得到实际应用。

8. 高强高韧合金及轻质合金

（1）高强高韧合金

耐腐蚀、抗氢脆和抗蠕变性能等一直是制约超高强高韧合金设计、研发和应用的瓶颈，严重制约着高强高韧合金在工业中的应用，成为国际冶金界面临的重大挑战性问题。

解决途径：通过高通量计算寻找深氢陷阱弥散强化相的合金元素和化合物，设计适当晶（相）界结构，抑制氢偏聚，提高超高强度合金的抗氢脆能力，将氢脆门槛应力强度因子提高到70%Kic，达到国际先进水平。

（2）粉末高温合金

针对我国航空发动机关键热端涡轮盘部件，研发新一代粉末高温合金及高纯净细粉和盘件制备技术，对高推重比航空发动机研发具有重大战略意义。国产粉末高温合金盘坯纯净度低、寿命低；粉末高温合金设计准则不完善，尚无设计试验数据库。以材料基因组变革研发模式为创新基础开展多学科交叉，计算与实验相结合的集成式研发，揭示控制涡轮盘合金组分、微观结构、工艺制造技术之间的内在规律，快速、低耗创新驱动发展新一代粉末高温合金。

（3）轻质镁铝合金

我国正在实施的大飞机工程、载人航天和新武器装备计划，急需高强、高韧、耐损伤新型铝合金。目前西方对我国严密封锁合金微结构精确调控技术，需依赖进口。采用基于第一性原理热力学、动力学、晶体学及相图计算、界面设计和微结构模拟、材料失效行为仿真，以及高通量组合材料制备与性能检测新技术，研发出高性能航空铝合金。目标合金指标为：室温强度 $\sigma_b \geqslant 550$ 兆帕，

$\sigma_{0.2}$≥450 兆帕，疲劳裂纹扩展速率 da/dN≤1.5×10^{-3}mm/cycle（ΔK=30 兆帕·米$^{1/2}$下），断裂韧性 Kc≥185 兆帕·米$^{1/2}$的高强高韧耐损伤铝合金。

（4）海洋平台齿条用钢

海洋经济是我国战略发展重点。其中，自升式海洋平台厚齿条长期从德国和日本进口，国外对我们进行技术封锁。国内急需通过全产业链的联合攻关，突破海洋平台厚齿条的关键制备技术，其中包括全流程计算指导下的材料设计、制备及应用，最终实现优质厚齿条的自给自足。

（5）超高强度钢

超高强度钢是应用于航空航天工业的重要材料。美国多年基于第一原理的多尺度研究形成了一系列超高强度钢。我们应开展从原子尺度到零件尺度多尺度物性研究。目标：超高强度钢抗拉强度达 2500 兆帕级，形成新的高性能钢铁材料体系。

9. 先进量子材料及前沿材料

（1）多铁性材料

多铁性材料同时具有铁电、（反）铁磁等多种铁性有序，不同序参量之间的相互耦合作用可产生磁与电之间的交叉调控，可用于实现集成铁电性与磁性于一身的新一代多功能器件：新型磁电传感器件、自旋电子器件、高性能信息存储器件等。多铁性磁电耦合材料使用电压而非电流来调控磁化方向的特性，将焦耳热耗散量降至最低，可从根本上解决高能耗问题，实现新一代超低功耗、快速的磁信息存储、处理等，与目前基于电流驱动的磁存储技术相比，具有重大发展性意义。利用多铁性材料中多重序之间的竞争和共存对材料行为进行量子调控是一种不同于传统半导体微电子学的全新方案。研发基于多铁性异质结的超低功耗（<0.01pJ/bit）、快速处理（<10 纳秒）的高密度信息存储器，超低功耗、简便、可调谐微波器件，以及高灵敏（$<10^{-10}$T）、低成本磁电传感器。

（2）拓扑材料

拓扑材料包括拓扑绝缘体、拓扑晶体绝缘体、拓扑超导体和拓扑半金属等一系列材料，它们具有由其电子结构的拓扑性质所导致的新奇量子现象和性质，这些新奇的物理性质已使拓扑材料成为物理和材料科学的研究热点。零磁场下的反常量子霍尔效应具有在无耗散量子器件中的应用前景，马约拉纳费米子则在容错量子计算中具有重要前景，拓扑绝缘体中的磁光效应在自旋电子学中具有可能的应用，等等。该领域存在一系列重大科学突破的机遇，有可能导致信息技术的革命。

（3）石墨烯类二维碳基材料

石墨烯类二维碳基材料具有非常出色的电子、光学和机械性质，在电子学、功能材料、能源等方面展现出了巨大的应用前景。关键科学问题包括两个方面：①大尺度石墨烯类二维碳基材料的高质量生长机制。模拟不同生长条件下石墨烯类二维碳基材料的生长机理、缺陷特征及性能优化，对大尺度石墨烯类二维碳基材料的制备提供理论指导。②石墨烯类二维碳基材料电子性质的调控。主要是利用力、热、电和光等各种手段控制和改善石墨烯类二维碳基材料中电子及其自旋的输运性质，以实现在物理科学和信息科学等方面的应用。

（4）高温超导材料

关键科学问题包括超导材料的质量问题、计算方法的局限性，以及高温超导机理这一核心难题。基于高通量计算平台和高通量组合材料实验探究高温超导体的复杂物理特性，搜寻和设计新型高温超导材料，发现几种转变温度高于77开尔文的新高温超导单晶材料和异质结构材料。

（5）超构材料

超构材料能够具有自然材料所不具备的、基本上源于人工结构的超常特性，在主动调谐器件、能量转换器件、水下声呐等领域具有潜在应用价值。关键科学问题在于：①探索超常响应的新原理与新结构，包括新型人工结构和自然材料中的结构基元，发展基于功能材料的各类可调谐超材料，发展超材料结构所提供的特殊物理环境对自然材料的功能调控的新理论和新方法；②发展新型微纳超构材料结构制备技术及相应高通量物性表征技术，包括与微电子技术相结合的各种新型加工技术，发展以自组装为代表的新型超材料制备技术，发展基于高通量扫描的长波长近场物性测量技术。

（6）高熵材料

高熵材料是对传统材料设计思想的彻底颠覆，它充分利用了高熵系统的极端复杂性以达到材料结构和性能的高度稳定。高熵合金独特的类晶体晶格结构使其在力学和热力学性质上与传统晶体材料相比差异巨大。高熵合金在宽广温度区间的突出结构稳定性和超强力学性能有望使其在尖端技术领域扮演无可替代的关键角色。

五、相关政策建议

1. 建议成立国家层面的材料基因组战略研究指导委员会，对研究的实施进行顶层设计

尽快实施“材料基因组与高端制造业先进材料”重大专项计划，从国家战略层面为先进材料的发现、发展、开发、产业化和应用创造良好基础。参考国家

有关部委实施的高透明度、民主决策重大项目的机制，将其中的国家目标、具体重点内容和核心科技问题等上网公布（涉密内容仅表述其科学内涵和科学目标），通过国家组织的专业专家队伍研讨和投票决定具体科技实施方案。对具有重大开创性和巨大产业化前景的材料研发项目可制定相应的产品标准和评价体系，如对于可诱导组织再生骨材料（崭新的一代生物医用材料），建立和制定产品标准及评价新体系，实施新的促其发展的政策。

2. 选取影响国家安全、国家经济发展重大战略需求及具有重大突破意义的高端制造业关键材料，作为材料基因组战略研究的突破点

具体突破包括：研发承温能力达到 1180℃以上的航空发动机涡轮叶片材料，抗腐蚀、抗强辐照能力提高 10% 以上的外壳材料及核能结构材料，探索与研发用于各类导弹、飞机、潜艇、舰船、雷达、卫星、飞船、微波通信和电子战系统等的超高磁能积（≥90MGOe）和超高频新型稀土磁性材料，研制满足国家重大战略需求的能源、催化、光电、生物医用等材料，以及具有颠覆性技术前景的先进量子材料。对上述国家重大需求、科技含量极高、技术难度极大、用途特殊材料的研发部署应不同于对一般材料的研发部署。同时，在相关研究的实施中，应注重集中高级专业人才建设具有跨学科、跨尺度功能的专业软件，以及能实施高通量自动化、智能化、多通道功能的系统软件的超级计算机系统。

3. 创新研究组织模式，探索适合材料基因组的研发组织体制

鉴于材料基因组与高端制造业先进材料相互依存的自然和必然性关系，材料基因组的研发应当尽力避免离散分隔，需集中人力及财力于整体部署。国家重大需求的高端制造业关键材料研发任务可依托于国家重点材料研发单位和企业，通过材料基因组研究中心的方式与相关高校及科研院所实现一体协同创新。具体建议：一是组建北京材料基因组中心。北京在理论计算、软件研发、实验分析等领域拥有国家科技力量最强的科研院所、高校和研发单位，与全国多所大学及科研院所、单位和企业协同创新，有能力开创材料基因组计划与高端制造业关键材料所需的科技基础，在组建的中心内成立由若干团队组成的研究团队群，集中优势力量集成创新（多个敏感于科技战略方向的单位已经设立了材料基因组研究中心）。二是组建上海材料基因组中心。上海以其地域的强力支持，以及地区大学和科研单位对材料基因组计划敏感的科技战略部署，预期上海地区的科研院所和高校相协同，将有很大的发展潜势和前景。三是建设国家材料数据库系统及共享机制。根据材料数据库在国家科技发展中的重要作用和应用需求，实施顶层设计，建设两大类数据库：“选材”用数据库和“设计”用数据库。数据库必须保证数据的科学性、权威性、完整性、时效性，实现国家材料科学数据库系统网络

化、标准化、智能化、商业化及可持续发展。数据库建设需组建强有力的跨学科专业团队。加强数据库共享，数据共享应从数据和用户两方面考虑，“基本数据”全面开放实行共享，保证普通用户的浏览和查询功能，关键数据提供定制性服务，定制性服务的内容包括满足特定应用需求的系统数据，以及经过智能和技术提升的专业数据。

4. 加强人才培养和人才队伍建设，注重强化责任意识

建议根据“材料基因组计划”核心科学内涵及长远战略考虑开设相关课程、研讨班，改革教学方式，培养具有材料设计新思维、掌握材料设计新方法的创新人才。应特别支持跨学科的交流，材料科学家、计算机软件开发等各类专业人才队伍之间的融合。承担国家重大任务的单位和个人应签订承担国家重大专项的具体责任书，同时制定合理的评价政策，强调考核考察研究人员的实际贡献，注重实效，破除盲目追求显示度的倾向，激励科技人员的求实创新。

（本文选自 2014 年咨询报告）

咨询组成员名单

王崇愚	中国科学院院士	清华大学
南策文	中国科学院院士	清华大学
崔俊芝	中国工程院院士	中国科学院数学与系统科学研究院
葛昌纯	中国科学院院士	北京科技大学
顾秉林	中国科学院院士	清华大学
江东亮	中国工程院院士	中国科学院上海硅酸盐研究所
黎乐民	中国科学院院士	北京大学
李述汤	中国科学院院士	苏州大学
沈保根	中国科学院院士	中国科学院物理研究所
舒兴田	中国工程院院士	中国石化石油化工科学研究院
王鼎盛	中国科学院院士	中国科学院物理研究所
王海舟	中国工程院院士	钢铁研究总院
徐惠彬	中国工程院院士	北京航空航天大学
薛其坤	中国科学院院士	清华大学
叶恒强	中国科学院院士	中国科学院金属研究所
张统一	中国科学院院士	香港科技大学

张兴栋	中国工程院院士	四川大学
朱　静	中国科学院院士	清华大学
祝世宁	中国科学院院士	南京大学
陈冠华	教　授	香港大学
陈明伟	教　授	上海交通大学
陈　曦	教　授	清华大学
陈湘明	教　授	浙江大学
陈珍莲	助理研究院	中国科学院宁波材料技术与工程研究所
董　瀚	教　授	钢铁研究总院
段文晖	教　授	清华大学
方　忠	研究员	中国科学院物理所
郭雅芳	教　授	北京交通大学
黄富强	教　授	北京大学
黄忠兵	研究员	北京计算科学研究中心
黎　军	研究员	中国科学院宁波材料技术与工程研究所
李殿中	研究员	中国科学院金属研究所
李嘉荣	教　授	北京航空材料研究院
李　卫	教　授	钢铁研究总院
李晓光	教　授	中国科学技术大学
李有勇	教　授	苏州大学
林海青	研究员	北京计算科学研究中心
刘海蓉	教　授	湖南大学
刘俊明	教　授	南京大学
刘　茜	研究员	中国科学院上海硅酸盐研究所
刘让苏	教　授	湖南大学
鲁晓刚	教　授	上海大学
陆亚林	教　授	中国科学技术大学
吕广宏	教　授	北京航空航天大学
马琰铭	教　授	吉林大学
孟　胜	研究员	中国科学院物理研究所
莫则尧	研究员	北京应用物理与计算数学研究所
乔利杰	教　授	北京科技大学
宋海峰	研究员	北京应用物理与计算数学研究所
宿彦京	教　授	北京科技大学

孙志梅	教　授	北京航空航天大学
汪　洪	教　授	中国建筑材料科学研究总院
汪卫华	研究员	中国科学院物理研究所
王绍青	研究员	中国科学院金属研究所
王永睿	研究员	中国石化石油化工科学研究院
王　卓	工程师	钢铁研究总院
吴国清	研究员	北京应用物理与计算数学研究所
吴　健	教　授	清华大学
项晓东	教　授	中国建筑材料科学研究总院
向　勇	教　授	电子科技大学
奚廷斐	教　授	北京大学
徐东生	研究员	中国科学院金属研究所
燕　平	教　授	钢铁研究总院
尹海清	教　授	北京科技大学
杨　锐	研究员	中国科学院金属研究所
杨小渝	研究员	中国科学院计算机网络信息中心
姚裕贵	教　授	北京理工大学
益小苏	教　授	北京航空材料研究院
于　荣	教　授	清华大学
于　涛	教　授	钢铁研究总院
张文清	研究员	中国科学院上海硅酸盐研究所
张文征	教　授	清华大学
张武生	高　工	清华大学
曾庆丰	副教授	西北工业大学
朱梓忠	教　授	厦门大学
Artem R.Oganov	教　授	西北工业大学

关于京津冀大城市群各部分功能定位及协同发展的建议

陆大道　等

习近平总书记就京津冀协同发展做出的重要指示，是从国家战略层面上优化我国未来区域发展布局和生产力空间结构的重大战略构想。京津冀地区是我国社会经济持续发展新的战略支撑，其未来发展前景将是全球最重要的现代化大城市群和世界经济的重要增长极之一。

实现京津冀地区协同发展是一件长期而复杂的艰巨任务。中国科学院长期以来在京津冀地区从事水土资源、生态环境及生产力布局、国土开发战略研究和区域规划工作，对于京津冀两市一省的发展和国土开发布局变化有着长期的跟踪和观察，对京津冀大城市群的各部分的经济关系及生态环境问题的发展变化过程积累了较多的资料和研究分析成果。

本咨询报告针对京津冀地区协同发展提出的重大问题及发展目标，对当今世界上大城市群形成背景和我国三大城市群明确定位的重大意义做了简要分析，重点阐述了京津冀大城市群内部各方之间的经济关系及利益矛盾，提出并论证了关于两市一省的战略定位和大城市群发展的目标及内容的建议。

本咨询报告专就京津冀大城市群范围阐述城市群各部分的功能定位及一体化发展，不包括河北省的全部范围。

一、大城市群——当今世界上最具竞争力的经济核心区

1. 大城市群的形成及基本特征

在全国及各地区的国民经济高速增长的同时，产业的空间集聚也不断发展。大城市群和诸多的城市与产业集聚带正在形成。

大城市群，是指以 1～2 个特大型城市为核心包括周围若干个城市所组成的内部具有垂直的和横向的经济联系，并具有发达的一体化管理的基础设施系统给予支撑的经济区域。大城市群往往是一国或一个大区域进入世界的枢纽，是世界进入该区域的门户，是一个国家或区域的增长极，也是最具发展活力和竞争力的地区。

大城市群发展的主要背景：在全球化和新的信息技术支撑下，世界经济的“地点空间”正在被“流的空间”所代替。世界经济体系的空间结构已经逐步建立在“流”、网络和节点的逻辑基础之上。一个重要结果就是塑造了对世界经济发展至关重要的“门户城市”，即各种“流”的汇集地、连接区域和世界经济体系的节点即控制中心。

大城市群具有规律性的空间结构，即大城市群中的核心城市是国家或大区域的金融商贸中心、交通通信枢纽、人才聚集地和进入国际市场最便捷的通道，即资金流、信息流、物流、技术流的交汇点；土地需求强度较高的制造业和仓储等行业则扩散和聚集在核心区的周围，形成庞大的都市经济区（图1）。核心区与周围地区存在密切的垂直和横向产业联系。核心城市的作用突出地表现为生产服务业功能（如金融、商贸、中介、保险、产品设计与包装、市场营销、广告、财会服务、物流配送、技术服务、信息服务、人才培育等），而周围地区则体现为制造业和加工业基地，以及交通、农业、环境、供排水等基础设施的功能（图2）。

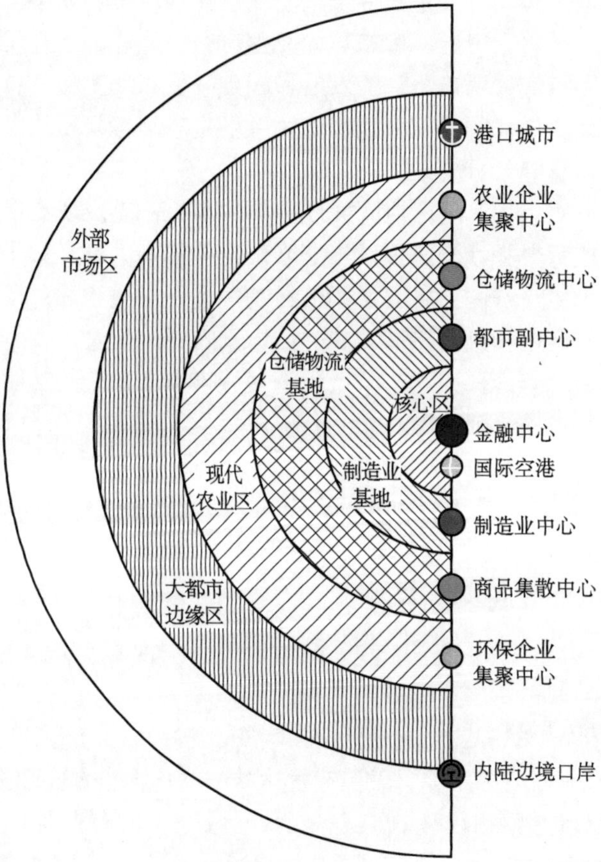

图1　大城市群空间结构的剖面图

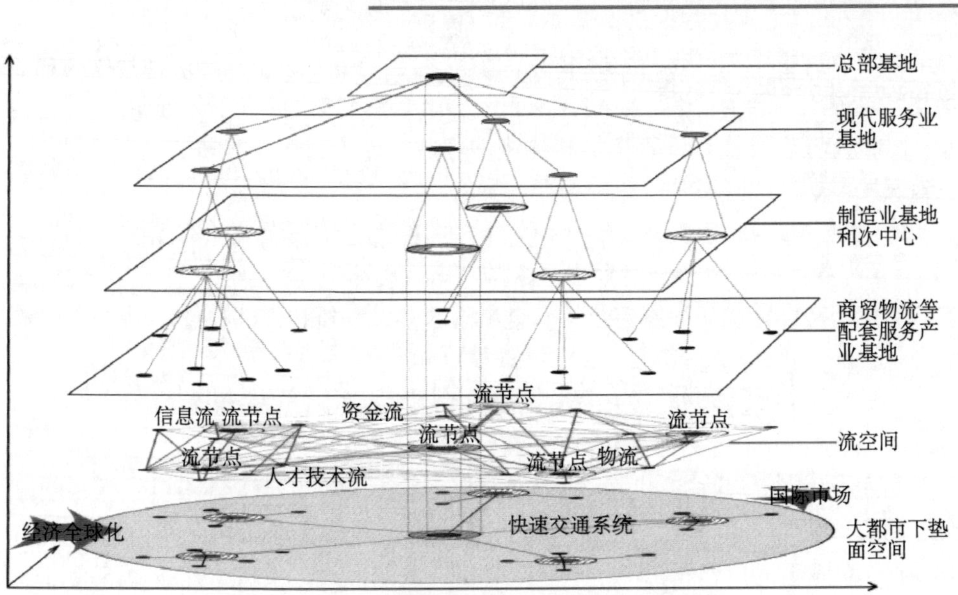

图2 大城市群空间结构立体透视图

在当今全球化和信息化迅速发展的时代，核心城市往往是跨国公司区域性（国家、国家集团、大洲）总部的首选地。大城市群在经济上是命令和控制中心（通过高级生产者服务业和跨国公司总部等载体来实现），在空间结构上是全球城市网络重要的节点，在文化上是多元的和具有包容性的，在区域层面是全球化扩散到地方（大区域、国家集团、国家）的“门户”。

具有上述垂直和横向产业分工及空间结构的大城市群是当今世界上最具竞争力的经济核心区域，如以纽约、伦敦、巴黎、东京等为核心的大城市群。

在当今世界，处于世界性“流”的节点上的以高级服务业为主体的“门户城市”，其对于国家乃至世界经济发展的意义和地位比相同级别的制造业大城市要重要得多。

2. 我国三大城市群的明确定位是国家重大的区域战略

我国三大城市群，即以北京为核心城市的京津冀、以上海为核心城市的长江三角洲、以香港为核心城市的珠江三角洲等已经具备条件逐步建设成为对东亚、对世界经济有明显影响的全球性大城市群。

这里需要说明的是以香港为核心的珠江三角洲城市群。香港已经是世界级的以高级服务业为主体的核心城市，广州以其广阔的腹地和作为经济实力强大的广东省省会的优势具备发展成为珠江三角洲的核心城市之一的条件，从发展基础和地缘经济考虑，深圳以进一步发展高端制造业为宜。

三个大城市群中的核心城市，即北京、上海和香港，正在成为全球性“流”

的交汇地，连接国家和世界经济体系的节点和控制中心，中国进入世界的枢纽，以及世界进入中国的门户，也将要成为世界上最具竞争力的经济核心之一。

以三大城市群及其所直接影响的经济区域构建应对全球竞争的国家竞争力，是国家发展规划和区域性规划的重要目标。

综上所述，我们建议：三大城市群的明确定位及其优化发展应当成为“十三五”及此后一个较长时期内国家的“区域战略”(重要组成部分)。三大城市群的战略定位和优化发展完全符合全中国的整体利益和长远利益。

二、京津冀之间的经济关系及经济发展特点

京津冀大城市群包括北京、天津两大直辖市及河北省石家庄市、唐山市、秦皇岛市、廊坊市、保定市、张家口市和承德市等。在此区域范围内，集中了3 000多万城市人口，2013年GDP达到约4.5万亿元，沿着上述城市的连接线所包围的区域约6万千米^2。这是京津冀大城市群的基本范围。

京津二市在河北省的地理范围之内。在长时期发展过程中，两大直辖市之间及其与直接腹地之间具有多方面的利益联系和利益矛盾，两市一省经济发展也逐步形成自身的特点和优势。分析这些问题有助于认识实现京津冀地区协同发展的重要性及途径，有助于制定科学的京津冀大城市群一体化规划。

（一）河北省与京津二市的经济利益关系及发展中的问题

1. 河北省与京、津二市发展关系中的利益矛盾及影响

河北省是我国东部沿海地区人口规模和占地面积较大的省份。具有丰富的煤炭(特别是炼焦煤)、铁矿石、石灰石等矿产资源和一定量的石油资源，海滦河流域水资源总量多年平均570亿米^3。大部分面积为华北平原，一般年平均降水量为400～800毫米。地理位置扼渤海的西岸和关内外的通道。应该说，河北省的经济发展和现代化建设具有较为优越的自然条件。

改革开放以来，河北省经济增长和人均经济总量水平有关指标在沿海各地区中是较低的。1978年河北省人均GDP低于辽宁省，但与江苏、广东齐平，而高于浙江、山东和福建。但到2007年，河北省人均GDP只相当于广东省的60%、山东省的71%、江苏省的72%、浙江省的54%、福建省的76%、辽宁省的75%(图3)。

人们总是寻找河北省经济发展中的问题。特别是从河北省与京津二市的经济关系中来看这些问题是如何产生的。

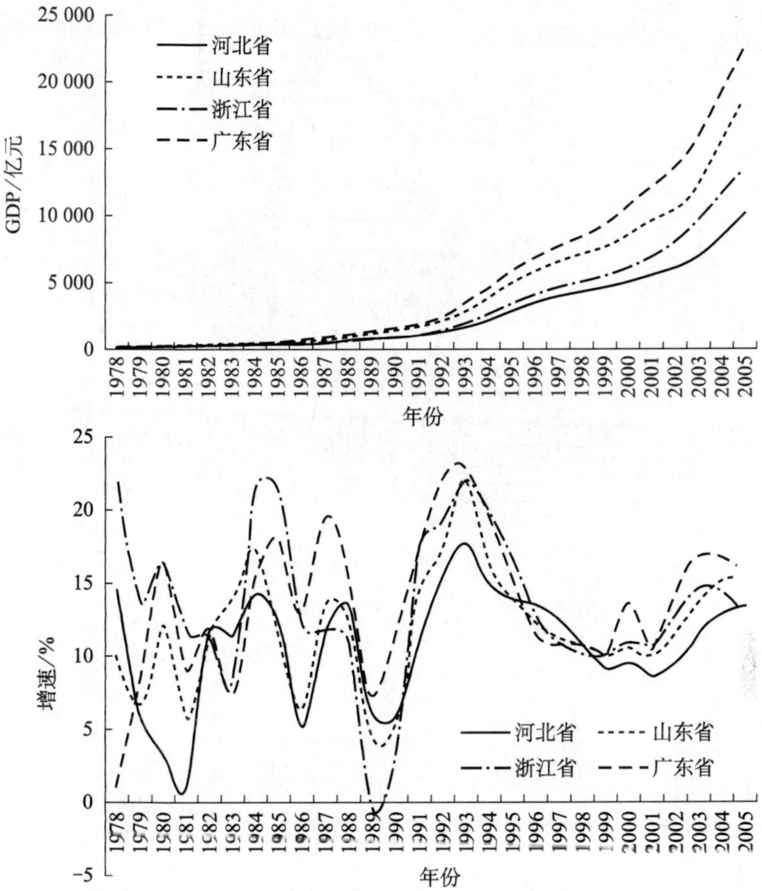

图 3　1978～2005 年河北省经济增长与其他沿海省份比较

（1）河北省长期以来是京津二市矿产资源、工业原料、水资源、电力和农产品的供应地

河北省的唐山、邯郸、邢台向京津二市供应炼焦用煤和发电等动力用煤，向首钢、天钢供应铁矿石和炼钢生铁，以及大量的玻璃、水泥等建筑材料；京津二市在河北省建设迁安铁矿、涉县铁矿及钢铁厂，在行政上都分别设立了飞地。

张家口、承德，秦皇岛、唐山地区是保障京津二市淡水供应的密云、潘家口和官厅（已基本丧失供水功能）等水库的主要水源涵养区和径流形成区。为了保护京津二市的水源供应，这些地区在资源开发、产业发展方面受到了诸多限制，在生态保护和污染治理方面付出了不少投入。应该说，这些水源在量和质方面基本保障了京津二市庞大的经济和社会发展需求（图 4）。

河北省的多个大型火电厂（陡河、唐山、沧东等）是供应京津二市的主力电厂，这些大型电厂的“吃喝拉”都在河北省，给其水资源、环境和运输带来巨大的负担。

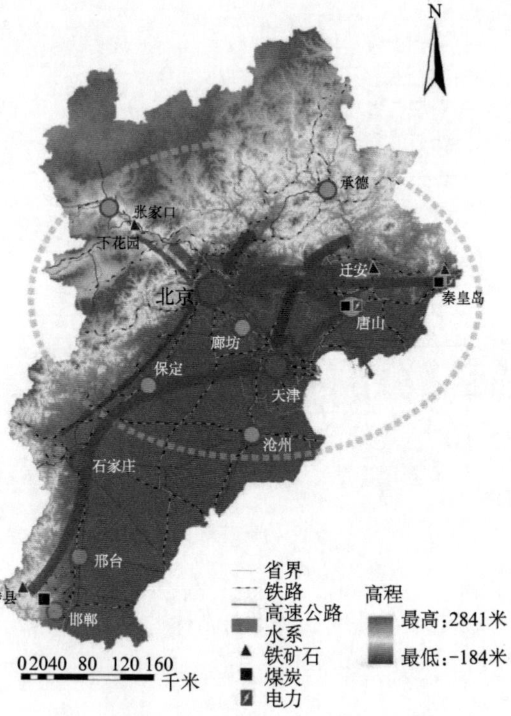

图4 河北省向京津二市供应资源示意图

河北省的张家口、廊坊等地区是京津二市的蔬菜、肉类和部分鲜活农产品的重要供应基地。

（2）首都北京和天津市的大型交通运输枢纽和交通运输系统覆盖了河北省大部分区域

以首都北京和天津市为枢纽的交通运输系统，是全国性的交通运输（铁路、民航、公路和高速公路、海运）大系统的主要枢纽。国家系统在客观上导致形不成以河北省（省会城市石家庄）为主体的运输体系。河北省大量客货运输由京津两大运输枢纽所完成。

石家庄机场的客运量少于全国几乎所有省自治区直辖市首府城市机场的客运量（图5）。

石家庄铁路枢纽的客流量和货运编组流量也少得很。由于河北省为天津港的腹地，河北省没有大中型的综合性的港口（商港）（图6）。

近年来围绕首都第二机场的选址问题，河北省强烈提出固安方案，但最终采取了北京大兴方案。

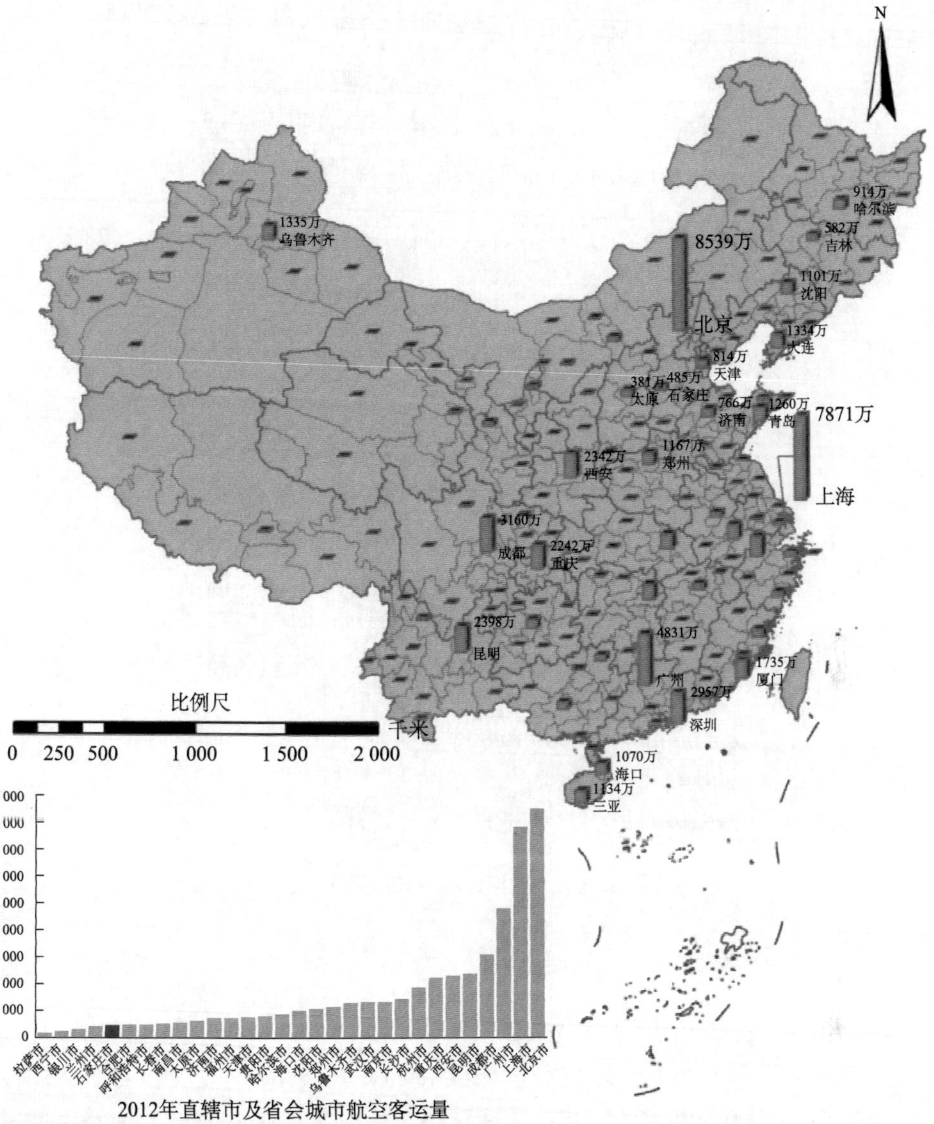

图 5　2012 年直辖市和省会城市航空客运量示意图

（3）关于河北省“环京津贫困带”

20 世纪 90 年代，一些学者提出河北省“环京津贫困带”的概念。这个“带”主要包括河北省的廊坊、保定、张家口、承德及沧州的部分县。他们认为，这个“贫困带”的形成主要是京津二市（特别是北京市）损害了河北省发展利益的结果。

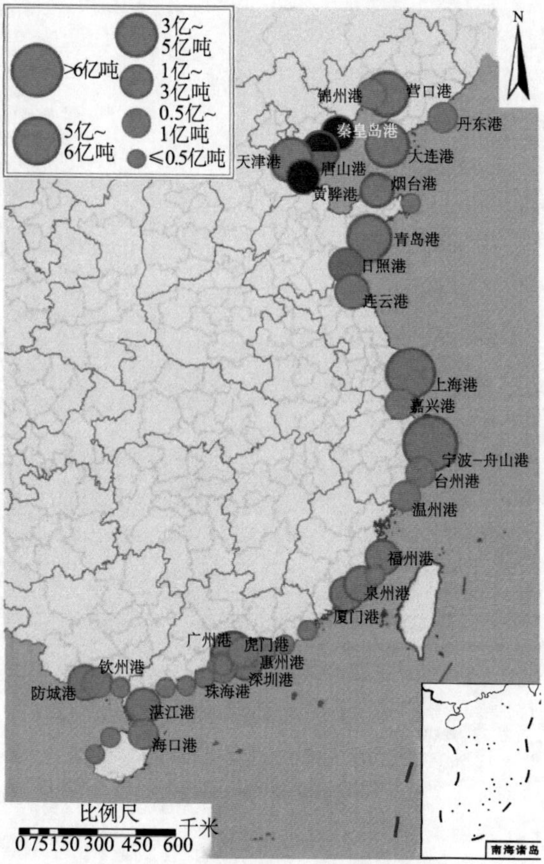

图6　2012年沿海港口的货运吞吐量

2. 近年来河北省加快了经济增长的步伐：能源重化工大规模迅速扩张

近10年来河北省采取了追赶战略，大规模发展能源重化工，经济增长加快了。自2005年开始，河北省GDP的年增长率就超过10%，2006～2008年每年增长14%，2006～2012年GDP实现了翻一番（图7）。这种超高速经济增长主要是依靠能源重化工的大规模扩张实现的。2005～2012年，河北省的钢和生铁产量都翻了一番，达到1.8亿吨的惊人数字。水泥产量增加了85%，达到1.4亿吨。火力发电量翻一番，达到2 400亿千瓦时。全省煤炭消费量达到2.7亿吨标准煤。这7年间，河北省的电力和煤炭消费的弹性系数分别高达1.0和0.85。规模迅速扩张的钢铁、水泥等原材料生产能力，落后设备的中小企业占到一半以上。由此成为京津冀大城市群地区的主要污染源，并酿成了相当突出的结构性问题。“稳增长、调结构”和经济社会的持续发展陷入了困境（图8、图9）。

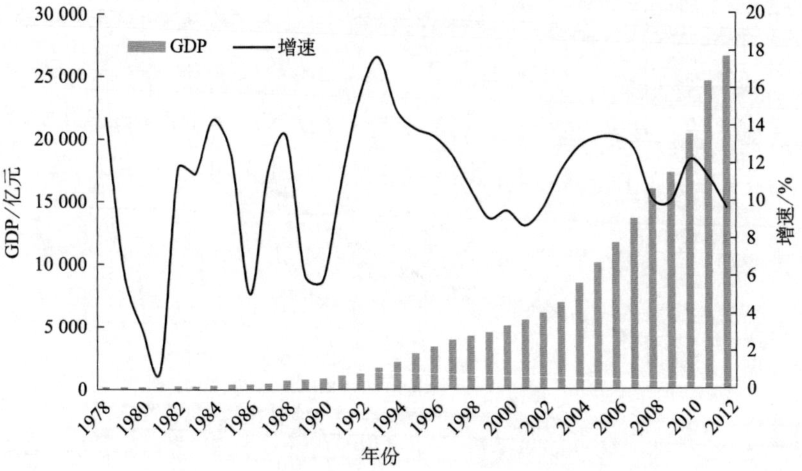

图 7　改革开放以来河北省经济增长态势

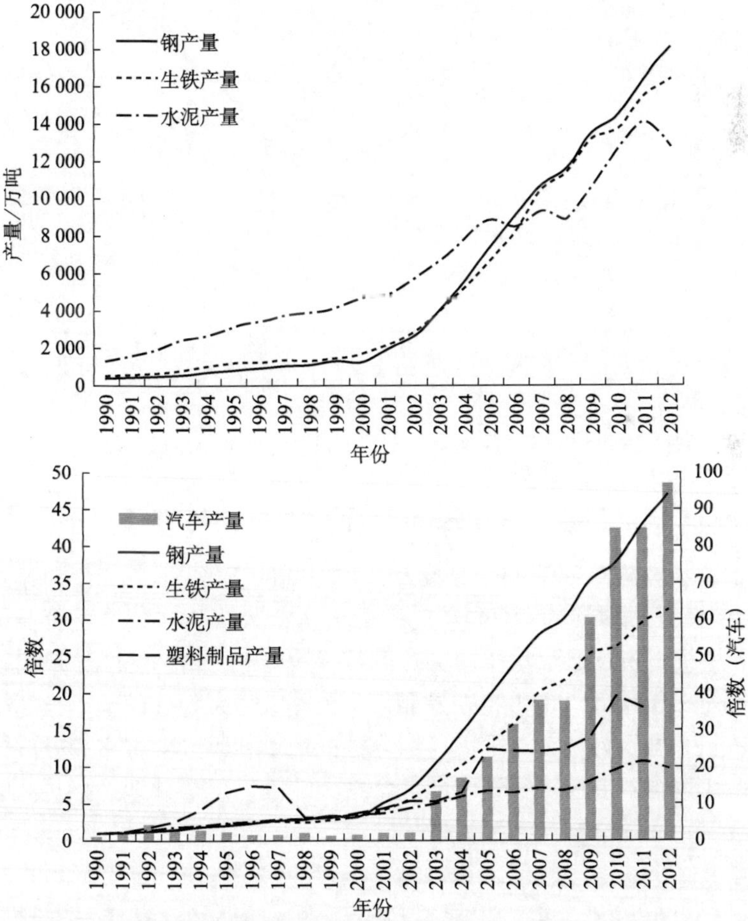

图 8　1990～2012 年河北省钢、铁、水泥等工业品产量变化趋势

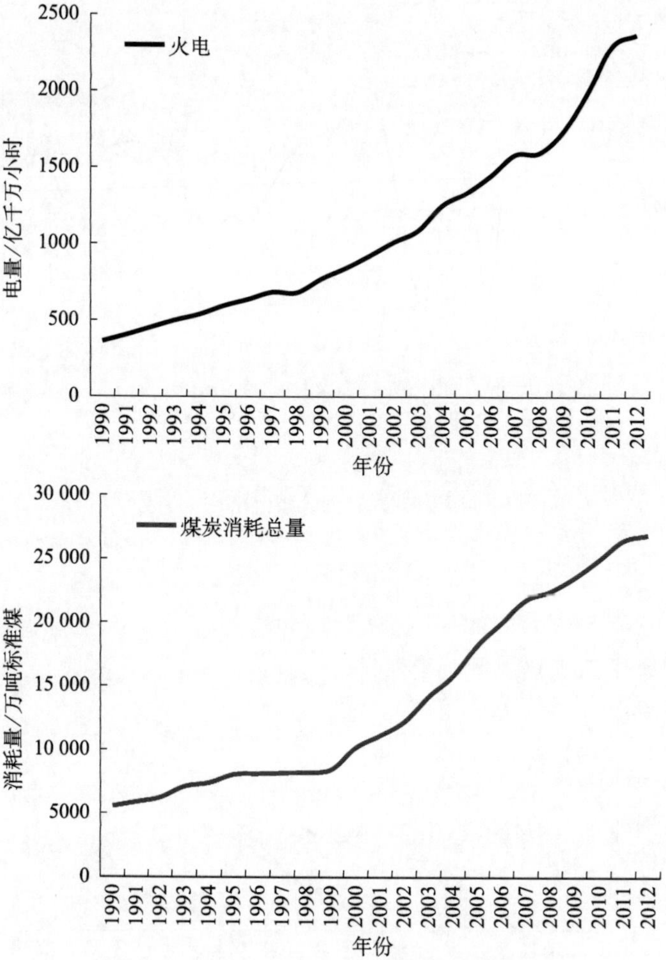

图 9　1990～2012 年河北省火电发电量、煤炭消耗总量变化趋势

3. 对河北省与京津二市间经济矛盾及其影响的分析

河北省位于我国东部沿海，在改革开放以前的近 30 年期间，国家的重点项目并不少。“一五”期间的“156 项”河北省占有 4 项，在国内配套建设的 690 项重点工程中河北省的数量居于前列。改革开放前河北省经济增长是比较快的。

河北省是在以京津二市（特别是北京）为国家最大型交通运输枢纽的覆盖之下，没有本省大型区域性铁路枢纽、综合性的海港和以省会城市为枢纽的地方性航空运输系统，这对省于域经济发展是个重大缺陷。但这种地理格局和地缘经济是客观形成的，在国家层面上是合理的。

在京津冀经济关系中，河北省付出了很大的代价。其一，在长时期的计划经济条件下，河北省是输出能源、原材料、工业半成品和农畜产品的一方。这其中，存在着实际的不公平。其二，基本上没有规范化的渠道使河北省得到应得的生态补偿。这些给河北省经济发展带来一定的负面影响。

但是，这不是河北省经济发展滞后于其他沿海地区的主要原因。经济发展不尽如人意，与省政府关于发展战略和空间布局上的不当和不到位也很有关系。其一，从 20 世纪 50 年代开始，河北省的经济发展重心就置于保定以南的太行山东麓地带。河北省的经济发展重心不置于沿海，是导致河北省经济增长较其他沿海省市发展较慢的重要原因之一。2007 年 4 月 11 日的《经济日报》报道了在河北省第七次党代会上省委书记的报告内容（头版头条）。报告提出，河北省“只有通过沿海突破，才能走出内陆意识，实现又好又快发展”。这说明，以往的“内陆意识”给经济发展带来了突出的不利影响。其二，近年来的急于追赶而大搞能源重化工，导致了结构性危机，也是决策上的不当。

河北省“环京津贫困带”的形成，其原因不是京津冀之间资源供应方面某些不公平的经济关系所引起的，而主要是由于历史因素，其次是在很长时期内缺乏关于如何主动利用京津二市所提供的发展条件的具体谋划。

（二）北京和天津经济发展定位及形成的不同优势

1. 关于北京和天津经济发展定位的“争议”

在京津冀大城市群及其一体化发展中，北京和天津的功能定位非常重要，也是长期以来有“争议”的问题。问题的关键在于首都北京应不应该同时是国家的最大经济中心之一？天津能不能代替北京而成为具备大规模高级服务业的京津冀大城市群的核心城市？

北京和天津之间围绕城市功能定位和项目建设等方面的“争议”主要表现在以下几个方面。其一，天津市强调，天津市在新中国成立前就是我国“北方的经济中心”。新中国成立以来，天津市有关部门一直要求中央政府对这样的性质和地位作明确的支持。其二，北京市和天津市在新中国成立以来多个发展阶段对大型和重点工业项目的定点都有强烈的要求，其中对大型炼油、乙烯等项目最为突出。在改革开放以前的 30 年间，这种对工业项目争取的结果，北京市一般都居于优先地位。其三，按照地理位置和功能，北京的进出口物资毫无疑问应走天津港。但由于二市在这方面没有很好地协调和配合，北京市于 20 世纪 80 年代又在河北省（冀东）乐亭联合建设了京唐港。其四，20 世纪 90 年代初，国家决定在上海浦东建立特区（浦东新区），天津市就一直要求国家决策在天津滨海建立同样的新区（天津滨海新区）。该项申请终于在 2006 年获得国家批准。但这时的北京作为国家重要的金融商贸等高级服务业中心之一的地位实际上已经确立了。

新中国成立初期，毛泽东主席亲自制定了变北京消费城市为生产城市的方针。20 世纪 50~70 年代，在国家处于极其不利的地缘政治条件下，北京建设了一批重大和重点工业项目，工业总产值有较快的增长。而根据毛泽东在《论十大关系》中关于沿海和内地关系的要求，天津市始终（基本）没有大型工业项目新建，只有钢铁、化工等改扩建。也就是因为这一点，天津市的工业基础在较长时期内没有得到充分利用和发挥。到 60 年代末，北京工业产值开始超过天津市（图 10）。从 20 世纪 70 年代特别是从 80 年代起，天津市的大型钢铁工业、石油化学工业和通信设备制造业等基础原材料和先进制造业发展很快，作为北方重要的航运中心的地位也得到确立。应该说，从这个时期开始天津市的发展符合其本身的发展优势和发展潜力，也与其地缘经济的地位相适应。但北京市经济增长就一直超过天津市，且差距以扩大的态势在发展（图 11）。

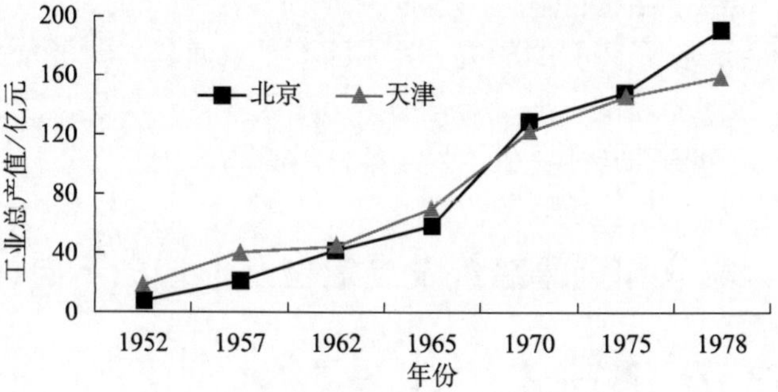

图 10　1952~1978 年北京、天津工业总产值增长趋势

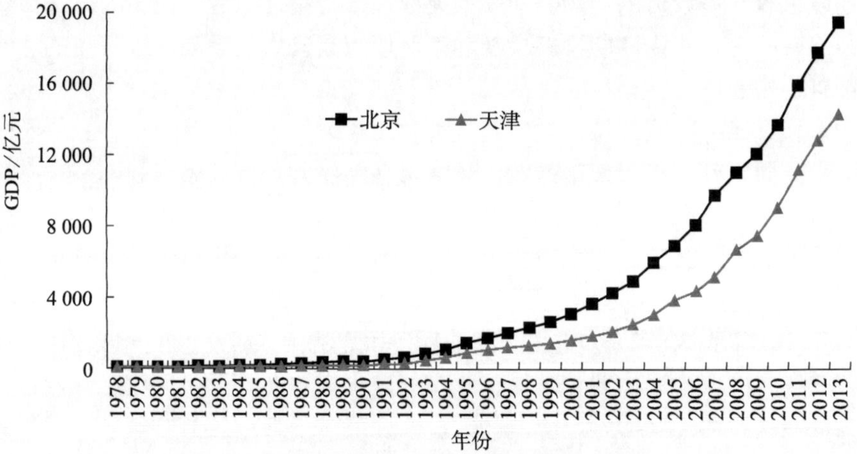

图 11　1978~2013 年，北京、天津 GDP 增长趋势

2. 首都北京正在成为以高级服务业为主体的国家经济中心

20 世纪 70 年代末我国改革开放从东南沿海地区开始，90 年代初国家决定在上海浦东实行特殊政策并进行大规模的以金融商贸中心为主的发展。自此以后，人们就期待着我国北方地区或者环渤海地区也出现类似浦东开发那样的“国家行为”的“政策高地”。

北京，作为国家的首都，随着国家经济实力的迅速强盛，正在成为金融、商贸、高技术，以及大规模研发、信息、中介等高级服务业的基地。北京早已是我们国家的“政策高地”。这一重要性质不像东南沿海和浦东开发那样，是通过党和政府的最高政策纲领规定的，而是由首都的功能决定的。有些也是长期发展态势的自然延伸。国际性的高级服务业机构（国家、大洲等地区总部）进入我国，需要与我国中央政府及各部门合作，它们的首选落户地自然是北京。

30 多年来，总部设在北京的金融机构占据中国金融资源的半壁江山，其中对金融市场发展有重要影响的决策和监督机构：中国人民银行、中国证监会、中国银监会、中国保监会和实力雄厚的四大国有商业银行总行在北京，北京拥有 11 家保险公司的总部。逐步发展壮大起来的中国工商银行、中国石油化工集团公司、中国移动通信集团公司等国内前十家拥有最大规模资产的企业，它们每一家的资产都有上万亿元至数万亿元。它们的总部在首都北京，北京也就自然会产生大规模的总部经济。近年来，北京金融业的 GDP 也已经超过了上海市。

北京已成为全球拥有 500 强企业数量最多的城市。2012 年经商务部认定的各类跨国公司地区总部累计达到 127 家，其中世界 500 强地区总部 84 家，包括日本、美国、英国、德国、法国等国家的一批世界级企业的地区总部。2013 年北京有 48 家企业入选“财富”世界 500 强。这个数量首次超越东京，成为全球聚集世界 500 强企业总部最多的城市。这说明，北京是全球大企业最向往的城市之一。根据 2010 年北京市国有资产监督管理委员会公布的数据，跨国公司在北京设立的投资性公司已达到 165 家，占跨国公司在华设立的投资性公司总数的 40%。此外，北京还集中了全国 1/4 的央企总部，在国务院国有资产监督管理委员会管理的 136 家大型企业集团中，有 104 家企业总部设在北京。

这些情况突出地表明，北京已经是大批国内外特别是国际经济机构云集之地。高级服务业的持续发展，正在为我国大规模融入世界经济体系创造极为重要的机遇和条件。

许多发达国家的首都也都是由于这种功能而发展成为国际大都市和国际性金融和商贸中心的，如东京、巴黎、伦敦、首尔等。这种情形是客观规律的反映。

美国和澳大利亚的政治中心和经济中心是分立的，是因为这两个都是移民国家，经济中心早已在港口城市（纽约、悉尼和墨尔本）形成。独立建国后，由于各自的政治原因做出了新建首都的决定。这种情形属于特殊情况。

作为全球第二大经济体，中国必然会逐步形成2～3个具有国际意义的金融中心城市，并与若干个次级金融中心组成布局合理的金融中心体系。北京，作为我国的政治中心具有成为国际意义的金融中心的重要优势。不仅可以建成为国家金融决策中心、金融监管中心、金融信息中心和金融服务中心，同时也应该发展金融营运和金融交易。

高级服务业行业在城市群核心城市的高度集聚，可以产生巨大的空间集聚效应。这种效应来源于：①这些行业服务（控制）范围广，对信息依赖程度大，其区位在信息流的“节点”(城市）具有及时、准确和共享的效果；②这些行业（企业）的空间集聚可以有利于管理理念、合作和竞争策略、危机应对策略等隐性知识的传播；③这些行业之间需要相互密切合作，这种合作程度远比制造业的垂直产业链和横向产业链的合作更深刻。

3. 天津发展优势、特点与北京、上海及香港三大城市群的核心城市明显不同

如何认识天津在京津冀地区及北方地区的地位和天津滨海新区开发？这是天津市长期以来不断提出同时希望中央政府明确并将其提高到“国家战略”高度的问题。因此，这是京津冀大城市群规划的重大任务之一。

今天的天津具有相当强大的多部门的制造业、航运业、原材料生产等，是我国华北地区的经济中心城市，也是东北亚地区重要的航运中心之一，是我国进出关及京津冀与华北及西北内陆的铁路交通枢纽之一。但就经济总量（2012年GDP接近13 000亿元）而言，天津市仅属于全国第二梯级大都市范畴。就产业特点而言，天津市明显以第二产业为主体（53%），总部经济远远不及北京、上海和香港。因此，天津的经济辐射力和影响力在国内基本上是区域性的。

天津市发展及滨海新区开发的目标和方向也不宜与上海（及其浦东）、香港类比。上海的腹地几乎包括大半个中国，腹地范围内产业和人口密集。上海在历史上也就是这样很大区域的门户和枢纽。上海正在成为全国乃至国际性的金融、商贸、中介服务及市场营销、广告服务的中心，综合性的交通通信枢纽，人才聚集地和培育中心，以及进入国际市场最便捷的通道和门户。如前所述，香港已经是世界级的以高级服务业为主体的核心城市。在这种情况下，将天津定位于以高级服务业为主的国家经济中心城市，不符合天津的优势和特点。2014年4月有媒体报道，位于天津滨海的响螺湾商务区定位于商贸金融中心并进行了大规模建设，那里曾一度被称作“中国未来的曼哈顿”，但“48栋摩天大厦至今仅有两栋正式完成入驻，多数项目或半途停工或封盘”。

4. 北京地区的污染和人口规模过大不是“经济中心”所致

经过以往 20 多年的不懈努力，北京现在的经济结构已发生根本性的转变：第三产业增加值已经占到全部三次产业的 76%。第二产业只占不到 20% 的比重，而且也是以轻型制造业为主。

北京地区的污染，已经不是首都北京“经济中心”的功能带来的。北京市人口规模过大，高级服务业的发展肯定不是主要因素之一。恰恰相反，单位国民经济增加值所需要的就业岗位高级服务业仅仅是制造业和其他服务业的 1/3～1/5。建设以高级服务业为主体的“经济中心”有利于优化经济结构，减轻环境污染。北京城市的外围多年来聚集了大量污染环境的中小企业，是需要也是可以解决的。

三、关于河北省和京津二市战略定位的建议

1. 河北省

从发挥大城市群内河北省部分的特点和优势考虑，其未来发展的战略重点：①对现有的能源原材料工业实行大幅度结构调整和技术更新；②发展海洋工程装备、先进轨道交通装备和新型（钢铁、合金和陶瓷等）材料工业，并注重与京津大型制造业相关产业链、产业基地相结合；③大力发展现代农业和畜牧业以及农畜产品加工；④瞄准城市群发展的要求发展生产性服务业，发展滨海、山区和山麓地带的旅游业；⑤加强对京、津及其他城市的生态服务功能的建设。

河北省要将沿海地区和环京津二市区域的现代化建设作为省内未来发展的重点。通过产业对接、交通通信等同城化等，使京津冀更好地融为一体。近年来廊坊、张家口、唐山、保定等地区在一系列方面与京津二市发展相衔接，经济发展出现了良好势头。

2. 天津市（及滨海新区）

天津是我国华北地区的经济中心城市。天津港已经是国际意义上的大型港口，是我国北方最主要的航运中心。其腹地范围包括华北和部分西北地区；天津市的制造业已有强大的基础，研发力量强；大规模建设所需要的土地资源可以得到保障。根据这样的发展优势和特点，天津市发展的战略定位如下。

1）进一步加强综合性先进制造业及其所需要的基础原材料、新材料的发展。重点可包括航空航天设备、海洋工程设备、交通运输工具、电子元器件及通信设备、石油化工和精细化工、精密仪器仪表、化学和生物制药等。继续加强这些生产的研发和技术创新。

2）加强作为东北亚重要的航运中心功能建设。包括新的远洋新航线的开辟、

发展后方的集疏运及仓储系统，调整进出货物结构（减少散装货物的运量）等。在国内，扩大与直接和重复腹地的经济联系与协调工作，特别是为首都北京的进出口海运发挥更大作用。

3）与作为我国华北地区经济中心城市相适应，发展中高级的金融、商贸、中介、保险、产品设计与包装、市场营销、财会服务、网络经济和物流配送、技术服务、信息服务、人才培育等服务业。发展为大城市群服务的其他生产线服务业。调整滨海新区的有关规划。

3. 北京市

关于首都北京在京津冀大城市群中的定位，2005 年 1 月 12 日，国务院总理温家宝主持召开国务院常务会议，讨论并原则通过的《北京城市总体规划（2004—2020 年）》“总则”中要求，“实现首都经济社会的持续快速发展，解决城市发展中面临的诸多矛盾和问题，迫切需要为城市未来的长远发展确定新的目标，开拓新的空间，提供新的支撑条件”。在关于“城市性质”中明确“北京是中华人民共和国的首都，是全国的政治中心、文化中心，是世界著名古都和现代国际城市”。强调“以建设世界城市为努力目标，不断提高北京在世界城市体系中的地位和作用”。根据这些论述和几十年来首都北京发展所形成的巨大优势，我们建议：

在北京的“城市性质”中，（补充）明确地强调“首都北京是以高级服务业为主体的中国国家经济中心城市（之一）”。这样的定位完全体现了“现代国际城市”的内涵，也是为北京发展确定的“新的目标”和开拓的“新的空间”。

如果中央政府能对北京作为国家最主要的金融、商贸等高级服务业中心（之一）做出明确决策和定位，北京和以北京为核心的京津冀大城市群将会较快成为全球经济的核心区之一，从而大大提高中国在世界经济体系中的竞争力和影响力。

四、关于京津冀大城市群的一体化发展及规划的建议

1. 发展目标

京津冀大城市群的发展目标是成为世界性的“信息流”“金融流”“人流”等“流”的重要节点，影响乃至控制世界经济体系的大城市群之一，成为中国在国际经济体系中强大竞争力的最主要的支撑。

2. 基本理念

为达此目标，城市群及其一体化发展（规划）的基本理念有以下几点。

1）把握世界大城市群发展的趋势，以高水平、高效率规划建设具有强大竞争力的世界经济的核心区。

2）对京津冀大城市群各部分做出科学定位，并制定能够发挥各自优势和特点的总体规划。这既符合国家的战略利益，也是实现京津冀协同发展的基本要求。

3）城市群地域结构符合地域有机体发展的客观要求，并使在地域分异基础上的高度整体性。

4）合理划分城市群的地域范围，控制并逐步减轻城市群对生态环境的压力（规模）。

3. 主要任务

发展和一体化规划的主要任务和内容有以下几点。

进一步加强服务于国内外的金融、商贸、信息服务、中介、保险、财会服务、物流配送等高端服务业的发展和基础设施建设。发展服务于华北地区和航运中心的金融商贸中介等功能建设。在整个城市群范围内发展生产性服务业，并使生产性服务业和制造业融合发展。

针对我国占有世界第一制造业规模但还不是制造业强国的状况，瞄准国际趋势，京津冀应发挥科技资源和研发力量较强的优势在装备制造领域和电子信息系统领域成为国家级新型工业化产业示范基地，建立若干个有重要影响力的产业聚集区，逐步建成具有强大竞争力的产业体系和重点产业链。

促进空间重组和整合，有效引导人口、产业适度集中。编制、落实关于产业集聚区的发展规划。

优化城乡土地利用结构，严格保护耕地。积极治理大气污染及水污染。要将环境治理置于特殊位置，按照世界级大城市群和世界级经济核心区的要求，大幅度改善水环境质量。不以 GDP 的规模为发展目标。

加强区域性基础设施（由多种运输方式组成的交通运输、能源供应、供排水、环境保护等系统）的统一规划建设和一体化管理。为此，必须坚决跨越现行体制（各城市对基础设施行业的分块管理）的“门槛”。在加强生态建设的同时，要下决心在京津二市和河北省之间建立生态补偿制度，并付诸实施。

根据国家关于不同规模城市户籍制度改革的要求，发展中小城市，重点是河北省的廊坊、保定、张家口、承德及若干县级市和县城。严格控制京津二市的人口规模。

（本文选自 2014 年咨询报告）

咨询组成员名单

陆大道	中国科学院院士	中国科学院地理科学与资源研究所
叶大年	中国科学院院士	中国科学院地质与地球物理研究所
黄荣辉	中国科学院院士	中国科学院大气物理研究所
郑　度	中国科学院院士	中国科学院地理科学与资源研究所
傅伯杰	中国科学院院士	中国科学院生态环境研究中心
郭华东	中国科学院院士	中国科学院遥感与数学地球研究所
周成虎	中国科学院院士	中国科学院地理科学与资源研究所
樊　杰	研究员	中国科学院地理科学与资源研究所
刘彦随	研究员	中国科学院地理科学与资源研究所
刘卫东	研究员	中国科学院地理科学与资源研究所
刘　慧	研究员	中国科学院地理科学与资源研究所
陈明星	副研究员	中国科学院地理科学与资源研究所

我国中西部山区发展对策

孙鸿烈　等

一、中西部山区发展现状与问题

1. 社会经济发展概况

我国中西部山区分布在冀、豫、晋到川、渝、滇、黔等13个省（自治区、直辖市），其中山区县为791个（少数民族县319个），面积约200万千米^2，约占中西部13个省（自治区、直辖市）总面积的69%，人口约为3.5亿。就各省（自治区、直辖市）山区县面积而言，滇、黔的山区县分布最多，山区县面积均超过省域总面积的90%以上（表1）。

表1　中西部山区县数量及面积

省（自治区、直辖市）	山区县个数	山区县面积 / 万千米^2
河北	47	10.18
山西	67	10.99
河南	43	7.57
湖北	54	13.91
湖南	72	16.38
广西	77	20.51
重庆	26	6.76
贵州	78	17.02
四川	92	20.73
云南	120	37.65
陕西	47	12.97
甘肃	61	27.52
宁夏	7	2.18

注：四川省没有包括甘孜州和阿坝州

2010年，中西部791个山区县GDP为56 108亿元，是中西部13个省（自治区、直辖市）GDP总和的31.5%，约为全国GDP的14%。产业结构比重为

19∶50∶31，三线建设形成的飞地经济特征明显，城乡二元结构矛盾突出，中心城市对周边辐射带动力不足，旅游、农业等特色资源开发程度低，配套设施落后，产业链不完整。中西部山区县人均 GDP 为 16 030.9 元，分别相当于中西部地区和全国平均水平的 57.6% 和 54.6%，与东部发达地区的差距则更大。中西部山区内部发展差异也较为明显，尤其是甘肃和宁夏山区县人均 GDP 分别仅为 7903.3 元和 8129.9 元。中西部山区县总体城镇化率仅为 19.2%，仅山西、湖北和湖南山区县城镇化率超过 30%，其他省（自治区、直辖市）的山区县城镇化率均在 20% 左右（表 2）。

表 2　中西部山区 GDP 及城镇化水平

省（自治区、直辖市）	山区县 GDP/ 亿元	山区县人均 GDP/ 元	山区县城镇化率 /%
河北	5 374.10	28 769.27	13.90
山西	2 771.88	19 518.77	35.53
河南	7 591.96	29 458.86	16.53
湖北	5 486.24	17 414.53	34.74
湖南	6 267.52	15 550.65	32.13
广西	5 302.86	13 608.21	11.00
重庆	3 311.80	14 293.61	23.40
贵州	3 282.22	11 214.10	12.80
四川	6 654.45	11 981.36	16.54
云南	5 465.08	13 726.87	11.88
陕西	2 944.48	27 787.29	24.55
甘肃	1 488.99	7 903.34	13.09
宁夏	136.59	8 129.87	18.01

中西部山区内部的城市与农村之间、河谷平坝与山区之间发展差距也十分明显，特别是深山、高山区的山村发展十分困难。2010 年，位于川滇黔接壤山区的凉山州安宁河谷 5 县 1 市（德昌县、会理县、会东县、宁南县、冕宁县和西昌市）GDP 占凉山州 GDP 的 71%，其他 11 个边远贫困山区县的 GDP 仅占 29%。2000 年，凉山州人均 GDP 最低的美姑县与人均 GDP 最高的西昌市相差 6014 元，2010 年西昌市和昭觉县人均 GDP 的差距则扩大到了 27 249 元。

由于山区产业比较单一，产业链短，规模与集聚度不够，自身造血功能偏弱，发展的资本有限，内生动力明显不足，突出体现在提高公共服务能力建设使地方政府担负很大的财政负担，特别是在省际交界地区问题更加突出。

由于青壮年人口通过进城打工外迁，山村劳动力老龄化趋势明显，加之职业技能弱等问题，自身生计能力明显不足，如河北涉县梯上村，40% 多的村民外出打工，部分已经在城镇定居，留在村里的大多是老弱及病残，其中约 20% 为智障村民，发展与致富奔小康面临极大困难。

总体上，中西部山区社会发展水平与东部山区相比较，无论是 GDP 还是人均收入，差距还在继续拉大。此外，山区粗放式城镇化建设问题不容忽视，一方面，产业集聚与支撑发展程度低，生计的可持续性成为移民安置和安稳的大问题；另一方面，垃圾等污染有加重趋势，城镇的生态环境管理面临很大挑战。

2. 自然资源开发与潜力

中西部山区是国家矿产资源开发重点区域，蕴藏的矿产资源有 158 种，其中铁矿储量 86.6 亿吨（基础储量），仅攀西地区累计储量 71.8 亿吨，到 2015 年，攀枝花市钒钛磁铁矿原矿产量达到 9900 万吨 / 年，铁精矿产量达到 3000 万吨 / 年；煤炭储量 13 307 亿吨，重点分布在山西和陕西两省，2013 年两省煤炭产量分别达到 9.6 亿吨和 4.93 亿吨；稀土矿 428 万吨，油气资源储量 7.6 亿吨和 1.5 万亿米^3（基础储量）。可以预计，随着深部勘探技术的发展，其深部矿藏前景与开发潜力更是可观，是矿产资源保障的战略储备地。

中西部山区是国家水能资源开发的重要基地、水资源涵养与供给的重要区域。其中，南水北调中线调水为 141 亿米^3，对解决华北干旱缺水、保障京津地区三生用水具有重大意义；区域水电可开发总量达 3.5 亿千瓦，约占全国水电可开发总量的 64%；规划的大型水电工程 57 个，已建成 23 个，总装机容量 8409 万千瓦，是国家再生清洁能源供给的重要基地。

中西部山区森林资源（蓄积量）54.9 亿米^3，约占我国森林总蓄积量的 40%。中西部山区还是重要的珍稀动植物资源基地，拥有国家珍稀植物 155 种，国家一级保护动物 65 种，是我国重要的生物基因库。

由于山区生态国土比重较大，并且人口多分布在山地缓坡、沟口扇形地和河谷狭窄平原上，土地资源承载力十分有限，使得人口压力增大，环境脆弱性明显，兼顾发展与环境保护的任务十分艰巨。

3. 生态脆弱与环境灾害问题

中西部相当一部分山区生态环境本底脆弱，特别是在喀斯特山区、山洪泥石流多发山区脆弱性更加突出。陡坡耕种、矿产开发、重大水电工程、道路和城镇建设等高强度的人类活动及极端天气的作用，造成水土流失、山洪泥石流等地表过程加剧，导致生态环境脆弱性问题突出。

水土流失问题是不可掉以轻心的重大问题。秦巴山区 111 个县中水土流失严重县有 67 个，仅丹江口水库水源保护区的 49 个县的水土流失面积就达 4.7 万千米^2，占秦巴山区总面积的16.5%。太行山区95个县中水土流失严重县有53个县，水土流失面积占总面积的69.8%。川滇黔接壤山区是长江上游水土流失最为严重的区域，全区水土流失面积达9.6万千米^2。特别是金沙江下游区域，流域面积仅占长江上游的8.5%，但多年平均输沙量高达1.8亿吨，占长江上游输沙量的1/3。严重的水土流失不但导致区域农业生产条件和生态环境恶化，严重威胁当地老百姓生存环境，也对中下游地区发展产生重大不利影响。

生态脆弱性问题是发展与保护应关注的重点。在太行山土石山区，土壤浅薄，大部分地区降水不足600毫米，雨季降水比较集中，加之底部岩石风化层持水能力差，水分蓄调作用明显不足，各类生态系统受水分胁迫严重，直接影响生态过程与功能。目前遍地发展经济林果，存在过度耗水问题，缺乏合理布局；喀斯特山地土壤层薄、分布不连续，且其总量少、储水能力低、渗漏性强，在土地利用强度不断增加的情景下，生态脆弱性风险不可低估。

山地灾害防治及其风险防范任务艰巨。在秦巴山区就有滑坡2.8万多处，全国六大泥石流高发区中，有2个高发区包含秦巴山区部分区域。在川滇黔接壤山区共有1.2万多个地质灾害隐患点，受地质灾害威胁的人数高达100.4万人，仅金沙江下游沿江七县1.8万千米^{2}范围内即有滑坡266个，滑体总量高达23.4亿米^3，特大型、超特大型滑坡占滑坡数量的77%，占滑坡总体积的99%，是制约区域发展的瓶颈之一。在气候变化和人类活动强度不断增大的影响下，山地灾害破坏的风险性加大，防灾减灾任务更为艰巨。

地震带次生山地灾害的防灾减灾形势依然严峻。近年来我国大的地震引发的次生山地灾害（如2008年5·12汶川地震、2013年4·20芦山地震、2014年8·3鲁甸地震）给山区人民的生命财产安全带来了极大的危害。不仅震后次生山地灾害异常活跃，而且具有较长时期的频繁活动特征（如2010年清平泥石流、映秀山洪泥石流及2013年都江堰泥石流等），这对城镇、道路和生命财产等破坏性极大，增加了风险防控的难度，而目前监测预警体系还远不能满足防灾减灾的迫切需求。

4. 移民搬迁问题

中西部山区移民（包括地质灾害与洪涝灾害避险移民搬迁、扶贫移民搬迁、生态移民搬迁）规模较大。仅秦巴山区就计划在10年之内完成240万人的移民搬迁安置，远远超过三峡工程移民150万人的规模。由于平地极少，移民专项用地缺口大，秦巴山区一些移民安置点依然存在地质灾害隐患。同时，由于缺乏产业带动，移民的可持续生计面临很大问题。除此之外，水电资源的开发给中西部山区带来繁重的水电移民安置任务，尤其是川、滇交界处乌东德、白鹤滩、溪洛渡和向家坝四大巨型水电站的建设将带来大量的水电移民，仅凉山州预计未来10年就需移民16万人，毕节、昭通同样面临水电开发移民困扰的形势。移民安置、安稳致富是社会发展亟待关注的大问题。

5. 贫困人口与生计问题

中西部山区是革命老区、贫困区、库区集中的区域。全国 14 个集中连片特殊困难地区中的秦巴山区、六盘山区、乌蒙山区、武陵山区、滇桂黔石漠化区、滇西边境山区、吕梁山区、大别山区及燕山—太行山区 9 个集中连片特殊困难地区绝大部分都分布在中西部山区。中西部山区县中，国家扶贫工作重点县为 390 个，占中西部山区县总数的 47%，重点分布在陕西省、贵州省、云南省、甘肃省和山西省。中西部地区贫困人口为 6005 万人，占全国贫困人口总数的 72.8%。中西部山区农村居民纯收入为 4277 元，仅相当于发达地区的 49%，是我国未来 10 年扶贫开发的主战场（表 3）。

表 3　中西部地区贫困人口及贫困发生率

地区	贫困人口 / 万人	贫困发生率 /%
全国	8249	8.5
河北	366	6.5
山西	299	12.4
河南	639	7.9
湖北	323	8.0
湖南	640	11.2
广西	634	14.9
重庆	139	6.0
四川	602	8.6
贵州	745	21.3
云南	661	17.8
陕西	410	15.1
甘肃	496	23.8
宁夏	51	12.5

另外，值得注意的问题是，一些山区村、镇合并导致小学撤并，加重了山区儿童上学负担，出现辍学问题；一些偏远山村在通路、通电、供水、医疗等公共服务建设方面的成本快速增加，同时维护和保障成本也在不断增加，使地方政府难以承受，发展问题长期得不到根本性解决，也深刻影响着民生。

中西部一些山区生态环境脆弱，地处偏僻，灾害频发，导致农户生计类型较为单一，生计脆弱性明显，因灾致贫、因病致贫返贫现象严重。近年来，山区农户单纯依靠自然资源的传统生计活动难以为继，可支配的纯收入极低，生活保障困难，外出务工成了农户主要的生计策略。但由于文化程度低，技能和经营能力差，在转型发展中，山区农户可持续生计保障面临很大的困境。

就贫困地区发展而言，一些政策的出台对山区的特殊性考虑不足，政策的一刀切问题十分突出，对山区发展的保障十分不利，这与国外一些山地国家实施鼓励山区发展和保护的政策反差极大。山区长期以来输出的是丰富的各类资源，而地方获得的利益甚少，特别是在各类资源开发中针对解决民生问题的资金十分有限，而遗留下来的大量移民和难以治理的生态和环境问题则进一步加深了对山区发展的制约。

二、中西部山区发展对策和建议

1. 加强重点山区内生发展能力建设

在贫困连片山区的交通、教育、医疗、卫生等民生项目中减少地方配套比例或取消其规定，增强民生项目财政转移支付的科学性与合理性，应当根据地域特点和县情有重点地加强转移支付强度，消除种类多、项目分散、效率低等问题；增加矿产、能源、水资源开发税的地方留成，探索资源供需两地横向财政转移支付的试点，加快完善山区生态补偿制度体系，培育资源输出地发展的造血能力，制定优惠政策加强边远山区交通设施建设，力求彻底解决矿产、能源、水资源开发地老百姓贫困的尖锐问题；发展以小城镇为主，带状、组团式结合的城镇体系建设，并加强山区信息化建设，注重保护民族文化特色，并加强城镇环境监管，防范新型城镇建设发展中垃圾污染问题；发展职业技能教育，因地制宜确定边远山区、民族地区职业技术教育目标和任务，改善办学条件，提高教学质量，提高教师待遇。

2. 建立若干个国家特色山区生态产业基地

依据区域特色和优势，以专项政策定向发展名优特农产品生产基地及其加工体系，可以在乌蒙山区、秦巴山区、太行山区规划建立国家生态产业试验示范基地，集中打造国家级生态产品的品牌，重点形成生态产业发展集聚区，并瞄向丝绸之路经济带建设需求，着力开拓国际市场，促进转型的绿色发展；大力发展山区生态旅游业，科学规划和建设满足多层级需求的山乡旅游度假目的地，建立山地生态科普教育基地，丰富生态旅游产品，促进多种生态产业协同发展。

3. 加强山区防灾减灾能力建设

重点加强山区城镇安全保障体系建设，加大山地灾害工程防治范围和力度，鉴于汶川、芦山和鲁甸地震次生山地灾害的严重破坏性和后续影响，国家应高度重视地震带高风险区的次生山地灾害风险预测、评估和防灾减灾科技的创新，可以设立专项研究计划，加强科技进步对山区安全保障与可持续发展的支撑能力；增强山地灾害防范知识传播和普及能力；加强生态移民、贫困移民、避灾避险移民和工程移民搬迁安置点的科学规划，做到有序有度实施移民，不可冒进做“面子工程”；移民安置点必须进行山地灾害风险评估和危险性区划，新型城镇建设布局必须充分考虑山地灾害风险防范问题，依据资源环境承载力而合理布局，规模适度，并具有可持续生计的保障基础。

4. 制定跨省区连片山区发展与保护规划

老少边穷山区多地处于多省跨界的边缘地带，受省会等大都市的经济带动十分有限，属于经济发展末梢，并且各省大都各自为政，缺乏区域合作体系，公共服务建设投入难以顾及，实际成效小，区域经济社会发展的协调性差，不利于均衡、高效和可持续发展。借鉴国外跨行政区的国土空间开发成功经验，建议由中央政府领导，由专门机构牵头制定跨省区的山区发展规划，建立跨省区的合作机制，形成统筹协调开发、保护和建设的区域合作格局，以专项政策鼓励发展跨省区的产业合作体系，促进区域资源合理开发、高效利用，提高公共服务能力和资源配置效率，增强省际边远山区经济发展的活力与可持续能力，彻底消除行政壁垒，真正实现区域统筹协调发展。

（本文选自 2014 年咨询报告）

咨询组成员名单

孙鸿烈	中国科学院院士	中国科学院地理科学与资源研究所
傅伯杰	中国科学院院士	中国科学院生态环境研究中心
刘昌明	中国科学院院士	中国科学院地理科学与资源研究所
郑　度	中国科学院院士	中国科学院地理科学与资源研究所
刘嘉麒	中国科学院院士	中国科学院地质与地球物理研究所
翟明国	中国科学院院士	中国科学院地质与地球物理研究所
王　浩	中国工程院院士	中国水利水电科学研究院
崔　鹏	中国科学院院士	中国科学院成都山地灾害与环境研究所
钟祥浩	研究员	中国科学院成都山地灾害与环境研究所
邓　伟	研究员	中国科学院成都山地灾害与环境研究所
李秀彬	研究员	中国科学院地理科学与资源研究所
方一平	研究员	中国科学院成都山地灾害与环境研究所

刘邵权	研究员	中国科学院成都山地灾害与环境研究所
王克林	研究员	中国科学院亚热带农业生态研究所
戴尔阜	研究员	中国科学院地理科学与资源研究所
刘金铜	研究员	中国科学院遗传与发育生物学研究所
朱连奇	教　授	河南大学
文安邦	研究员	中国科学院成都山地灾害与环境研究所
辛良杰	副研究员	中国科学院地理科学与资源研究所
刘慧涛	副研究员	中国科学院遗传与发育生物学研究所
唐　伟	助理研究员	中国科学院成都山地灾害与环境研究所
于　慧	助理研究员	中国科学院成都山地灾害与环境研究所
代　丹	助理研究员	中国科学院成都山地灾害与环境研究所
刘　颖	博　士	中国科学院成都山地灾害与环境研究所
宋雪茜	博　士	中国科学院成都山地灾害与环境研究所

突破激光源头高科技瓶颈，开辟我国激光产业发展新局面

林尊琪　等

激光科技广泛应用于高端制造、信息通信、生物和医疗健康等产业及军事工业、国防安全等领域，在传统产业转型升级和新兴产业创新发展中发挥着非常关键的作用，是当今世界战略高科技竞争的重要领域之一。近年来，世界主要发达国家纷纷将发展激光技术作为本国优先布局的领域，给予大力支持。面对日益激烈的国际竞争和日益紧迫的国家需求，切实提升我国激光科技创新能力和产业化水平，已经成为当前一项十分重大的战略任务。

本咨询报告梳理了激光科技在基础科学、经济和国防领域发挥的作用，着重分析了国际激光产业发展态势和我国激光产业的现状。报告认为，激光已经成为国际上与实体经济密切相关的制造业、信息和医疗行业创新发展的重要驱动器，我国已成为全球激光产业最为关注的地区和最大的潜在市场，激光光源及激光应用设备产业市场发展也最为活跃，相关设备的市场需求约占全球市场需求总量的20%，预计最近三年可能超过30%。

报告基于我国目前面临的高端激光光源产品匮乏、大量依赖进口，以及国产激光光源普遍存在自主技术含量低、缺乏竞争力的窘境，认为我国必须加快民族（国有企业和民营企业）激光光源核心技术的提升，并建议优先突破硅基光电子集成芯片产业化技术、高功率半导体激光器、高功率高品质轴快流CO_2激光光源、高功率光纤激光光源、超快激光光源，以及准分子激光光源产业化技术的核心技术难关，从而大幅促进我国先进制造、信息和医疗装备的技术进步，提升市场竞争力和市场占有率。报告还详细提出了上述六项主力激光光源设备、部件及相关元器件产业的“十三五”发展目标和科技攻关建议。

报告剖析了我国大部分激光元器件、高端激光光源设备、应用装备市场基本上被国外企业所垄断的主要原因，认为缺少高端激光元器件和核心高技术是我国当前乃至未来激光产业发展的主要瓶颈，加快提升我国在高端激光光源和核心器件上的技术和产业化水平是发展我国激光产业、扭转我国激光市场整体格局的必由之路。报告提出，我国激光产业的主要问题是我国没有有效实现激光科学基础研究、技术研发、产品开发和装备市场应用的产业生态链的贯通。报告建议，创

建一种有望可持续地大幅提升我国民族激光光源产业中科学技术创新知识资产（STI）份额的“激光产业技术攻关联合体”，实现以产业化应用为目标的激光科学、技术研发、产业化工程工艺技术三位一体的无缝对接，从而加快我国激光光源重点产业的核心器件和技术水平的提升。

（本文选自 2014 年咨询报告）

咨询组成员名单

林尊琪	中国科学院院士	中国科学院上海光学精密机械研究所
周炳琨	中国科学院院士	清华大学
杨学军	中国科学院院士	国防科技大学
李　未	中国科学院院士	北京航空航天大学
姚建铨	中国科学院院士	天津大学
彭堃墀	中国科学院院士	山西大学
郭光灿	中国科学院院士	中国科学技术大学
干福熹	中国科学院院士	中国科学院上海光学精密机械研究所
王育竹	中国科学院院士	中国科学院上海光学精密机械研究所
姜中宏	中国科学院院士	中国科学院上海光学精密机械研究所
王启明	中国科学院院士	中国科学院半导体研究所
王　圩	中国科学院院士	中国科学院半导体研究所
薛永祺	中国科学院院士	中国科学院上海技术物理研究所
褚君浩	中国科学院院士	中国科学院上海技术物理研究所
吴培亨	中国科学院院士	南京大学
黄　维	中国科学院院士	南京邮电大学
许祖彦	中国工程院院士	中国科学院理化技术研究所
姜文汉	中国工程院院士	中国科学院光电技术研究所
桑凤亭	中国工程院院士	中国科学院大连化学物理研究所
王立军	中国科学院院士	中国科学院长春光学精密机械与物理研究所
陈卫标	研究员	中国科学院上海光学精密机械研究所
楼祺洪	研究员	中国科学院上海光学精密机械研究所
陈海斌	董事长	湖北团结高新集团
周治平	教　授	北京大学
王又良	教　授	上海激光技术研究所

王又青	教　授	华中科技大学
朱　晓	教　授	华中科技大学
顾　瑛	教　授	北京 301 医院
阎大鹏	总经理	武汉锐科激光有限公司
王　璞	教　授	北京理工大学
刘兴胜	总经理	西安炬光有限公司
许　明	总经理	中兴通讯股份公司
王延松	总　工	中兴通讯有线产品技术公司
吴汉明	副总裁	中芯国际集成电路制造公司
方晓东	研究员	中国科学院安徽光学精密机械研究所
赵裕兴	总经理	苏州德龙激光有限公司
邓家科	总经理	武汉华工激光公司
郑婉华	研究员	中国科学院半导体研究所
王华明	教　授	北京航空航天大学

关于进一步深化我国医药卫生体制改革的建议

曾益新　等

我国目前所进行的医药卫生体制改革包括“体系”和“制度”两个方面，前者着重强调“发展”，后者着重强调“改革”。但无论是“改革”还是“发展”，都是一个持续改进的过程。从2009年启动新一轮医改以来，经过近年的努力，取得了许多重大的成就。但一些问题长时间积累，难以短期内解决；在医改的过程中，又产生出新的问题。这些都需要我们认真思考、分析和面对，并进行新的政策和制度设计。所以，党的十八届三中全会在《中共中央关于全面深化改革若干重大问题的决定》中提出要“深化医药卫生体制改革”，并提出了明确而具体的要求。

本咨询组曾于2008年代表中国科学院向国务院提出了“关于我国医疗卫生体制改革的建议”，提出“完善基本医疗保险、加强基层医疗机构建设、规范医学教育和医师培训制度、强化对医疗行业的监管”等建议。在新的形势下，本课题组再次对目前我国医疗卫生体系所面临的形势、存在的问题和挑战进行分析，并再次提出工作建议，供有关领导和部门决策参考。

我们认为目前我国医改所面临的问题、困难和挑战主要有以下几方面。

1）医疗卫生服务的公平性有待进一步提高。医疗卫生事业的公益性的一个主要体现就在于公平性，没有公平性就谈不上公益性；而公益性主要表现在政府主办的医疗保险对人民群众的普惠性和公有医疗资源分布的均等化和同质化。

2）医疗卫生服务的便利和可及性有待进一步改善。医疗卫生服务的便利和可及性有赖于基层网络化医疗服务体系的建设和分级诊疗制度的建立，特别是基层医疗机构中以全科医生为核心的团队的到位，使得居民的小病小痛、急救处理、慢病管理、预防接种和康复治疗等都可以在“家门口”得到及时、有效的处理。

3）医学人才的培养体系和医院评价体系亟待完善。医学教育包括院校教育、毕业后培训和继续教育三个阶段，各个阶段应有很好的衔接，专科医师培训制度应该尽快建立。对医务人员和医院的评价体系是一个持续的指挥棒，亟待建立一个权威和科学合理的医务人员和医院考核评价体系。

4）一些医疗卫生制度设计的科学性和合理性有待加强。这些制度包括如何设定合理的医务人员薪酬体系、如何建立科学的付费方式等。不合理的薪酬体系会影响医务人员工作积极性，简单的“按项目付费”则容易催生“过度医疗”。

5）面临“四化”的挑战。人口老龄化必然伴随着对医疗需求的不断增长，而疾病谱的变化表现为过去以传染病为主发展成今天的以慢性病为主，其治疗是一个长期的过程。医疗需求的多元化则起因于社会上“先富起来”的群体。巨大的医疗工作量和信息技术的广泛普及，又使得医院管理的精细化越来越重要。

针对上述情况，在分析近年医改工作进展，并借鉴国际经验的基础上，我们提出今后一个阶段深化医改工作的建议。

1）组建国家医疗保险局，使之成为推进医改的重要抓手。医疗保险具有三大功能，即筹集资金、政策引导和监督医疗行为，从而推进医疗卫生事业健康发展。要继续加大城乡居民医疗保险的筹资水平，将所有公务员和事业单位纳入医疗保险。成立国家医疗保险局，下设 10 个左右具有竞争关系的医保经办机构和国家卫生与保健评价研究院。发挥医疗保险对医疗服务行为的精细化、专业化监督作用。取消医保个人账户，鼓励门诊治疗；扩大分级报销比例，推动分级诊疗。在大中型医院推行“按病种付费”制度；在基层医疗机构，试行“按人头付费”制度。

2）加强基层医疗机构的管理和建设，完善基层网络化服务体系。在“强基层”的过程中，要特别关注村医、村医室和乡镇卫生院的建设与管理。要理顺村医的管理，到 2020 年达到所有医生均有合法行医的执照。探索乡村一体化或县乡村一体化管理模式。要及时化解基层医疗卫生机构的历史债务，落实各级财政对基层医疗机构的补助政策。进一步完善绩效考核和激励机制，改进基本药物制度在基层的实施方案。

3）加强全科医师队伍建设。建设一支高素质的全科医师队伍，是实现“基层首诊、分级诊疗、双向转诊”的人才和技术保障。要制定一系列政策制度，提高岗位吸引力，包括薪酬、职业发展、激励机制、就业环境、社会地位等。推动基层全科医生特岗计划在更广范围的实施。鼓励社会力量兴办全科诊所。加强全科医学教育和培训。

4）推行按病种付费和医院分类评价制度，建立公立医院运行新机制。如何选择一个切实有效的切入点来推进全方位的公立医院改革是一个关键问题。付费制度牵涉到医院的经济命脉，评价制度影响到医院和院长的声誉和利益，由此入手，可以引导医院朝健康的方向发展。在公立医院推行按病种付费制度可以控制医疗总费用的持续上涨，引导医院和医生使用便宜和适用的药物与技术。针对不同职能的医院设立科学合理的评价体系，评价结果与医院和院长的绩效考评紧密关联，并向社会公布。

5）规范在校医学教育，健全毕业后培训制度。加强医教协调，教育部门依据行业需求确定医学生数量、临床医学专业硕士和博士学位学生的数量；改革医学教育方式，提升医务人员的岗位胜任能力。加大对国家紧缺的护理、全科、儿科和精神心理科人才的培养力度。在实施住院医师规范化培训的基础上，尽快建立专科医师的培训制度。合理界定培训期间住院医师和专科医师的“非学生、非工作人员”的培训生身份，给予培训生适当的生活补助。

6）建立适合行业特点的医务人员薪酬体系。适当提高各级政府对医疗卫生行业的总体投入，将医务人员的总体薪酬水平设定到当地平均水平的3~5倍；要重点关注基层医务人员，利用薪酬体系吸引人才下沉到基层。适当提高医院支出中人员费用所占的比例，从目前的25%~35%逐步提高到40%~50%。

7）大力发展社会力量办医。要打破“玻璃门”，明确社会力量办医准入的详细规定，并向社会公布；对举办全科诊所和医养结合的养老机构者，在符合准入要求的基础上实施备案制。在医疗用地、医保定点等各项政策方面，享受与公立医院同等待遇。对社会力量与公立医院合作举办新医院应允许试点。在放松社会力量办医的门槛和审批程序后，必须建立严格的专业化监管制度。

（本文选自2014年咨询报告）

咨询组成员名单

曾益新	中国科学院院士	北京协和医学院
王陇德	中国工程院院士	中华预防医学会
赵玉沛	中国科学院院士	北京协和医院
赫　捷	中国科学院院士	中国医学科学院 北京协和医学院肿瘤医院
葛延风	研究员	国务院发展研究中心
李　玲	教　授	北京大学
刘远立	教　授	北京协和医学院
代　涛	研究员	中国医学科学院 北京协和医学院信息所
姚　宇	副研究员	中国社会科学院
江　宇	副研究员	国务院发展研究中心
匡　莉	教　授	中山大学
廖新波	巡视员	广东省卫生厅

钟东波	副主任	北京市卫生计生委
王　爽	主　任	吉林省新型农村合作医疗管理办公室
张　凯	局　长	吉林省农安县卫生局
耿庆山	党委书记	广东省人民医院
孙　虹	院　长	中南大学湘雅医院
王建安	院　长	浙江大学附属第二医院
陈正英	书　记	浙江大学附属第二医院
凌　锋	主任医师	北京市宣武医院
钱朝南	副院长	中山大学附属肿瘤医院
周指明	院　长	深圳市宝安区人民医院
胡卫民	主任医师	湖南省娄底市中心医院
高洪宇	院　长	吉林省农安县开安镇中心卫生院
徐东浩	院　长	上海徐汇康健社区卫生服务中心
张　滔	院　长	上海浦东新区惠南社区服务中心
莫　文	院　长	湖北省武汉市江汉区民权街社区卫生服务中心
马天龙	副院长	北京协和医学院
尹嘉南	科　员	北京协和医学院

维护中国老龄健康面临的挑战与对策

——建立新型社区家庭老年互助合作制度

林其谁　等

20世纪70年代以来，我国政府推行的计划生育政策使生育率持续下降，与此同时，社会整体生活水平的不断提高所带来的寿命延长，使我国迅速地进入到老龄化社会。

一、我国老龄化现状

1. 老龄化趋势进一步加速

老龄化社会的到来在欧洲用了近80年时间，而在中国仅仅用了20多年的时间。截至2013年年末，中国大陆有2亿多60岁及以上老人，约占总人口的14.8%，规模超过欧洲老年人口总和。北京和上海等大城市的老龄化程度尤其明显，例如，上海市截至2013年年底，全市户籍60岁及以上老年人口387.62万，占总人口的27.1%。由于农村庞大的流动人口，农村人口老龄化的程度高于城市老龄化程度，2011年的统计表明，农村人口老龄化的程度已经达到15.4%，比全国13.26%的平均水平高出2.14个百分点。从2011年到2015年，全国60岁以上老年人由1.78亿增加到2.21亿，平均每年增加老年人860万；老年人口比重由13.3%增加到16%。到2030年，中国65岁以上人口占比有可能超过日本，成为全球人口老龄化程度最高的国家。此外，中国社会的高龄化程度也有明显的增加，近10年来，中国80岁以上高龄老人增加了近1倍，已经超过2000万；上海市目前有80岁及以上高龄老年人口71.55万，占60岁及以上老年人口的18.5%。到2050年，中国80岁以上高龄老人将占65岁及以上老年人口的三成左右。

2. 老年人口的健康问题更加突出

随着人口寿命的增加，老年人口的健康问题已经成为社会的一个突出问题。医学界公认，年龄是慢性病发生的最主要危险因子，年纪越大，发生慢性病的可能性就越大。当前，中国老年人群正面临着心脑血管疾病、肿瘤、代谢性疾病和神经退行性疾病等各种重大慢性病的巨大威胁，据统计，中国 60 岁以上老年人余寿中有 2/3 时间处于带病生存状态。2009 年发布的《中国卫生服务调查研究第四次家庭健康询问调查分析报告》指出，2008 年，所调查地区居民中的老年人（≥60 岁）的慢性病患病率，城市为 53.2%，农村为 38.9%。每年花费于老年人的医疗费用和相关费用远远超出其他年龄段的人群。据 2000 年的统计，美国 65 岁及以上老年人口占总人口的比例为 12%，但是他们花费了国家全部个人医疗费用的 1/3。2015 年，中国卫生总费用中用于老年人的卫生费用占到一半左右，达到 20 456 亿元，占同期 GDP 比重的 3%；据有关数据预测，2020 年将增至 42 731 亿元。因此，健康老龄化不仅关系老年人自身的利益，也显著地影响着整个国民经济的可持续发展。

慢性病通常难以治愈，疾病的预后很差。因此，人们认识到，抗击慢性病的最佳策略是，对慢性病进行早期监测与早期干预。需要将研究重心放在保护健康方面，开展健康管理，亚健康监测与干预。在卫生部①2012 年发布的《"健康中国 2020"战略研究报告》中，已经明确提出，要将抗击疾病的关口前移，把过去以疾病治疗为主的临床医学模式向早期监测和早期干预为主的健康医学模式转变，从而达到保护人群健康，有效遏制慢性病流行的目的。显然，"关口前移"的策略对于健康老龄化的实现是非常重要的。

除老年人的慢性病患病率高的情况外，由于自然衰老呈现部分失能和完全失能的老年人目前就已经有 3750 万人。预计到 2015 年，部分失能和完全失能老年人将达到 4000 万人。在失能方面，4.0% 的老年人长期卧床；7.3% 的老年人很难听清楚；14.5% 的老年人说话有困难；4.3% 的老年人视力存在极度困难。目前，城市和农村老年人生活起居需要照顾的比例已经分别上升为 14.1% 和 12.8%。显然，照顾这些失能人群的维护成本和护理人员资源对家庭和社会都是一个巨大的负担。

从以上分析中可以看到，如果能够显著增加老年健康人群在老年人口中所占的比例，延长健康期，缩短带病期和失能期，尽可能提高老年人的健康状态和自理能力，就将在相当大程度上减轻我国老龄化社会给个人、家庭和社会带来的压力。世界卫生组织对健康是这样定义的："健康不仅仅是没有疾病，而且是身体上、心理上和社会上的完好状态。"也就是说，人的健康主要包括了身体健康、心理健康和社会适应性三个方面。一般认为，社会适应性也是心理健康的一个重要组成部分；也就是说，健康主要是指"身""心"两个方面的健康。基于这样的认识，本咨询小组将调研的重点放在分析目前中国老年人群的心理健康、身体健康状态和面临的主要挑战，以及国家的养老保障体系在维护和促进老年人健康方面所发挥的作用。

① 现为国家卫生和计划生育委员会。

二、存在的主要问题

1. 家庭赡养人的数量和能力远不能满足居家养老的巨大需求

目前把“居家养老”作为中国老龄社会主要模式的策略面临着严峻的挑战。首先，家庭赡养人的数量和能力远远不能满足居家养老的巨大需求。当前我国已经出现老龄化与少子化并存的人口结构特征，到 2035 年，对于每两位老人，将仅有 1 名孩子。2010 年，我国家庭平均人数为 3.1 人，2030 年将缩小到 2.6 人。此外，由于年轻人异地工作等社会流动性的迅猛发展，父母与子女异地居住的空巢家庭也在迅速增加，目前全国城乡老年人空巢家庭的比例已接近 50%，达 9000 万。这意味着，未来中国将面临严峻的赡养人数量匮乏的困局。

2. 支撑居家养老的资源和服务非常有限

国家和社会用于支撑居家养老的服务资源和能力也是非常有限的。中国是在经济还不发达的情况下，提前进入老龄化社会，即“未富先老”。我国在 1997 年确立了基本养老保险制度。但是，目前该项制度正在面临巨大的资金压力。从目前全国养老金收入和支出来看，基金缺口是逐年加大。随着未来老年人数量的迅速增加，国家财政和社会养老资金需求压力会越来越大。中国在 2010 年大约 5 个劳动年龄人口负担 1 个老人，而在 2020 年将变为约 3 个劳动年龄人口负担 1 个老人，到 2030 年则为约 2.5 个劳动年龄人口负担 1 个老人。在 21 世纪后 50 年，社会总抚养比迅速上升，达到 80% 以上，意即每 10 个劳动年龄人口至少抚养 8 个人。也就是说，用于赡养老年人的费用将在中国社会未来产生的 GDP 中占有越来越大的比重。

3. 居家养老模式未考虑老龄健康的需求

目前我国面临的最大的问题是居家养老的模式没有充分考虑老龄健康的需求，而大量的科学数据表明，“宅”在家里不利于老年人的身心健康。国内一项调查表明，老年人不去参加社区组织和居委会活动等各种社会聚会的比例高达 61.71%。有研究表明，老年人和朋友在一起比和家人在一起更为愉快。在预测生活满意度时，朋友关系比家庭关系更加重要。值得注意的是，与子女同住的老年人相对于空巢老年人功能退化更严重。老年人受到过度的照料，造成老年人过度依赖他人，导致过早的废用性衰退。人类最重要的特征是社会性。老年人的社交活动对维护老年人的身体和精神健康状态非常重要。拥有高质量社会关系和社会支持的老年人有更高的生活满意度、自尊和幸福感。

因此，需要改变现有的养老模式，建立一个有利于维护和促进老年人健康的新型的社区家庭老年互助合作制度，以此为抓手确实促进老年人口的健康；尽可能提高老年人的社会参与度和老年人群的整体自理能力，并有效地缓解人口老龄化给家庭和社会带来的巨大经济压力。

三、建立新型社区家庭老年互助合作制度

我们认为，应该把家庭个体养老资源和社区及社会养老资源紧密整合起来，把以家庭为单位的“分散受助式养老”的居家养老模式，转变成基于社区或村庄的“集中互助式养老”的社区家庭互助式养老新模式。

1. 健康型养老

这种社区家庭互助式养老新模式有助于健康型养老。通过把社区养老和居家养老整合，把彼此熟悉的老年人以适度规模组织起来，避免老年人日常生活中完全“宅”在家里，帮助老年人与不同的人群交流，延缓认知功能减退；同时老年人又不用离开自己的住所和熟悉的环境，能够经常与家人和朋友、熟人进行互动，能够使老人有机会生活在丰富的环境内，获得心理和感情的良性沟通。更重要的是，老年人通过提供各种类型的服务相当于进行了适宜的身体锻炼。

2. 主动型养老

这种新型养老模式的另一要点是主动型养老。通常是由健康的低龄老年人为高龄、行动不便或空巢的老人提供上门探访、生活帮助、精神慰藉等各方面的服务。这种模式激活了社区中巨大且潜在的人力资源——低龄、健康老人，提高他们的社会参与度和成就感，促进提供服务的低龄老年人与接受服务的高龄老人双方的健康老龄化；同时在一定程度上能解决养老护理与服务人员不足的问题。

3. 互助式养老——“时间银行”支撑

这种社区家庭互助式养老模式建立在积极老龄化的新型经济关系的基础之上，让老年人从目前单向的、被动的社会供养模式改成双向的，在接受社会支持的同时主动参与社会活动。把退休的人视为仍然对社会和他人有用，仍然能够创造经济价值之人。为此，社区互助养老模式将采用一种当前在国际上流行的互助经济形式——“时间银行”作为支撑其运行的基本机制。在“时间银行”里，没有实物或货币形式的流通，时间是唯一的“货币”，将人们为社会和他人提供的服务用时间来量化；参加者通过为他人提供服务来储蓄“时间货币”；当自己需要帮助时，再从“时间银行”中提取自己以前储蓄的“时间货币”，以支付他人为自己提供的服务。通过“时间银行”这个中介，人们能够实现劳动成果的延期支付，从而在社区达到互助共济的目的。

这种新型的社区家庭老年人互助合作体应该采用个人缴费、集体扶持和政府资助的方式多方筹集资金来进行建设和运行。首先，中央政府给予这个互助共同体相应的建设经费；其次是地方政府和社会各界为这个互助共同体提供一定的运行费用或者补贴；最后是个人按照自愿的原则加入这个互助共同体，然后作为个人会员缴纳一定的费用。虽然国家和社会在前期需要为建设这种社区家庭老年人互助合作体提供资金支持，但是这种体制一旦建成，就可能成为当前中国老龄化社会最为理想的养老模式。这种社区家庭老年人互助合作体制不仅充分调动和利用了健康、低龄老年人的工作能力，为社区内行动不便的高龄或者失能老人的养老服务需求提供了“免费”的养老服务人力资源，而且让提供养老服务的老年人获得了将来享受别人为其进行服务的“经济收入”。因此，社区家庭互助式养老模式能够明显地增加中国老龄化社会的劳动力资源，并由此能够缓解国家和社会养老资金方面的压力。

（本文选自 2014 年咨询报告）

咨询组成员名单

林其谁	中国科学院院士	中国科学院上海生命科学研究院
强伯勤	中国科学院院士	中国医学科学院基础医学研究所
郭爱克	中国科学院院士	中国科学院上海生命科学研究院
童坦君	中国科学院院士	北京大学衰老研究中心
张亚平	中国科学院院士	中国科学院
吴家睿	研究员	中国科学院上海高等研究院
傅　征	教　授	中国老年保健医学研究会
王鲁宁	教　授	北京 301 医院老年医学研究所
张拓红	教　授	北京大学公共卫生学院老年健康服务研究中心
黎　健	教　授	卫生部北京老年医学研究所
傅小兰	研究员	中国科学院心理研究所
林　旭	研究员	中科院上海生命科学研究院营养科学研究所
王　慧	研究员	中科院上海生命科学研究院营养科学研究所
南　凯	研究员	中国科学院网络中心
于建荣	研究馆员	中国科学院上海生命科学信息中心
熊　燕	研究馆员	中国科学院上海生命科学信息中心

我国中长期（2030~2050年）能源电力供需及传输的预测和对策

周孝信　等

能源是人类社会发展的重要基础资源，能源发展战略与世界经济、人口、环境的发展密切相关。为了满足未来社会对能源不断增长的需求，各发达国家在能源电力方面采取了诸多新举措，强调顶层设计和中长期规划，以更长远的眼光来展望能源、电力的发展趋势，探寻适合本国发展的能源之路。

本研究从我国能源资源分布和中长期（2030~2050年）经济社会发展目标对能源电力的需求出发，对未来中长期（2030~2050年）能源供应和需求进行估计和预测，并探索未来电源和电网发展模式，展望未来能源和电网发展前景，对影响未来电网发展的重大科学问题进行前瞻性预测和研究，提出当前应对我国中长期能源电力供需和传输挑战的关键应对策略。

本咨询报告对我国中长期（2030～2050年）能源电力生产、消费供需进行了情景分析。报告指出，从需求情况来看，目前我国正处于工业化的高级阶段，2020年以前，仍然处于工业化高级阶段向初级发达经济阶段转型的过程中，电力需求将保持每年5%～6%的增长，预计到2020年全国需电量将达到7万亿～8万亿千瓦时。2021～030年，我国将从发达经济阶段的初级阶段向高级阶段过渡，电力需求年均增速将放缓到3.5%左右；大致在2030年左右我国的电力需求增长将出现拐点，东西部人均用电量水平基本平衡，全国电力需求增长水平低至3%以下，年需电量水平大致在9.5万亿～11.5万亿千瓦时。2031～2050年，我国经济社会将处于高级发达经济阶段，我国步入中等发达国家行列，2040年后电力需求年均增速进一步放缓至1.0%左右，电力需求趋于饱和，到2050年全国需电量将达到11.6万亿～15万亿千瓦时，届时我国的人均用电量大致在8000～10 345千瓦时/人（此处人口计算基数为14.5亿）。从供给来看，综合考虑各类发电资源的供应能力，我国远景2050年能够实现的发电量最大规模在14.2万亿～16.6万亿千瓦时。其中，化石能源发电量占53.5%～56%，非化石能源发电量占45%左右。装机容量的最大规模在38.3亿～43亿千瓦。化石能源装机规模占40%～44.2%。最高可支持人均装机达到2.6～3千瓦。

基于前述我国中长期电力需求及供应能力预测的分析结果，以节能和最大限度地开发利用可再生能源资源、提高清洁能源电力比重为原则并考虑实现的可能性，报告提出2050年的电力优化供给方案：2050年人均年用电量8000千瓦时，全社会用电总量12万亿千瓦时（此处人口计算基数为15亿），装机总容量33.68亿千瓦。其中，清洁能源装机24.08亿千瓦，占总装机的71.5%（水电装机4.5亿千瓦，占总装机的13.36%；核电装机3亿千瓦，占总装机的8.9%；风电、太阳能发电等非水可再生能源装机14.58亿千瓦，占总装机的43.3%；气电装机2亿千瓦，占总装机的5.94%）；煤电装机9.6亿千瓦，占总装机的28.5%；在总发电量中，清洁能源发电量7.2万亿千瓦时，占总量的60%（其中水电发电量1.575万亿千瓦时，占总量的13.12%；核电发电量2.1万亿千瓦时，占总量的17.5%；风电、太阳能发电等非水可再生能源发电量2.625万亿千瓦时，占总量的21.88%；气电发电量0.9万亿千瓦时，占总量的7.5%）；煤电发电量4.8万亿千瓦时，占总量的40%。

在此基础上，报告对我国中长期（2030～2050年）西电东送电力流做了进一步的预测与分析。报告指出，由于能源资源与负荷中心的逆向分布，未来我国能源生产重心将进一步西移和北移，而需求重心则可能长期保持在中东部地区，能源流规模和距离将进一步增大，继续呈现“西煤东送、北煤南运”“西电东送、北电南送”的格局。未来我国电力发展趋于饱和情况下（2030～2050年），西部输送到中东部地区的电力容量将由现况的1亿千瓦增加到4.5亿～5.5亿千瓦，相应输送电量为2万亿～2.5万亿千瓦时，输电线路平均年利用小时达到4400～4500小时。

“西电东送”格局对未来主干输电网的发展和结构设计提出要求和挑战。鉴于直流输电网技术、超导输电技术在近期尚不具备大规模工程应用能力，所以在2030年前近距离输电将主要采用超高压/特高压交流输电方式，远距离则主要采用超高压/特高压直流输电方式，我国将形成以超/特高压交流、直流输电技术为核心的混合输电网模式。2030～2050年的远期，随着直流输电技术快速发展，我国西部和北部大型煤电基地，以及西南大型水电、西北大型风电与太阳能发电等可再生能源基地通过新型直流输电线路实现互联，构成一个直流输电网向中东部地区送电，我国将逐步实现西部送端直流输电网与中东部受端超/特高压交流电网相融合的输电网模式，形成一个全新的全国主干电网格局。

报告针对2030年前近中期和2030～2050年中长期电网发展模式，进一步分析了不同发展阶段相应发展模式的技术需求。近中期我国主要发展超/特高压交直流输电网模式，需要研究安全可靠、经济合理、技术先进、能满足输电需求的交直流输电网结构；要研究相应的电网运行控制技术，提高系统的输电能力及电网的安全性、可靠性和经济性，特别要注重研究受端电网接收大量直流输电的安全稳定问题。针对中长期我国有可能形成西部送端直流输电网与中东部受端超/特高压交流电网相融合的输电网模式，需要提前重点部署新型直流输电及直流输电网技术的研究，包括基础性前瞻性研究和高技术开发。

最后，报告提出如下主要建议。

第一，我国中长期能源电力供需和传输发展面临如下三大挑战。

1）大幅度提高清洁能源比重，应对煤电排放带来的气候变化和环境问题；

2）将全国人均年用电水平控制在8000～10 000千瓦时增长目标区间的低限，降低能源电力消费总量；

3）提高西部用电比重，解决输电技术、输电走廊、环境影响、电网安全等电能传输的技术难题。

第二，应对挑战的主要战略举措是：大力发展清洁能源生产，贯彻节能优先方针；加快西部经济发展，实现能源电力供需区域平衡协调发展；大力支持新型大容量远距离输电技术、智能电网技术、电力电子和储能等高新技术的研究开发。

第三，针对近中期的技术需求，需要研究安全可靠、经济合理、技术先进、能满足输电需求的交直流输电网结构；要研究相应的电网运行控制技术，提高系统的输电能力及电网的安全性、可靠性和经济性，特别要注重研究受端电网接收大量直流输电的安全稳定问题。

第四，针对中长期我国有可能形成西部送端直流输电网与中东部受端超/特高压交流电网有效融合的输电网模式，需要提前重点部署新型直流输电及直流输电网技术的研究，包括基础性前瞻性研究和高技术开发。

第五，开展相关的科学研究，包括如下几个方面。

1）社会科学和软科学研究：开展适合我国国情、因地制宜的节能生活方式研究；开展促进西部经济发展和人才培养与集聚的政策研究；开展西部能源电力开发外送的补偿机制和政策研究；开展我国新形势下电力市场模式结构、运行机制和市场监管系统的研究，支持电力市场及市场监管体系的建立和运行。

2）技术科学基础研究和工程技术研发：涉及能源、材料、信息、工程等科学技术领域，涵盖电力生产消费全过程。电源开发方面：支持清洁能源电量占总量60%以上目标的实现；电能传输和分配方面：支持实现西电东送（含北电南送）规模达到4.5亿～5.5亿千瓦以上的目标，支持分布式电源在配电网的规模化接入；电能利用方面：支持强化节能，提高能源利用效率，提高电能在终端用能的比重，支持人均年用电量8000～10 000千瓦时增长目标区间低限的实现。

（本文选自2014年咨询报告）

咨询组成员名单

周孝信	中国科学院院士	中国电力科学研究院
卢　强	中国科学院院士	清华大学
程时杰	中国科学院院士	华中科技大学
王锡凡	中国科学院院士	西安交通大学
严陆光	中国科学院院士	中国科学院电工研究所
黄其励	中国工程院院士	东北电网有限公司
李立浧	中国工程院院士	中国南方电网有限责任公司
韩英铎	中国工程院院士	清华大学
戴彦德	研究员	国家发改委能源研究所
张有生	研究员	国家发改委能源研究所
白　泉	研究员	国家发改委能源研究所
康晓文	助理研究员	国家发改委能源研究所
印永华	教　授	中国电力科学研究院
刘开俊	教　授	国家电网北京经济技术研究院
韩　丰	高级工程师	国家电网北京经济技术研究院
宋福龙	高级工程师	国家电网北京经济技术研究院
张运洲	教　授	国网能源研究院
白建华	副总工程师	国网能源研究院
吴　云	教　授	国家电力规划研究中心
杜忠明	副主任	电力规划设计总院
张诗滔	高级工程师	电力规划设计总院
胡学浩	教　授	中国电力科学研究院
李柏青	教　授	中国电力科学研究院
郭　强	教　授	中国电力科学研究院
鲁宗相	副教授	清华大学
刘应梅	高级工程师	中国电力科学研究院

科技助力丝绸之路经济带建设

郭华东　等

一、背景与意义

习近平主席向世界发出了共建“丝绸之路经济带”的战略倡议，使得横跨亚欧大陆的古丝绸之路被再度传承，并被赋予新的内涵。丝绸之路经济带是经济之路、贸易之路、文化之路、开放之路，也是国际合作之路。科学技术是当今社会经济发展的驱动力，科学技术在丝绸之路经济带建设中可发挥重要作用，特别是空间观测技术，其特有的宏观、客观、快速、准确认知对象的优势，可科学认知丝绸之路经济带资源与环境空间格局，为其建设与发展做出独特贡献。

中国科学院学部咨询项目“丝绸之路经济带资源环境格局与发展潜力”旨在将自然科学与社会科学相结合，从空间维、时间维、领域维提出丝绸之路经济带空间认知全景图。项目分两期开展研究：第一期聚焦中国—中亚段；第二期为中国—欧洲丝绸之路经济带全段。中亚与中国毗邻的重要地理位置，决定了中亚在构建丝绸之路经济带过程中的核心地位。从卫星遥感图像上看，我国的版图形状像傲立的金鸡，而再加上中亚五国的版图就像一只吉祥的凤凰，我们将这一段的丝路经济带战略研究简称“凤凰计划”。

自2014年6月项目启动以来，项目组先后召开领域专家座谈会，调研新疆、甘肃、陕西、河南和宁夏五省（区），并在吉尔吉斯斯坦举办第二届干旱半干旱区对地观测国际会议，就影响区域可持续发展的关键要素——农业及水资源格局、矿产资源与能源合作、城镇化与交通布局、生态环境格局与全球变化适应、文化遗产保护与文明融合、空间信息通信技术和区域国际合作等进行了多专题分析。在综合研究基础上，项目组从经济带整体角度出发，通过现状与问题分析，提出“科技助力丝绸之路经济带建设”的若干认识与建议。

二、现状与问题

1. 丝绸之路经济带空间跨度大、资源环境格局复杂、发展潜力评估需求急迫

丝绸之路经济带东连亚太经济圈，西接欧洲经济圈，中间是中亚的经济凹地。

中亚国家及我国西部地处干旱半干旱地区，水资源严重缺乏，荒漠化问题突出，全球变暖引发湖泊萎缩、冰川积雪加速消融、植被退化等一系列问题，以及不合理的人类活动正在威胁这一区域的社会和经济可持续发展。中亚五国对于生态环境变化监测与未来影响、全球变化的区域响应及防灾减灾、水资源变化、矿产资源及能源潜力评估、世界遗产保护与文化旅游产业等非常关注，借助空间对地观测技术可以给出不同程度的回答。而中亚五国对地观测能力较弱、应用研究水平不高，对利用空间信息技术进行并结合资源和环境变化本底的调查与评估具有紧迫需求。

2. 丝绸之路经济带沿线区域诉求各异，亟待协调一致的总体战略规划布局出台

自去年丝绸之路经济带重大战略目标提出，到今年 11 月 400 亿美元“一带一路”基金的设立，再到 12 月中央经济工作会议提出重点实施“一带一路”等发展战略，丝绸之路经济带战略在国内外愈发引起强烈关注。在这种形势下，我国的沿线省（自治区、直辖市）也提出各自的定位与规划，希望通过丝绸之路经济带契机得到国家更多的支持。但是，在调研过程中项目组发现，一些地区局限于区域或部门利益，提出的规划尚缺乏大局意识、全局观念与长远眼光，容易模糊国家的战略定位，不利于丝绸之路经济带重大战略目标的实施。因此，需要在国家层面上做好顶层设计，制定统一的战略规划目标与彼此协调的定位，形成各地区互相开放、彼此融合的格局，促进“一带”战略目标的发展。

3. 与中亚国家的科教合作尚缺乏国家层面的协调机制

过去 20 年来，我国与中亚国家在政治、经济、文化等领域取得了诸多合作成果，但与中亚的科技合作还面临诸多的问题和挑战，尤其缺乏国家层面的顶层设计和体系，以及配套的具体政策和协调机制。

一方面，我国与中亚的交流，高层往来多、民间交往较少的问题长期存在，其合作形式大多以政府的经济援助方式为主，落实到民生和科技领域的援助较少。另一方面，丝绸之路经济带沿线国家与地区的科技和教育水平参差不齐，需要采取针对性的措施提高科教水平，但目前双方对科技和人文合作重视不够，培训对象上缺乏对亲中爱华人士的培养，内容上往往以语言培训为主，缺乏科技技能培训；一些中外联合研究机构的建设，也存在“重建设、轻运行”的工作思路，缺乏可持续发展的战略谋划。

此外，丝绸之路文化遗产由我国与中亚国家联合申请，在各国独立的保护指标基础上，如何将其作为一个整体的遗产予以共同保护与开发，尚缺乏协调机制。中国作为该文化遗产申请的牵头国，需要关注未来可能因保护与开发不协调而引发的矛盾甚至冲突。

三、认识与建议

基于上述分析，咨询项目组提出以下六方面建议。

1. 跨越“胡焕庸线”，打造西部新经济模式

“胡焕庸线”（以下简称“胡线”）指我国地理学家胡焕庸先生于 1935 年提出的瑷珲—腾冲线，其在一定的自然和社会条件下形成，反映了我国人口空间分布和土地利用状况的格局。

我国一直是农业人口占据绝大多数的农业大国。农业人口向水、热、土等自然条件较好的我国东部、南部地区移动，并在政治、社会、经济等因素的综合作用下，形成当今的人口空间分布格局。今天，“胡线”像是一条横亘在东西部地区之间的人口、经济、社会发展的分水岭。

利用遥感技术对“胡线”进行 30 年来连续动态监测并结合统计数据的分析表明，“胡线”两边人口密度差在局部上正在变化（图 1）。以变化较大的“胡线”中部的甘肃中南部、宁夏为例，线两边的人口密度变化率逐渐接近。

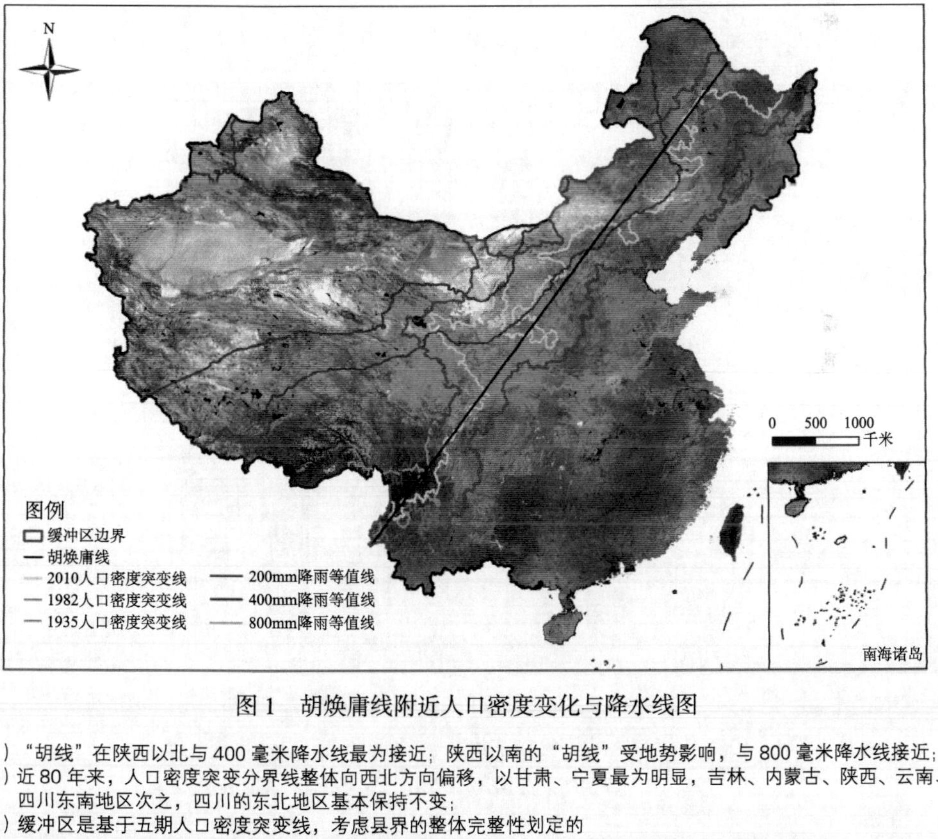

图 1　胡焕庸线附近人口密度变化与降水线图

1）“胡线”在陕西以北与 400 毫米降水线最为接近；陕西以南的“胡线”受地势影响，与 800 毫米降水线接近；
2）近 80 年来，人口密度突变分界线整体向西北方向偏移，以甘肃、宁夏最为明显，吉林、内蒙古、陕西、云南、四川东南地区次之，四川的东北地区基本保持不变；
3）缓冲区是基于五期人口密度突变线，考虑县界的整体完整性划定的

但是，从总体上看，自“胡线”提出以来的近80年，人口密度突变分界线两边人口比重无论直线还是曲线（图2），在“胡线”的西北部整体人口占全国人口比重虽有变化（在3%～4%），但变化不大（图3、图4）。这说明传统的农业经济破不了“胡线”，只有新经济模式才可能使“胡线”发生改变，今天的西部发展必须走科技创新驱动发展之路。

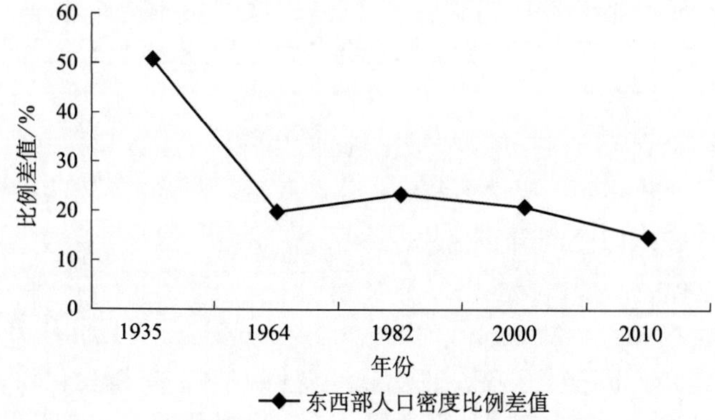

图2 “胡线”中段缓冲区内东西部人口密度比例差值

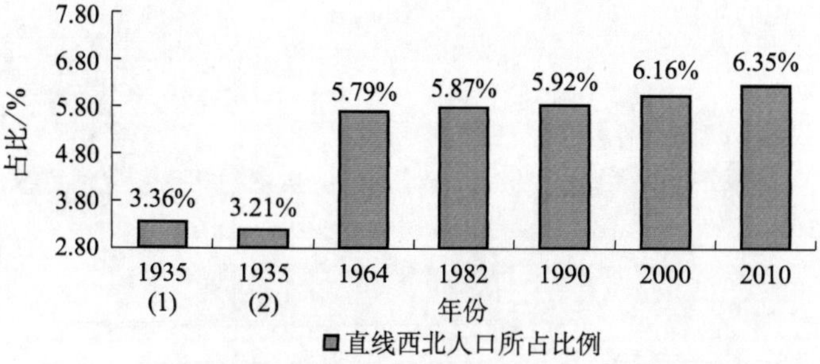

图3 1935年以来瑷珲—腾冲直线时西北部人口比例变化

注：1935（1）为含外蒙古数据；1935（2）为不含外蒙古数据

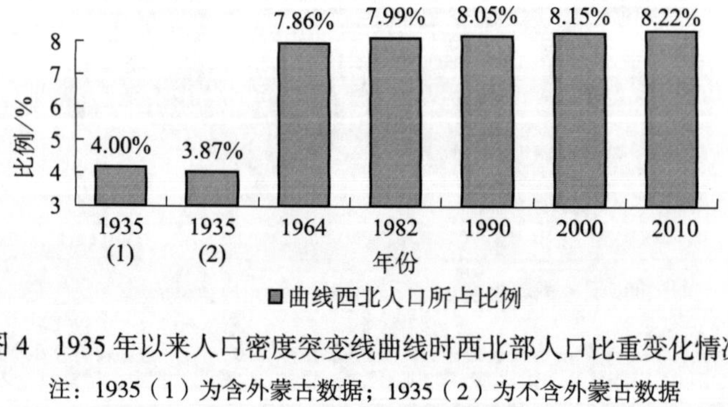

图4 1935年以来人口密度突变线曲线时西北部人口比重变化情况

注：1935（1）为含外蒙古数据；1935（2）为不含外蒙古数据

对于跨越我国东、中、西部的丝绸之路经济带，其不同段的新型城镇化需要个别规划与建设。特别是在西部，要规划、建设与当地生态及人文环境相协调，与土地资源、人口分布相适应的城镇，不宜聚（高楼拥挤、林立）、大（城市过大，超过环境承载）、密（人口过密），从而形成良好的生态与生活工作环境，吸引各方面的人才，打造独具特色的干旱区新型城镇，形成干旱区新经济发展模式，增强区域的辐射能力，跨越“胡线”的束缚。

利用现代科技开发新能源是一条可选之路。应充分利用中国与中亚五国的时间差，发展光伏发电产业；发展风力发电产业，建设分布式综合能源支柱基地，增强可再生能源设备制造业，形成与主系统配合的循环经济。

2. 建立与水资源禀赋及生态环境相适应的现代农业

30 年卫星遥感数据监测表明，受全球环境变化与人类活动的影响，丝绸之路经济带的中西部地区水资源与生态环境问题有加重的趋势。特别是在干旱与半干旱的中亚与我国西部地区，生态环境脆弱，水资源匮乏，生态环境一旦破坏，将发生不可逆的灾难。目前，耕地面积的持续扩张，特别是灌溉农业的大规模发展，导致水资源消耗过大，超越流域水资源承载能力，也是产生水资源危机与生态危机的重要原因。

对此，在保障粮食安全的前提下，我国西部地区，特别是在新疆，要尽快压缩传统农业、控制耕地扩张、调整农业种植结构、大力减少耗水量。以流域为单元，明晰流域可耗水量，划定水资源红线，确定流域的最大农业灌溉规模；利用现代生物与材料技术，大力加强现代农业育种栽培技术与节水灌溉技术的推广与应用；利用信息技术武装精细农业，提高单方水的粮食产量；吸收现代组织管理经验，推动新疆 180 多个农牧团场的“就地新型城镇化”，打造现代农业产业基地。

要切实实现耕地退耕、减少水资源消耗的目标，发挥空间观测技术优势，实时、有效监督耕地扩张与种植结构变化，以及农业耗水量，为有效制止非法耕地开垦提供技术支持。利用空间信息技术开展冰川、积雪和湖泊面积、河道断流与地下水的时空变化监测，开展区域生态环境评估，划定流域生态红线，为合理的生态保护、补救措施及生态补偿提供信息支持，为生态安全提供科学依据，为全球变化影响下的现代农业可持续发展提供科学信息支撑。

3. 构建“一轴两翼四核五段”的丝绸之路旅游经济带

目前，新型旅游方式助推产业升级方兴未艾，高科技助力旅游产业正在不断显现。高铁游、低碳游、自驾游、探险、登山、滑雪及虚拟旅游等各种旅游方式正受到人们越来越多的追捧。以高科技为动力，增加旅游主业运营中的技术含量，建立基于信息技术的旅游新业态，正在为旅游主业转型提供有力的科技战略支持。

丝绸之路拥有巨大的线性文化遗产，沿线资源环境种类丰富，满足多样的新型旅游方式，也为使用现代科技对丝绸之路实施“保护性开发”提供了条件。因此，要充分利用新欧亚大陆桥在丝绸之路经济带中的旅游经济与产业布局方面的作用，打造沿线旅游新产业、带动新经济。为此，规划了“一轴两翼四核五段”的丝绸之路经济带旅游格局（图5）。

构建“一轴两翼四核五段”格局下的“中国—中亚丝绸之路旅游经济带”，着力打造产（文化旅游与文化创意产业）、教（实用技术培训与丝绸之路精神教育）、研（丝绸之路经济新产业与新学科的研究）一体的新经济利益共同体，率先实现数字旅游、虚拟旅游、科技旅游，使之成为西向开放战略的重点之一。

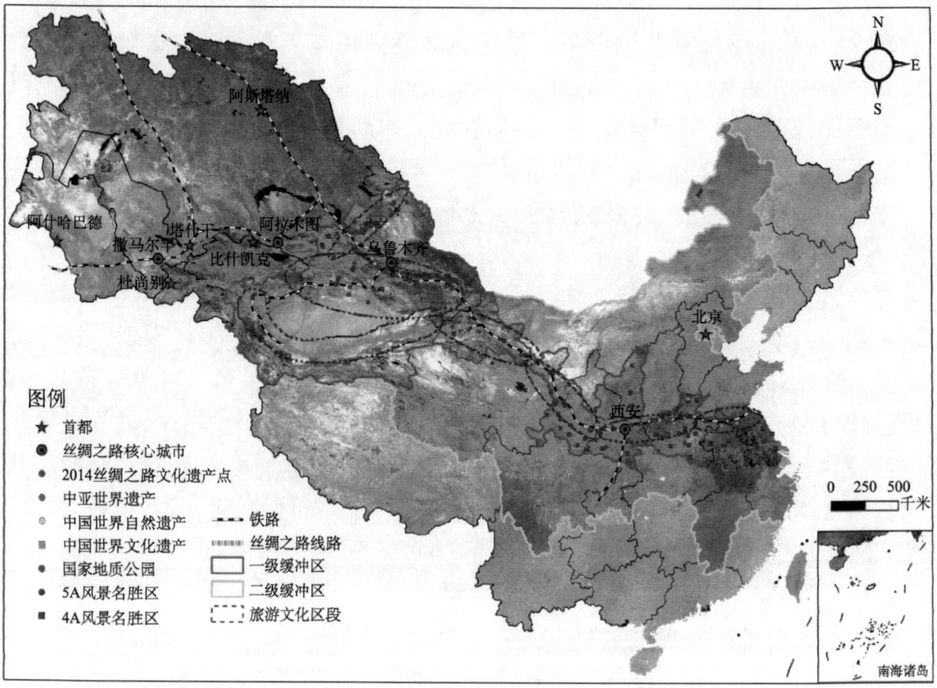

图5　丝绸之路经济带（中国—中亚段）重要旅游资源分布与战略规划示意图

说明：一轴：以新亚欧大陆桥（包含古丝绸之路在内）为主轴；两翼：右翼以北疆为翼端，连通哈萨克斯坦、吉尔吉斯斯坦北部、乌兹别克斯坦，辐射蒙古国、俄罗斯等国；左翼以南疆为翼端，连通塔吉克斯坦、吉尔吉斯斯坦南部、土库曼斯坦，辐射巴基斯坦等南亚地区；四核：以古丝绸之路上四座历史文化重镇为核心，分别为西安、乌鲁木齐、阿拉木图、撒马尔罕，中国洛阳、敦煌为潜在核；五区：运河文化区，两都文化区，佛教文化区，关、城文化区，沙漠丝路文化区。一级缓冲区，是指新欧亚大陆桥铁路沿线的诸省（区）；二级缓冲区是指一级缓冲区之外的紧邻诸省（区）

4.打造中国—中亚空间信息通信技术合作高地

中亚五国空间信息通信技术发展相对比较落后，与之相比，我国拥有丰富的卫星资源并建有先进的遥感卫星数据接收站网，可实现卫星数据的快速接收、传输、处理；中国自行研制的北斗卫星导航系统，可以满足中亚各国的定位服务和授时服务；我国通信发达，在网络基础设施服务、终端生产与应用等方面优势明显。空间信息通信技术是我国的长项，以此为纽带促进中亚与中国的民心相通，将大有可为。

发起地球观测组织（GEO）中亚计划。GEO 是由 90 多个国家和 70 多个国际组织组成的全球最大规模的对地观测组织，我国是四大主席国之一。通过 GEO 建立空间信息应用的区域合作机制，搭建中亚合作交流平台，构建区域基础设施网络，实现空间信息资源共享；实现我国对地观测数据对中亚的全覆盖，在中亚建设虚拟地面站，开展人员培训、空间信息应用等工作。

推广北斗卫星导航系统。在中亚五国推广北斗卫星导航系统，建立地面站跟踪网和增强系统，提高北斗系统的定位精确度，同时也提高北斗卫星轨道的跟踪和测定精度。为中亚各国提供导航定位和授时服务。建立地面采集数据与空间获取数据及分析一体化的集成系统。

打造“数字丝路”。通过“数字丝路”建设，实现丝绸之路经济带国家在数据信息服务、互联网业务和国际通信业务领域的互联互通。铺设高速跨国通信光缆，建设统一的丝绸之路经济带资源环境系统的数字化信息共享平台，在新疆建立面向中亚的信息枢纽，支撑丝绸之路经济带战略的政策沟通、道路联通、贸易畅通、货币流通、民心相通建设。

研究丝绸之路资源和生态环境变化本底和规律。丝绸之路经济带沿线尤其是中亚地区资源能源丰富，应深入研究获得精确的数据，为中亚资源利用和我国企业“走出去”服务。同时，丝绸之路沿线生态环境承载力，以及全球气候变化背景下的环境变化及发展趋势研究甚为重要，将为对地观测资料数据提供对比基础，服务于丝绸之路的总体规划和决策。

5. 构建上海合作组织与丝绸之路经济带一体化的科技合作框架

上海合作组织的发展与丝绸之路经济带建设相辅相成、互为机遇。上海合作组织成员国多为丝绸之路经济带沿线国家，丝绸之路经济带也是上海合作组织的重要议题，有必要在新形势下，进一步构建上海合作组织与丝绸之路经济带一体化的科技合作框架。

中亚是气候变化敏感区，是近 30 年全球气温上升最快的区域之一。气候变化对这一区域的水与生态系统产生了重大影响。中亚国家和上海合作组织都将应对气候变化作为重要主题和任务，并确定了“以气候变化为抓手，引领中亚科技合作”的战略。建议与中亚国家以共同关注的科学问题为牵引，开展实质性合作研究，尤其在气候与环境演变、水土资源和矿产资源、生物资源和现代农业、生态修复和环境治理、丝绸之路文化遗产保护与开发等领域开展互惠互利的合作研究，提升中亚国家的整体科技实力，提高我国在中亚的话语权。

培养说汉语、懂中国的中亚科技人才。注重软实力提升，加强与中亚国家的科技和教育合作。本着以“给予”为主的思路，通过合作办学、联合培养等方式，培养大量懂汉语的现代专业技术人才，助力丝绸之路经济带的发展。可考虑建立丝绸之路保护开发协调联盟，在丝绸之路基金下设立专项基金（可称为“玄奘基金”），扶持中国丝绸之路沿线省份与中亚开展合作研究和人才培养，增强对中亚五国的吸引力与凝聚力。

6. 顶层科学设计丝绸之路经济带国内段定位与发展战略

针对丝绸之路战略，沿线有关省（自治区、直辖市）积极响应，相继提出各自的战略定位，如新疆定位为丝绸之路经济带核心区，甘肃为丝绸之路经济带黄金段，宁夏为丝绸之路经济带重要支点，青海定位为绿色通道，内蒙古为战略通道和重要节点，河南为新支点和战略枢纽，陕西为丝绸之路经济带新起点等。

以上大量工作值得肯定，但至少有三个问题值得注意。一是局限于本省（自治区、直辖市）的范围内讨论定位，与兄弟省份的优势互补考虑不够，与周边，包括与中亚国家的合作要素缺少深层次分析。二是省份间攀争丝绸之路的起点与范围等，实属不必要的争论，历史已成为过去，关键是利用美好的历史来延续经济带的发展。三是要考虑各省份战略定位的科学性与准确性，如陕西定位为新起点，意为丝绸之路经济带西向的新起点，从历史的角度考虑无疑是正确的，但从发展的角度看，似又受到了限制，可考虑定位为“丝绸之路经济带双起点”，即古今时间之双和空间方向之双，时间之双指汉朝和今日之双，空间方向之双指西向又东进之双，毕竟今日东部经济之发达已非汉朝时所能相比。

建议做好丝绸之路经济带战略的国家总体设计，使各省份最大限度地发挥其特有优势并形成合力，共同在国家层面上发挥丝绸之路经济带建设的重要作用。

（本文选自 2014 年咨询报告）

咨询组成员名单

郭华东	中国科学院院士	中国科学院遥感与数字地球研究所
安芷生	中国科学院院士	中国科学院地球环境研究所
秦大河	中国科学院院士	中国气象局
刘嘉麒	中国科学院院士	中国科学院地质与地球物理研究所
杨元喜	中国科学院院士	西安测绘研究所
陆大道	中国科学院院士	中国科学院地理科学与资源研究所
吴国雄	中国科学院院士	中国科学院大气物理研究所
侯建国	中国科学院院士	中国科学技术大学
徐建中	中国科学院院士	中国科学院力学研究所
金之钧	中国科学院院士	中国石化石油勘探开发研究院
蔡　润	研究员	外交部政策法规司
王　辉	研究员	国务院发展研究中心
吴炳方	研究员	中国科学院遥感与数字地球研究所
王心源	研究员	中国科学院遥感与数字地球研究所
李新武	研究员	中国科学院遥感与数字地球研究所
贯根锁	研究员	中国科学院大气物理研究所
秦其明	教　授	北京大学地球与空间科学学院
陈　曦	研究员	中国科学院新疆生态与地理研究所
董锁成	研究员	中国科学院地理科学与资源研究所
卢乃锰	研究员	中国气象局国家卫星气象中心
何国金	研究员	中国科学院遥感与数字地球研究所
付碧宏	研究员	中国科学院遥感与数字地球研究所
塔西甫拉提·特依拜	教　授	新疆大学
王钦军	研究员	中国科学院遥感与数字地球研究所
邵　芸	研究员	中国科学院遥感与数字地球研究所
刘　洁	助　研	中国科学院遥感与数字地球研究所
肖　函	助　研	中国科学院遥感与数字地球研究所

关于加强我国页岩气勘探开发与管理的建议

戴金星　等

近10年以来，全球掀起了一场“页岩气革命”。我国于2005年开始进行页岩气理论研究，2009年进行页岩气勘探开发生产试验，2010年以来在局部地区取得了重大突破或重要进展，2013年实现了页岩气年产量2亿米^3。据初步研究判断，我国页岩气资源丰富，对页岩气资源进行有效、规模勘探开发对缓解我国能源短缺形势，以及提供优质、清洁能源具有非常重要的意义。但由于我国页岩气勘探开发工作起步晚，在地质理论、工程技术与资源管理等方面尚存在诸多急需解决的重大问题。

一、基本情况

页岩气为高效优质的天然气资源，2013年，美国页岩气产量达到近3000亿米^3，已占其天然气总产量的40%。美国利用页岩气资源的规模开发已经在改变着全球能源的供应格局，并将助推美国实现液化天然气净出口，使全球天然气供应更加充足。作为重要的天然气勘探开发新目标，我国近年来已将其放在极其重要的位置，正积极寻找我国页岩气有利勘探开发领域与目标，探索我国页岩气资源有效的发展模式。我国陆上从前寒武纪到新生代发育丰富的富有机质页岩，广泛分布于北方主要含油气盆地及南方广大地区，初步预测有利页岩气勘探面积150万千米^2，地质资源量134.42万亿米^3，可采资源量25.1万亿米^3。

2005年以来，我国借鉴北美页岩气勘探开发成功经验，开展了我国页岩气地质综合评价和勘探开发技术攻关。2009年，在南方古生界海相页岩中率先开展了页岩气勘探开发先导性试验。2010年，在四川盆地威远地区古生界海相实现了页岩气突破，此后已陆续在四川盆地长宁、富顺—永川、焦石坝，重庆黔江，贵州道真、铜仁、习水，湖南涟源等地区的古生界、鄂尔多斯盆地下寺湾的中生界等发现页岩气，并在四川盆地威远、长宁、富顺—永川、焦石坝、习水等区块获得工业性页岩气产量，不仅证实了我国页岩气普遍存在，而且可以建成工业产能，具有较好的勘探开发前景。2009～2013年，我国累计钻探页岩气井

130余口（年均26口），压裂获页岩气流井60余口，初始单井日产页岩气量0.12万～54.7万米^3。至2013年年底，在四川盆地、鄂尔多斯盆地分别建立了3个古生界海相和1个湖相共4个页岩气产业化生产示范区，在四川盆地焦石坝地区形成了1个50亿米^{3}产能区块。2013年，四川盆地威远、长宁、富顺—永川及礁石坝4个区块实现页岩气年产量2亿米^3。与此同时，我国页岩气勘探开发初步优选形成了关键主体技术，包括页岩气形成与富集条件研究方法、页岩气地质评价与综合选区技术、页岩气资源评价预测方法、页岩气测井识别与评价技术、地震资料采集处理与优质储层识别方法、水平井钻井与完井技术、水平井大型分段体积压裂技术与配套工艺、微地震裂缝监测与评估技术等。

我国页岩气勘探开发虽然起步较晚，但发展较快、形势较好，目前已初见曙光。找到了一套页岩气资源非常富集的层系——南方古生界上奥陶统五峰组—下志留统龙马溪组页岩，圈定了包括蜀南—川东、滇东北、黔北及鄂西地区等有利范围，有利面积超过5万千米^2，可采资源量达4.5万亿米^3。初步建成3个较大规模的页岩气田——川东南焦石坝页岩气田、蜀南长宁—威远页岩气田及富顺—永川页岩气田。3个页岩气田均处于常规天然气田区，可以建成有效示范区并形成经验。陆相页岩气虽在鄂尔多斯东南部获得发现，但仍属探索阶段，需要持续攻关。

二、存在的问题

与北美页岩气发展历程相比，我国页岩气发展所处阶段、页岩气形成与富集地质条件、页岩气勘探开发理论与技术、页岩气发展的地理环境、页岩气发展的相关管理及对页岩气资源的相关理念等方面存在着差异，我国对页岩气资源的认识存在很大误区：有页岩就有页岩气，有页岩气就能商业开发；常规油气技术可以开发页岩气；海相、海陆过渡相、陆相页岩气无差别；只重视勘探开发技术而忽视地质综合评价与选区等。就目前勘探开发形势而言，我国虽已证实存在页岩气资源，但资源规模、质量、分布还不清楚；虽已有部分适用技术，但还未掌握主体关键技术；虽局部有了页岩气产量，但远未达到经济、规模化生产。归纳起来，存在以下问题。

1. 我国页岩气形成与富集条件尚不明确，优质资源的规模与分布认识不清

目前我国仅有页岩气钻井130余口，且主要集中在四川盆地和鄂尔多斯盆地，区域上勘探程度非常低，存在页岩气形成与富集条件认识局限，资源整体落实程度差，“甜点”区与优质资源分布不明确。

2. 没有掌握页岩气勘探开发关键技术，装备不配套

页岩气勘探开发不能用常规天然气勘探开发的方法与技术。中美两国地质条件差异大，不同页岩气赋存条件、开发技术参数不同，也不能单靠引进、简单照搬北美的现成技术。我国在优质储层预测与评价技术、水平井钻并与完井技术、大型多级储层压裂改造与评估等页岩气勘探开发关键技术上总体不成熟、没有掌握，装备不配套，尤其是对国外公司技术的依赖性还较强。

3. 页岩气勘探开发处于高成本、低产量、无（或低）效益阶段

我国页岩气富集区地质、地表条件复杂（主要为山区），在技术尚不成熟、关键技术没有掌握、资源“甜点区”不明确的情况下，无论是四川盆地的海相页岩气，还是鄂尔多斯盆地的陆相页岩气，无论是国内自主勘探开发的区块，还是与国外合作勘探开发的区块，目前单井费用都在 5000 万～9000 万元以上，个别井费用甚至超过 1 亿元，而单井页岩气产量直井 1500～150 000 米^3/ 日，水平井 5000～550 000 米^3/ 日，按我国当前的天然气价格估算，我国页岩气井的成本非常高，单井页岩气产量又较低，页岩气勘探开发还无效益或只有较低效益。

4. 页岩气勘探开发管理机制、扶持政策有待完善

我国把页岩气列为独立新矿种，初衷是想通过放开矿权来加快页岩气发展，但从试行结果看矛盾明显。一是把页岩气列为新矿种，增加了与常规油气矿权的重叠，可能导致重叠区不必要的矿权纠纷，徒增两种矿权的管理难度，也会阻碍常规油气的勘探开发。二是拥有页岩气矿权的企业为了保持矿权，不得不在基础工作不扎实的地区盲目投入，造成社会资本的浪费，增加企业负担。页岩气勘探开发普遍采用丛式井，需要大量钻井，井场占地面积大，现阶段土地征用手续繁杂、周期长（往往需要 6～8 个月），一定程度上制约了勘探开发进程。国家已经出台的《页岩气产业政策》明确了 2013～2015 年的补贴和减免矿产资源补偿费、矿权使用费、资源税、增值税、所得税等激励政策，但 2015 年以后及各地方财政对页岩气勘探开发扶持的优惠配套政策等尚需完善。

三、建　　议

1. 尽快摸清资源家底，掌握“甜点区”分布，制定科学发展规划

引起目前我国页岩气发展前景众说纷纭的根源在于对页岩气资源家底与“甜点区”分布规律的认识不统一。因此，建议充分利用已钻页岩气井取得的大量地下资料和 4 个示范区的勘探开发成果，深入总结页岩气形成与富集主控因素，建

立工业化的页岩气资源评价与“甜点区”评选标准，统一页岩气资源评价与“甜点区”评选关键参数，尽快摸清家底，掌握“甜点区”分布规律，使我国页岩气“资源有而不清”变成“有而渐清”。在此基础上，制定出科学、合理的发展规划，指导我国页岩气健康、有序发展。

2. 加强与推进页岩气勘探开发示范区建设，尽快形成有效经验

非常规油气资源勘探开发中示范区的作用非常重要，我国页岩气勘探开发建立的4个示范区，虽然都取得了明显的效果，但远未发挥出示范区应有的作用。建议进一步加强与推进页岩气勘探开发示范区建设，尽快形成有效经验。示范区要进一步发挥示范理论、示范技术、示范政策和示范管理机制等作用。示范区实际上也是试验区，国家既要有政策鼓励，也要有明确任务、要求和严格的监督、检查机制。

3. 加强技术攻关，坚持自主创新，减少对外技术依赖

美国依靠持续技术突破实现了页岩气商业化开发，并逐步转向向外输出技术，以图用技术控制资源。我国煤层气勘探开发实践表明受制于对外技术依赖，已导致其发展速度较缓慢，页岩气应以此为鉴，在技术上要走自主研发之路。建议在引进、学习国外先进技术的同时，要立足于国内，坚持自主创新，构建适合我国页岩气地质特征的技术体系，杜绝或减少以资源换技术的做法。加强持续的技术攻关，技术终会突破，而资源一旦落入他人之手将无法挽回。关键技术的自主突破也是低成本勘探开发的关键。

4. 建立科学管理机制，完善扶持政策，有效推进页岩气发展

我国页岩气发展尚处于起步阶段，风险大、成本高、效益低，要想快速实现产业化，政府必须有科学的管理机制、优惠的扶持政策和有效的激励措施。建议国家加强页岩气管理研究，尽快形成适宜页岩气发展的管理机制，维持油气矿权秩序，避免一哄而上，无序竞争，充分发挥国有大型石油公司的积极性和引领作用。加快页岩气扶持政策完善与配套，包括增加补贴、减免税收、引进设备关税等。加快相关标准的制定，尽快形成页岩气储量、安全、环保和工程等技术标准体系。制定有效的激励措施，包括减少土地征用手续、调整耕地占补平衡指标、简化安环评价程序等。在国家层面设立“页岩气科技攻关”专项，组织国内外优势科技力量，加强页岩气基础地质理论与勘探开发关键技术攻关，尽快形成具有中国特色的页岩气地质理论，建立适宜、配套的勘探开发技术体系，快速形成中国页岩气勘探开发资源“有而不清”变为“有而渐清”、技术“能而不精”变为“能而渐精”的新局面。

（本文选自2014年院士建议）

建议专家名单

戴金星	中国科学院院士	中国石化石油勘探开发研究院
马永生	中国工程院院士	中国石油化工股份有限公司
邹才能	教授级高级工程师	中国石化石油勘探开发研究院
廖仕孟	教授级高级工程师	中国石化石油西南油气田公司
董大忠	教授级高级工程师	中国石化石油勘探开发研究院
王玉满	高级工程师	中国石化石油勘探开发研究院
杨跃明	教授级高级工程师	中国石油西南油气田公司
王兰生	教授级高级工程师	中国石油西南油气田公司
张　鉴	高级工程师	中国石油西南油气田公司
郭彤楼	教授级高级工程师	中国石油化工股份有限公司
牟泽辉	教授级高级工程师	中国石油化工股份有限公司
赵培荣	高级工程师	中国石油化工股份有限公司
王香增	教授级高级工程师	陕西延长石油集团
高瑞民	教授级高级工程师	陕西延长石油集团
张丽霞	教授级高级工程师	陕西延长石油集团

建设经济带是经济发展布局的最佳选择

——长江经济带的经济发展潜力极其巨大

陆大道 *

2013年10月，国家发展和改革委员会等13个部委的司局级领导组成调查组对长江经济带进行了考察研究。在我国经济发展进入“稳增长、调结构”的重要时期，启动长江经济带的建设，具有极其重要的意义。长江经济带就其经济基础和发展潜力而言，仅次于我国海岸经济带。

海岸经济带和长江经济带两个经济带构成“T”字形。两个经济带在经济最发达的长江三角洲交会。长江经济带将内地两个最发达的核心地区（成渝地区和武汉地区）与海岸经济带联系起来。这种空间结构准确地反映我国国土资源、经济实力及开发潜力的分布框架。将这两个经济带进一步发展建设好，就可奠定国民经济持续发展和实现2020年经济总量较2010年翻一番的基础，并促进与之相联结的二级、三级经济带的发展，从而带动全国经济的持续发展。

建设经济带的空间布局理念和模式完全符合我国国土开发与经济布局合理化的要求。这种空间布局的理论基础是空间结构理论范畴的“点—轴系统”理论。

1.“点—轴系统”理论

“点—轴系统”理论及我国国土开发、经济布局的“T”字形宏观战略（海岸带和长江沿线作为全国的一级发展轴线）是陆大道在1984年吸取区位论和空间结构理论的精华，在分析我国自然基础，特别是我国经济布局特点和综合国力的基础上提出的。以经济带的模式进行国土开发和发展区域经济，是“点—轴系统”理论的应用核心。

自1985年5月至1987年，当时的国家计划委员会组织编制了《全国国土总体规划纲要》(以下简称《纲要》)。作为未来15年我国国土开发和经济布局基本框架的“T”字形战略明确被写进了《纲要》。《纲要》经多次修改和1986年的省长会议讨论，1987年3月25日发到全国试行。1999年由原国家发展计划委员会副主任刘江主编的《中国地区发展回顾与展望》(综合卷）写道：“《全国国土总体规划纲要》(草案）提出由沿海和沿江组成的全国‘T’字形布局的主轴

* 陆大道，中国科学院院士，中国科学院地理科学与资源研究所。

线构想，在大力发展外向型经济的大背景下，得到了逐步完善和发展。”①

“点—轴系统”理论的基本要点和意义有如下几方面。

第一，经济和社会客体在区域或空间范畴总是处于相互作用之中，由此导致空间集聚和空间扩散两种倾向。

第二，在国家和区域发展过程中，大部分社会经济要素（客体）在“点”上集聚，并由线状基础设施联系在一起而形成“轴”。

第三，“轴”对附近区域有很强的经济吸引力和凝聚力。轴线上集中的社会经济设施通过产品、信息、技术、人员、金融等，对附近区域有扩散作用。扩散的物质要素和非物质要素作用于附近区域，形成新的生产力。在国家和区域的发展中，在“基础设施束”上一定会形成产业聚集带即经济带。

第四，随着社会经济的进一步发展，“点—轴”必然发展到“点—轴—集聚区”。这里的“集聚区”也是“点”，是规模和对外作用力更大的“点”，在实践中表现为城市集聚区和城市群。同时，社会经济要素（客体）将由高等级的“点”和“轴”向较低级别的“点”和“轴”扩散，实现从区域间不平衡向较为平衡的发展。

“点—轴系统”是区域发展的最佳空间结构；要使区域最佳发展，必然要求以“点—轴系统”模式对社会经济客体进行组织。

按照“点—轴系统”模式进行区域开发和经济与社会布局，可以使经济和社会要素（客体）与区域性基础设施之间实现有机结合，即经济和社会设施的布局在宏观、中观、微观上都与交通、水、土资源等实现最佳的空间结合。这样就会产生空间集聚效果，可以充分发挥各级中心城市的作用，有利于城市之间、区域之间、城乡之间便捷的联系；客观上有利于实现地区间、城市间的专业化与协作，形成有机的地域经济网络；可以使全国战略和地区战略较好地结合起来，使各地区、各部门有明确统一的地域开发方向，有利于提高建设投资效果和管理水平；随着国家和区域经济网络的逐步形成，可以实现从区域间的不平衡到较为平衡的发展。

2. 长江经济带经济发展具有巨大潜力

这种强大的发展潜力是我国除海岸经济带以外的其他经济带所不能比拟的。长江是我国东西向的运输大动脉。南京以下的长江下游航运发展和经济发展潜力相当于两条海岸带。

第一，长江流域具有丰富的天然资源，包括以亚热带和暖温带为主的气候资源，降水丰沛，流域有耕地 2460 多万公顷，占全国耕地总面积的 1/4，而农业产值占全国农业总产值的 40%，由此造就了强大的农业基础。长江上游和中游

① 刘江主编：《中国地区发展回顾与展望》（综合卷），中国物价出版社，1999 年。

具有大规模的水能资源，为工业和大规模的城市发展提供了优越的条件。

第二，已经发展起来雄厚的工业，特别是重工业基础和高级制造业基础，其中原材料工业和以交通运输工具、机电设备和电器产品、重型和精密机械、航空航天及国防军工等为主的制造业在全国具有突出地位。

第三，已经形成世界上最大的以水运为主，包括铁路、高速公路、管道及超高压输电等的综合性运输通道。2010 年长江流域内河港口的货物吞吐量为 20.94 亿吨（当年我国沿海主要规模以上的港口吞吐量完成为 54.85 亿吨），占全国包括沿海港口总吞吐量在内的水运货物吞吐量的 28%（占到沿海港口总吞吐量的 38.2%）。其中，上海（内河）港至南京港（含）吞吐量达到 13.83 亿吨，占全部内河港口吞吐量的 66%。其中，万吨级以上港口有 5 个，吞吐量 7.27 亿吨，占整个长江流域的 35%。滨江一带有大量的适宜工业、交通设施建设的土地。

特别需要强调的是 2010 年长江流域港口完成的 8.92 亿吨货运量，占全国铁路（6.6 万千米）完成的运输量的 1/4，超过同年全国十大铁路干线（京广、京沪、京九、陇海、兰新、京包、包兰、京哈、沪昆、胶济）货运量之和的 30%。

第四，以上海为核心城市的长江三角洲城市群、以成渝为核心城市的城市群及武汉城市群组成长江经济带的三个核心，依靠这三大城市群连接更多的大中型城市和区域。长江经济带的腹地几乎包括半个中国。在这个范围内，现有经济和技术基础已经很强大，矿产和水能资源丰富，大农业基础雄厚。长江经济带将可以成为一个以超强能力的综合运输通道为支撑的、潜力极其巨大的经济带。

3.“点—轴开发”理论和我国国土开发、经济布局的“T”字形宏观战略

海岸带和长江沿线作为全国的一级发展轴线，是通过总结国内外国家发展和区域发展实践，吸取了德国学者区位论和空间结构理论的部分理念，同时在分析了我国自然基础，特别是 80 年代我国经济布局特点和综合国力的基础上提出的。

20 世纪 90 年代以来，对于以海岸地带和长江沿岸作为我国国土开发和经济布局的一级轴线的战略，国内著名学者及有关部门的领导孙尚清、王梦奎、王慧炯、李善同、陈栋生、白和金、林兆木、刘江、魏后凯等给予了充分的认同。他们强调了 21 世纪初我国应该继续实施“T”字形宏观结构战略的重要性。文献如下：

第一，1987 年 3 月 25 日《全国国土总体规划纲要》（草案）中明确强调：“在生产力总体布局方面，以东部沿海地带和横贯东西的长江沿岸相结合的“T”字形结构为主轴线，以其他交通干线为二级轴线，按照点、线、面逐步扩展的方式展开生产力布局。”“我国东部沿海地带和横贯东西的长江形成密切结合的

“T”字形态势，是2000年或更长时期内进行重点开发和布局的两条最主要的轴线。”“我们认为，作为国土开发和经济建设的一级主轴线，应当突出重点，因此以“T”形轴线为宜。”（1988年以“草案”的形式发到全国试行）。

第二，分别时任国家计划委员会副主任和秘书长的桂世镛、魏礼群当时写道：“总的设想是：强化发展沿海地区……着手开发长江黄金水道，建设沿江经济走廊，逐步使沿海、沿江形成“T”字形的一级开发轴线。”①

第三，国务院发展研究中心原主任、著名经济学家孙尚清强调：“在‘九五’期间乃至下个世纪……要建设一个辐射和支撑全国开发开放架构。这个架构就是以沿海开放地区为横轴，以长江流域为纵轴的‘T’字形开发开放战略。”‘T’字形经济增长格局发展后劲强而有力，对我国经济的长远发展举足轻重，意义重大……”②

第四，国务院发展研究中心原主任、著名经济学家王梦奎和国务院发展研究中心学术委员会原主任、著名经济学家王慧炯等认为：“从宏观布局看沿江开放地带与沿海开放地带组成我国“T”字形开放主干架构，使我国最主要的两条经济带在开放的洗礼中增强国际竞争力，支援国民经济加快发展，同时把开放效应传递到广大的内地。”③

第五，2000年，王梦奎和王慧炯又强调：“加快长江经济带的综合开发，建成继沿海之后的又一经济发展先行区。……长江经济带都将是我国今后经济增长潜力最大的地区，也将是支持21世纪中国经济成长的重要区域增长轴线。”④

第六，2000年，国家发展计划委员会宏观经济研究院原院长、著名经济学家白和金和国家发展计划委员会宏观经济研究院原副院长、著名经济学家林兆木、刘福垣、王一鸣也认为：“长江经济带对我国经济发展的战略意义是其他经济地带不能代替的……从我国经济发展由沿海向内地推进的趋势和长江经济带综合开发的条件来看，长江经济带已经具备了综合开发的条件。……经过20～30年或者更长一些时间的努力，建成与沿海经济带相辅相成的、具有强大经济实力的国家一级经济轴线。”⑤

4. 进一步发展长江经济带应该作为我国国土开发和经济布局的宏观战略的重要组成部分

但不同于“西部大开发”、“东北振兴”及“十二五”规划中提到的长江三角

① 桂世镛，魏礼群：关于到本世纪末经济和社会发展战略的若干构想，计划经济研究，1987：2–17

② 孙尚清《长江开发开放》，中国发展出版社，1996年

③ 王梦奎主编，王慧炯、李善同副主编：《中国经济发展的回顾与前瞻（1979—2020）》，中国财政经济出版社，1999年

④ 王梦奎、李善同等著：《中国地区社会经济发展不平衡问题研究》，商务印书馆，2000年

⑤ 白和金主编，林兆木、刘福垣、王一鸣等副主编：《21世纪初期中国经济和社会发展战略》，中国计划出版社，2000年

洲、珠江三角洲、京津冀及跨省区的经济区、城市群，以及“新区”等，这些区域单元是国家一个时期的“政策区”，国家和地方政府对一些项目的投资和运作给予用地、税收、因素价格等方面的优惠。长江经济带是国家发展的战略性和导向性的重点区域，国家将在交通、信息、能源、城市发展及对内对外贸易平台等方面予以能力上的保障和科学的空间组织，以保障经济带的整体性和高水平的产业竞争力。除此之外，不需要给予经济上的优惠。也因此，长江经济带的地域范围不需要明确划定。

关于支持兰州新区发展的建议

沈文庆　等

今年8月，应兰州新区党工委、管委会的邀请，中国科学院院士沈文庆、胡文瑞、郭华东、吴硕贤、沈保根参加了“兰州新区院士行”活动，对兰州新区进行了实地考察和调研。几位院士认为，兰州新区自2012年8月获批以来，按照“产业先导、以产促城、产城融合”的发展思路，坚持高标准建设、新模式开发、大项目支撑，工作取得了明显成效，特别是今年7月15日国务院正式批准设立兰州新区综合保税区，为新区扩大开放开发提供了难得的契机。

几位院士提出，尽管兰州新区开发建设取得了显著成效，但还是存在一些问题和困难，主要体现在：兰州新区距离老城区相对较远，在资源禀赋、人文条件、基础设施、自然生态等方面都不具有比较优势；新区建设资金严重缺乏，能形成稳定税源的企业相对不足，给产业集聚、社会管理、民生改善等工作带来了较大压力。为更好地促进兰州新区健康发展，院士们就兰州新区特别关注的问题提出如下意见建议。

一是支持将兰州石化公司整体搬迁至兰州新区。兰州石化公司作为20世纪50年代建成的超大型企业，布局在黄河上游。近年来公司设备、管线日趋老化，生产事故频发，特别是今年“4·11”兰州石化公司导致局部自来水苯指标超标事件的发生，给兰州乃至黄河上游地区经济社会发展都造成了一定影响。如能将兰州石化公司整体搬迁到新区，最终形成年产2000万吨炼油、200万吨乙烯的国家战略性石油化工基地，在增强新区发展后劲的同时，也有利于从根本上杜绝类似事件的发生。

二是大力支持兰州新区产业发展。兰州新区现在引进的项目多以传统产业为主，既没有形成完整的产业链，也缺乏有效的对外开放平台，导致产业发展整体层次不高。在中央提出建设“丝绸之路经济带”重大战略之际，建议在兰州新区布局建设重大高铁装备生产项目，打造西部高铁装备生产、维修基地，在满足西部地区轨道交通建设需求的同时，着力发展面向中亚西亚国家的高铁装备出口贸易。另外，可进一步鼓励、支持大型央企将符合新区产业规划的传统产业转型升级、资源性产业延伸、战略性新兴产业项目布局在兰州新区。

三是给予兰州新区发展资金支持。新区目前还处于起步阶段，基础设施、产业项目等的建设需要大量资金支持，但由于甘肃省、兰州市财力紧张，每年只能拿出 10 亿元投入新区，不敷使用、缺口较大，而新区建成投产企业较少，缺乏稳定的税源支撑，造血功能不足。建议采取市场机制与政府扶持相结合的方式，比照支持滨海新区等国家级新区的政策，每年给予兰州新区相应的资金扶持。

（本文选自 2014 年院士建议）

建议专家名单

沈文庆	中国科学院院士	中国科学院上海应用物理研究所
郭华东	中国科学院院士	中国科学院遥感与数字地球研究所
吴硕贤	中国科学院院士	华南理工大学
沈保根	中国科学院院士	中国科学院物理研究所
胡文瑞	中国科学院院士	中国科学院力学研究所

创新预研管理模式，提升国防科技创新能力

刘竹生　等

创新是国家发展的永恒主题，美国作为世界超级大国，是最富有创新活力的国家之一，其先进的预先研究（简称预研）管理模式，促进了创新性思维快速转化成成果。本文通过深入研究美国航天预研管理模式，对比分析我国航天预研管理现状和不足，为创新我国预研管理模式提出了几点建议。

一、美国航天预研项目管理模式的特点

1. 政府主导，以政策引导预研创新

美国航天工业采取了军民分立的模式：国防部和国家航空航天局（NASA）分别负责军用和民用的航天战略和活动的组织实施。这两个部门在国防预研创新中起着主导作用，通过发布预研政策、实施预研计划等方式来建立和调节预研创新主体的相互联系和互动关系，发挥市场配置资源的基础作用，提高航天预研创新能力，推动科技创新。

2. 建立专职机构，加强与航天企业的联系

为了使工业界更积极地参与国防采办，美军预研部门采取各种措施加强与工业界的联系。三军在一些军工密集地区建立了“工业信息办事处”，负责向军工企业提供有关国防采办情况及军事科研规划的意向。此外，三军的研究机构都成立了“研究与技术应用办公室”，作为与工业界联系的窗口，向航天企业和高等院校通报科研活动进展，并帮助向州政府、地方政府机构及私营企业转让技术成果。

3. 培育宽松的创新文化，给予充足的经费支持

美国十分重视创新文化的培育，对于创新工作风险有非常高的容忍度，在政策方面鼓励个人责任和首创精神。美国航天预研工作更关注于长远原始的创新

工作，采取“广种薄收”的管理模式，在前期预研探索阶段，给予充足的经费支持，建立技术积累，为后期型号研制工作打下技术基础。

4. 实施创新激励措施，增强航天企业创新活力

美国国防预研管理部门采取多种措施激励创新活动。一方面，加大知识产权保护力度，美国国防部对开展国防预研创新活动的企业，实施“费用补偿”、“税收减免”和共同投资等激励措施；另一方面，美国国防部在许多技术转移计划中都设立了技术创新奖项。

5. 加强建设技术转移机制，推动预研成果转化

国防部和NASA采用多种技术转移手段，推动预研成果的转化。一方面，国防部在国防研究与工程署、NASA在下属各个航天中心都设立了技术转移办公室，作为预研技术转化和军民用技术转移的主管机构；另一方面，国防部实施各种技术转移计划，NASA则建立数据量庞大的军民两用技术转移信息数据库。

二、我国航天预研管理模式的现状和问题

1. 国内现状和特点

1）政府领导，分级管理。我国当前的航天预研工作是由中共中央军委装备发展部（以下简称装备发展部，原中国人民解放军总装备部）和国家国防科技工业局（以下简称国防科工局）负责。装备发展部主要负责武器装备方面的预研管理工作，国防科工局主要负责预研相关技术、基础设施建设等方面的工作。装备发展部分管有关装备的部门，各军兵种装备部主管本系统的装备预研工作，装备发展部授权单位管理授权分管的装备预研工作。

2）决策、咨询、执行系统相互协调配合。我国整个预研管理体系以行政部门为主体，实行领导与专家相结合，按管理职能可以分为行政部门领导下的决策系统、咨询系统和执行系统。决策系统主要由装备发展部和国防科工局负责，在决策中强调统筹规划；咨询系统主要根据装备预研工作需要，设立专家咨询组织；执行系统主要是组织实施科研活动，确保按项目计划完成任务。

3）预研计划实行项目分类管理制度。我国航天预研项目中长期计划，主要采取合同制和基金制。应用基础研究阶段的预研项目涉及面广、探索性强、风险性大，适宜实行基金制管理；应用技术研究和先期技术发展阶段的预研项目针对性较强、目标较明确、技术指标确定，适宜实行合同制管理。

2. 存在的主要问题

1）缺乏原始创新的理念和环境。我国科研和管理人员关注能够“立竿见影”的集成创新工作和工程型号工作，忽视了前沿性、基础性的研究，缺乏原始创新的理念。同时，我国的科研评价体系宁稳勿错，即便有一些原始创新的研究项目，如果不是国外首先提出就会受到怀疑，无法得到立项。当前缺失原始创新理念、缺乏容忍失败的环境阻碍了创新工作的开展。

2）“需求牵引”力度弱，预研成果转化机制不完善。“需求牵引”是开展预研工作的重要条件。由于军方与工业部门沟通不够，需求牵引力度不足，预研项目与军方需求存在差异，预研成果不能及时转化为产品得到型号立项。此外，由于工作的保密性，很多成果无法通过市场转化用于民用领域，一定程度上降低了预研的积极性。

三、相关建议

1. 营造宽松环境，鼓励原始创新

一是建立原始创新的鼓励机制，完善评价办法，建立独立的评价体系，优化立项评价指标。在科研立项管理过程中给予足够的自由度，建立完善科学合理的遴选机制，对“非共识”项目也要给予充分重视。

二是注重原始创新思维的培养，营造宽容的创新环境。建设有军工特色的创新文化，实现创新文化与技术创新相互融合。鼓励自由探索，发扬学术民主，营造尊重人才、尊重科学、勇于探索、敢为人先的创新环境和氛围，对于新技术探索过程中的失败给予充分的容忍度。

2. 加大激励措施，推动技术持续发展

一是加大预研经费投入。通过制定和修改有关政策法规，增加预研经费投入，完善多渠道支持基础研究的格局，逐步扭转我国基础研究投入偏低的局面。对于前沿性、基础性的研究给予持续的资金投入，推动技术的持续发展。同时，引导和支持军工企业积极开拓创新资金筹措渠道，加大对预研机构的支持力度。

二是实施科技成果有偿转让的政策。实行国防科技成果所有权和使用权相对分开、科技成果有偿转让的办法，在保护国家利益的同时兼顾国防科技成果完成单位的利益。并对项目预研团队和个人采用绩效回溯、利润分成、有偿转让、股权激励等多种方式进行奖励。

三是加大精神激励，实现荣誉、利益与贡献相匹配。目前我国国防科技奖励

偏向于型号项目，预研项目评奖的难度非常大，预研人员的积极性受到了影响。可以考虑增设预研奖项，对预研技术创新优秀团队和人员授予荣誉称号，增强预研创新人员的荣誉感和成就感。

3. 加强“需求牵引”的力度，推进创新成果转化

一是成立我军的技术转移办公室，加强需求牵引力度，推进全军的技术转移工作。技术转移办公室可以设在装备发展部预研局，作为全国技术转移体系中的一环，与其他政府各部门的技术转移办公室相联系。建立军方与军工企业预研机构的互动交流机制，定期召开研讨会，明确未来发展方向。

二是有针对性地实施技术转移计划，利用现代信息技术建立安全的技术转移数据平台。由技术转移办公室结合具体需求负责管理实施技术转移计划，促进民技军用、军技民用和全军技术共享。依托技术转移数据平台，使全军随时了解和掌握各领域最新技术进展情况，为总部和各军兵种武器装备规划和预算工作提供科技进展数据和信息支持。

参考文献

[1] 刘竹生等 .2013. 国际领先预研创新项目管理模式初探，中国科学院咨询报告 .

[2] 总装备部科技信息研究中心 .2007. 美国国防预研创新体系研究 .

[3] 国防科工委综合计划部 .1991. 国防科学技术预先研究管理 .

（本文选自 2014 年院士建议）

建议专家名单

刘竹生	中国科学院院士	中国运载火箭技术研究院
刘宝镛	中国科学院院士	中国运载火箭技术研究院
余梦伦	中国科学院院士	中国运载火箭技术研究院
曾广商	中国工程院院士	中国运载火箭技术研究院
刘连元	中国工程院院士	中国运载火箭技术研究院
彭小波	研究员	中国运载火箭技术研究院
宓　佳	研究员	中国运载火箭技术研究院
吴宏斌	研究员	中国运载火箭技术研究院

陈　璞	研究员	中国运载火箭技术研究院
夏维力	教　授	西北工业大学
宋金波	副教授	大连理工大学
胡耀光	副教授	北京理工大学
代　坤	高级工程师	中国运载火箭技术研究院
张　菽	高级工程师	中国运载火箭技术研究院
曾凡文	高级工程师	中国运载火箭技术研究院
康磊晶	高级工程师	中国运载火箭技术研究院